技能型紧缺人才培养系列规划教材

中小型企业网络架构案例教程

沈大林　崔　玥　主编

陶　宁　吴　飞　郑　鹤　等编著

中国铁道出版社
CHINA RAILWAY PUBLISHING HOUSE

内 容 简 介

本书共分9章，内容以网络服务管理为主线，通过讲解28个案例，较全面地介绍了局域网搭建及服务管理等知识。

本书采用案例驱动方式，贯穿以案例带动知识点的学习方式，通过学习实例掌握网络服务管理的方法和操作技巧，展现全新的教学方法。在按案例进行讲解时，要充分注意知识的相对完整性和系统性。本书还提供了近100道思考与练习题。

本书可作为中等职业技术学校计算机专业或高职非计算机专业的教材，也可作为初、中级培训班的教材，还可作为初学者的自学用书。

图书在版编目（CIP）数据

中小型企业网络架构案例教程 / 沈大林，崔玥主编.
—北京：中国铁道出版社，2010.4
ISBN 978-7-113-11157-1

Ⅰ.①中… Ⅱ.①沈…②崔… Ⅲ.①中小企业—局部网络—教材 Ⅳ.①TP393.18

中国版本图书馆CIP数据核字（2010）第036909号

书　　名：中小型企业网络架构案例教程
作　　者：沈大林　崔　玥　主编

策划编辑：秦绪好　刘彦会
责任编辑：周　欢　　**编辑部电话**：（010）63560056
特邀编辑：孙佳志
封面设计：付　巍　　**封面制作**：李　路
责任校对：胡京平　　**责任印制**：李　佳

出版发行：中国铁道出版社（北京市宣武区右安门西街8号　邮政编码：100054）
印　　刷：三河市兴达印务有限公司
版　　次：2010年5月第1版　2010年5月第1次印刷
开　　本：787mm×1092mm　1/16　**印张**：14.5　**字数**：358千
印　　数：4 000册
书　　号：ISBN 978-7-113-11157-1
定　　价：26.00元

审稿专家组

“技能型紧缺人才培养系列规划教材”丛书

丛书编委会

丛书序

PREFACE

本套教材依据教育部办公厅和原信息产业部办公厅联合颁发的《中等职业院校计算机应用与软件技术专业领域技能型紧缺人才培养指导方案》进行规划。

根据我们多年的教学经验和对国外教学先进方法的分析，针对目前职业技术学校学生的特点，本书采用案例引领，将知识按节细化，案例与知识相结合的教学方式，充分体现了我国教育学家陶行知先生“教学做合一”的教育思想。通过案例的实际操作，学习相关知识、基本技能和技巧，让学生在学习中始终保持学习兴趣，充满成就感和探索精神。这样不仅可以让学生迅速上手，还可以培养学生的创作能力。从教学效果来看，这种教学方式可以使学生快速掌握知识和应用技巧，有利于学生适应社会的需要。

每本书按知识体系划分为多个章节，每一个案例都是一个教学单元，按照每一个教学单元将知识细化，每一个案例的知识都有相对的体系结构。在每一个教学单元中，将知识与技能的学习融于完成一个案例的教学中，将知识与案例很好地结合成一体。在保证一定的知识系统性和完整性的情况下，体现知识的实用性。

每个教学单元基本由“案例效果”、“操作步骤”、“相关知识”和“思考与练习”四部分组成。在“案例效果”栏目中介绍案例完成的效果；在“操作步骤”栏目中介绍完成案例的操作方法和操作技巧；在“相关知识”栏目中介绍与本案例单元有关的知识，起到总结和提高的作用；在“思考与练习”栏目中提供了一些与本案例有关的思考与练习题。对于程序设计类的教程，考虑到程序设计技巧较多，不易于用一个案例带动多项知识点的学习，因此采用先介绍相关知识，再结合知识介绍一个或多个案例的方法。

丛书作者努力遵从教学规律、面向实际应用、理论联系实际、便于自学等原则，注重训练和培养学生分析问题与解决问题的能力，注重提高学生的学习兴趣和培养学生的创造能力，注重将重要的制作技巧融于案例中。每本书内容由浅入深、循序渐进，使读者在阅读学习时能快速地入门，从而达到较高的水平。读者可以边进行案例制作，边学习相关知识和技巧。采用这种方法，特别有利于教师教学和学生自学。

为便于教师教学，丛书均提供了实时演示的多媒体电子教案，将大部分案例的操作步骤实时录制下来，让教师不必重复操作，轻松教学。

参与本套教材编写的作者不仅有在教学一线的教师，还有在企业负责项目开发的技术人员。他们将教学与工作需求紧密地结合起来，通过完全的案例教学，提高学生的应用操作能力，为我国职业技术教育探索更添一臂之力。

沈大林

FOREWORD

前　言

计算机网络以其独有的魅力正在迅速地蔓延到人们生活的各个角落。不论你是在学习还是在工作，不论你是在家里还是在路上，计算机网络都无时无刻不围绕在你的身边。而在这样的环境中，你若对计算机网络知识一无所知，便会成为日后的“文盲”。因此，必须重视计算机网络知识的普及，提高计算机网络的操作水平，充分利用网络资源共享的优势，加快前进的步伐。

本书讨论的重点是网络服务的管理。有关局域网及系统管理方面的书籍非常多，但多以理论为主，与多数人接触到的、感受到的计算机网络相差甚远，学习后往往令人觉得计算机网络非常深奥，因此望而生畏。针对上述问题，同时根据中等职业教育中“突出实践”的基本原则，本书的网络理论以必需、够用为度，以 Windows Server 2003 操作系统为基本工作环境，以任务驱动方式为前提，进行案例教学，强调实践操作，注重能力培养。

本书共分 9 章。第 1 章介绍了网络的相关概念、网络体系结构、综合布线及 IP 地址等；第 2 章通过 5 个案例介绍了网络操作系统 Windows Server 2003 的安装、系统的硬件配置、IP 地址的设置、连通性的测试及管理控制台等。第 3 章通过 4 个案例介绍了网络中的用户配置和安全配置管理等。第 4 章通过 4 个案例介绍了文件服务器共享资源的配置和管理、打印机的安装和配置管理等。第 5 章通过 3 个案例介绍了 DHCP 服务的安装、配置和管理等。第 6 章通过 3 个案例介绍了 FTP 服务的安装、配置和管理等。第 7 章通过 3 个案例介绍了 DNS 服务的安装、配置和管理等。第 8 章通过 3 个案例介绍了 Web 服务的安装、配置和管理等。第 9 章通过 3 个案例介绍了邮件服务器的安装、配置和管理等。全书提供了 28 个案例，较全面地介绍了网络服务的管理。本书还提供了大量的思考与练习题，习题答案下载地址为 http://edu.tqbooks.net。

在本书的编写过程中，作者努力遵从教学规律、面向实际应用、理论联系实际、便于自学等原则，注重训练和培养学生分析问题与解决问题的能力，注重提高学生的学习兴趣和培养学生的创造能力，注重将重要的制作技巧融于案例中。本书还特别注意由浅入深、循序渐进，使读者在学习时能快速入门，还可以达到较高的水平。读者可以边进行案例制作，边学习相关知识和技巧。采用这种方法，特别有利于教师教学和学生自学。

本书由沈大林、崔玥主编。参与本书编写工作的主要人员有陶宁、吴飞、郑鹤，另外郑原、郑瑜、李征、郝侠、苏飞、张敬怀、于建海、薛红、韩德彦、于向飞、康胜强、吕向红、何侠、姜树昕、丰金兰、李斌、胡玉莲、李俊、王小兵、靳轲、章国显、曲彭生、尚义明、卢宁、郭政、关山、张磊、赵亚辉、杨东霞等在本书的编写过程中也做了一定的工作。

本书适应了社会的需求、企业的需求、人才的需求和学校的需求，可以作为中职中专和高职高专的教材及培训学校的培训教材，还可以作为网络技术爱好者的自学用书。

由于技术的不断更新以及操作过程中的疏漏，书中难免有疏漏和不妥之处，恳请广大读者批评指正。

编　者

2010 年 2 月

CONTENTS

目录

第 1 章　计算机网络概述

1.1　网络的相关概念

1.1.1　网络的定义

计算机网络是计算机和其他设备的集合，这些设备能够通过网络介质使用通用的网络协议共享资源。

网络中的计算机或其他设备是网络互联的实体，也就是人们常说的结点。这些实体可能是计算机、打印机、终端或与网络相关的硬件设备，如中继器、网桥、交换机、路由器等。通常把网络中发起通信的设备称为本地设备或发送设备，而把本地设备要访问的其他任何设备称为远程设备或接收设备。大部分网络设备在制造的时候就被分配了唯一的标识符，也就是物理地址，从而使设备可以在网络中被唯一确定，这一过程称为寻址。也有部分设备没有物理地址，它们不支持任何协议，也不能被其他设备访问，即人们常说的透明设备。常见的这类设备如某些硬件防火墙或入侵检测设备。习惯上，在网络设备中人们把计算机和其他网络设备加以区分，将计算机称为主机。

网络介质是能够实现设备通信的链路。网络介质可分为两大类，即有线介质和无线介质。有线介质包括双绞线、同轴电缆和光纤等，无线介质包括无线电波（如微波通信和卫星通信等）、红外线。

通用网络协议是数据在设备之间交换的规则，通常简称为协议。协议通过在设备之间提供通用的语言使设备能够相互理解通信的内容。最常见的协议有 TCP/IP 协议簇，该协议簇包括 TCP 协议、IP 协议、FTP 协议、HTTP 协议、POP3 协议、SMTP 协议等。

1.1.2　计算机网络的作用

计算机联网的根本意义在于摆脱计算机在地理位置上的束缚，实现全网范围的资源共享。具体来说，计算机网络有以下作用。

1. 信息资源的共享

在现代信息社会，信息资源的获取是至关重要的。人们希望了解今天的新闻，获知最新的股市行情，查找某方面的学术资料等，这些都可以从网络中得到。在一个单位内部，人们也可以通过网络共享各部门的数据和资料。

2．昂贵设备的共享

现在大多数用户使用的是个人计算机，如果需要运行一个大型软件，且单位没有昂贵的大型计算机，用户就可以申请使用网络中的大型计算机，即使它远在千里之外。用户也可以调用网络中的几台计算机共同完成某项任务。此外，还可以利用网络中的海量存储器，将自己的文件存储到其中，就如同给自己增加了一个硬盘。

3．高可靠性的需要

网络系统对于现代军事、金融、民航以及核反应堆的安全等都是至关重要的。网络可以使多个计算机设备同时为某项工作提供服务，提高了系统的容错能力，确保了工作的顺利进行。

4．提高工作效率

通过网络，我们可以把工作任务进行分摊，大家来协作完成。此外，我们还可以与千里之外的朋友在网上交谈，或是认识更多的陌生朋友，增进人们的交流。

1.1.3 网络的分类

事实上，确实存在一种能反映网络技术本质的网络划分标准，那就是计算机网络的覆盖范围。按网络覆盖范围的大小，我们将计算机网络分为局域网（LAN）、城域网（MAN）和广域网（WAN）。网络覆盖的地理范围是网络分类的一个非常重要的度量参数，因为不同规模的网络将采用不同的技术。

1．局域网

局域网是一种小区域内的通信网络，它可支持各种数据通信设备间的互连、信息交换和资源共享。局域网最主要的特点是，网络为一个单位所拥有，且地理范围和站点数目均有限。在局域网刚刚出现时，局域网比广域网具有较高的传输速率、较低的时延和较小的误码率。但随着光纤技术在广域网中的普遍使用，现在广域网也具有很高的传输速率和很小的误码率了。

2．城域网

城域网基本上是一种大型的局域网，通常使用与局域网相似的技术。城域网比局域网扩展的距离更长，通常拥有中型通信的比较复杂的网络设备。它可能覆盖一个大型城市或一组邻近的公司办公楼。城域网可以支持数据和声音，并且可能涉及当地的有线电视台。城域网使用一条或两条电缆，并且不包括交换单元，即把分组分流到几条可能引出电缆的设备。

3．广域网

当计算机之间的距离较远时，例如，相隔几十或几百千米，甚至几千千米，局域网显然无法完成计算机之间的通信任务。这时就需要另一种结构的网络，即广域网。

广域网由一些结点交换机以及连接这些交换机的链路组成。结点交换机具有将分组存储转发的功能。结点之间都是点到点的连接，但为了提高网络的可靠性，通常一个结点交换机与多个结点交换机相连。受经济条件的限制，广域网都不使用局域网普遍采用的多点接入技术。从层次上考虑，广域网和局域网的区别很大，因为局域网使用的协议主要在数据链路层（还有少量物理层的内容），而广域网使用的协议在网络层。在广域网中的一个重要问题就是路由选择。

1.1.4　网络的拓扑结构

网络拓扑是指网络中各个端点相互连接的方法和形式。网络拓扑结构反映了组网的一种几何形式。局域网的拓扑结构主要有总线形、星形、环形以及网状。

1．总线形拓扑结构

总线形拓扑结构采用单根数据传输线作为通信介质，所有的站点都通过相应的硬件接口直接连接到通信介质，而且能被所有其他的站点接受。图 1-1-1 为总线形拓扑结构。总线形网络结构中的结点为服务器或工作站，通信介质为同轴电缆。由于所有的结点共享一条公用的传输链路，所以一次只能由一个设备传输。这样就需要某种形式的访问控制策略，来决定下一次哪一个结点可以发送。一般情况下，总线形网络采用载波监听多路访问/冲突检测（CSMA/CD）控制策略。

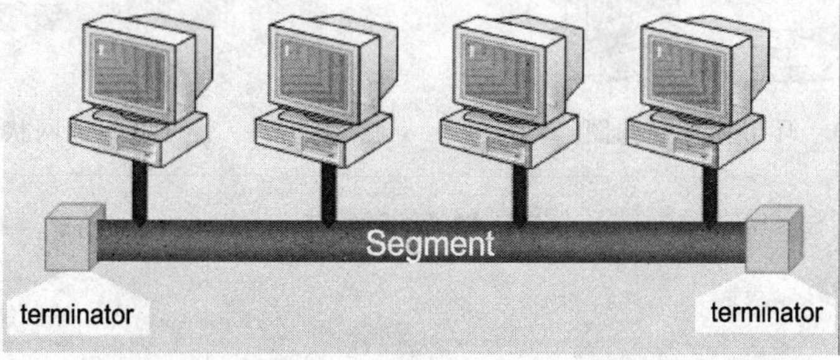

图 1-1-1　总线形拓扑结构图

2．星形拓扑结构

星形拓扑结构是由中央结点和通过点到点链路连接到中央结点的各结点组成。利用星形拓扑结构的交换方式有电路交换和报文交换，尤以电路交换更为普遍。一旦建立了通道连接，可以没有延迟地在连通的两个结点之间传送数据。工作站到中央结点的线路是专用的，不会出现拥挤的瓶颈现象。图 1-1-2 为星形拓扑结构。在星形拓扑结构中，中央结点为集线器（Hub），其他外围结点为服务器或工作站；通信介质为双绞线或光纤。星形拓扑结构被广泛地应用于网络中智能主要集中于中央结点的场合。由于所有结点的往外传输都必须经过中央结点来处理，因此对中央结点的要求比较高。

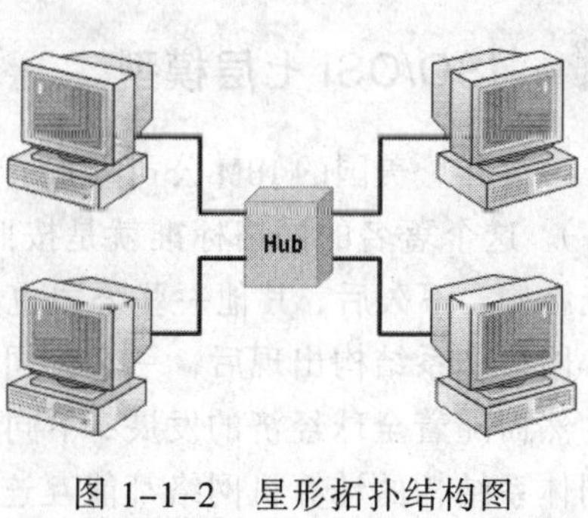

图 1-1-2　星形拓扑结构图

3．环形拓扑结构

环形拓扑结构是一个像环一样的闭合链路，在链路上有许多中继器和通过中继器连接到链路上的结点。也就是说，环形拓扑结构网络是由一些中继器和连接到中继器的点到点链路组成的一个闭合环。在环形网中，所有的通信共享一条物理通道，即连接网中所有结点的点到点链路。图 1-1-3 为环形拓扑结构。

4．网状拓扑结构

网状拓扑结构中的各结点通过传输线路相互连接起来，并且任何一个结点都至少与其他两个结点相连。网状拓扑结构具有较高的可靠性，但其实现起来费用高，结构复杂，不易管理和维护，在局域网中很少采用，常用在广域网中。在广域网中还常采用部分网状连接的形式，以节省经费。图 1-1-4 为网状拓扑结构。

图 1-1-3　环形拓扑结构图

图 1-1-4　网状拓扑结构图

思考与练习

简答题

1. 简述计算机网络的定义。
2. 简述常用的网络拓扑结构及特点。

1.2　网络体系结构

1.2.1　ISO/OSI 七层模型

1974 年，美国的 IBM 公司宣布了由它研制的系统网络体系结构（system network architecture，SNA）。这个著名的网络标准就是按照分层方法制定的，它是世界上使用较为广泛的一种网络系统结构。不久后，其他一些公司也相应推出了自己公司的一套体系结构，并都采用不同的名称。网络体系结构出现后，一个公司所生产的各种设备都能够很容易地互连成网。

然而随着全球经济的发展，不同网络体系结构的用户迫切要求能够互相交换信息。为了使不同体系结构的计算机网络都能互连，国际标准化组织 ISO 于 1977 年成立了专门机构研究该问题。不久，他们就提出了一个试图使各种计算机在世界范围内互连成网的标准框架，即著名的开放系统互连参考模型（open systems interconnection reference model，OSI/RM），简称为 OSI。“开放”是指只要遵守 OSI 标准，一个系统就可以和位于世界上任何地方的、也遵循着同一标准的其他任何系统进行通信。这一点很像世界范围的电话和邮政系统，这两个系统都是开放系统。“系统”是指在现实的系统中与互连有关的各部分。所以开放系统互连参考模型 OSI/RM 是一个抽象的概念。在 1983 年形成了开放系统互连参考模型的正式文件，即著名的 ISO 7498 国际标准。

OSI 参考模型将计算机网络分为 7 层，其分层原则如下：

- 根据不同层次的抽象分层。
- 每层应当实现一个定义明确的功能。
- 每层功能的选择应该有助于制定网络协议的国际标准。
- 各层边界的选择应尽量减少跨过接口的通信量。
- 层数应足够多，以避免不同的功能混杂在同一层中，但也不能太多，否则体系结构会过于庞大。

OSI 参考模型如图 1-2-1 所示。OSI 参考模型本身不是网络体系结构的全部内容，这是因为它并未确切地描述用于各层的协议和服务，它仅仅告诉了我们每一层应该做什么。

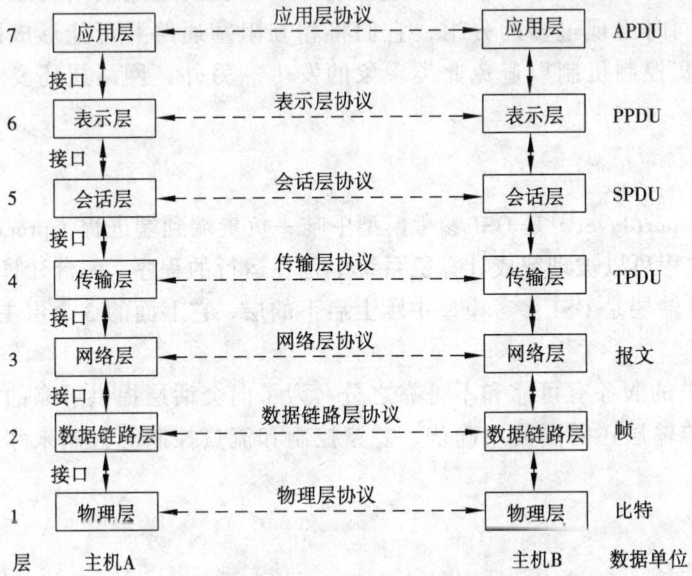

图 1-2-1 OSI 参考模型

1. 物理层

物理层（physical layer）位于 OSI 参考模型的底层，它直接面向原始比特流的传输。为了实现原始比特流的物理传输，物理层必须解决好包括传输介质、信道类型、数据与信号之间的转换、信号传输中的衰减和噪声等在内的一系列问题。另外，物理层标准要给出关于物理接口的机械、电气、功能和规程特性，以便于既能使不同的制造厂家根据公认的标准各自独立地制造设备，又能使各个厂家的产品相互兼容。

2. 数据链路层

在物理层发送和接收数据的过程中，会出现一些自己不能解决的问题。例如，当两个结点试图在一条共享线路上同时发送数据时该如何处理，结点如何知道它所接收的数据是否正确，如果噪声改变了一个报文的目标地址，结点该如何察觉它丢失了本应收到的报文，这些都是数据链路层（data link layer）所必须负责的工作。

数据链路层涉及相邻结点之间的可靠数据传输，它通过加强物理层传输原始比特流的功能，使之对网络层表现为一条无差错的数据传输链路。为了能够实现相邻结点之间无差错的数据传送，数据链路层在数据传输过程中需要提供确认、差错控制和流量控制等机制。

3. 网络层

网络中的两台计算机进行通信时，可能要经过许多中间结点甚至不同的通信子网。网络层（network layer）的任务就是在通信子网中选择一条合适的路径，使源计算机发送的数据能够通过所选择的路径到达目的计算机。

为了实现路径选择，网络层必须使用寻址方案来确定存在哪些网络以及设备在这些网络中所处的位置，不同的网络层协议所采用的寻址方案是不同的。在确定了目标结点的位置后，网络层还要负责引导数据报正确地通过网络，找到通过网络的最优路径，即路由选择。如果子网中同时出现过多的分组，它们将相互阻塞通路并可能形成网络瓶颈，因此网络层还要提供拥塞控制机制以避免此类现象的发生。另外，网络层还要解决异构网络互连的问题。

4. 传输层

传输层（transport layer）是OSI参考模型中唯一负责端到端进程（process）间数据传输和控制功能的层。进程可以被理解成计算机系统中正在运行的程序，一台计算机中可以同时有多个进程在运行。传输层是OSI参考模型中承上启下的层，它上面的3个层主要面向用户，为用户提供各种服务。

传输层所提供的服务有可靠和不可靠之分。为了向会话层提供可靠的端到端进程之间的数据传输服务，传输层还需要使用确认、差错控制和流量控制等机制来弥补网络层服务质量的不足。

5. 会话层

会话层（session layer）的功能是在两个结点间建立、维护和释放面向用户的连接。它在传输层连接的基础上建立会话连接并进行数据交换管理，允许数据进行单工、半双工和全双工的传送。会话层提供了令牌管理和同步两种服务功能。

6. 表示层

表示层（presentation layer）以下的各层主要关心可靠的数据传输，而表示层关心的是所传输数据的语法和语义。它主要涉及处理在两个通信系统之间所交换信息的表示方面，包括数据格式变换、数据加密与解密、数据压缩与恢复等功能。

7. 应用层

应用层（application layer）是OSI参考模型中的最高层，负责为用户的应用程序提供网络服务，包括为相互通信的应用程序或进程之间建立连接、进行同步，建立关于错误纠正和控制数据完整过程的协商等。作为OSI参考模型的最高层，应用层不为其他任何OSI层提供服务，只为OSI参考模型以外的应用程序提供服务。为此，应用层包含了不同的应用与应用支撑协议，例如，名字服务、文件传输、电子邮件、虚拟终端等。

1.2.2 TCP/IP 四层模型

TCP/IP 是 OSI 参考模型之前的产物，因此两者间不存在严格的层对应关系。在 TCP/IP 模型中并不存在与 OSI 中的物理层和数据链路层直接相对应的层，相反，由于 TCP/IP 的主要目标是致力于异构网络的互联，因此对物理层与数据链路层部分没有作任何限定。TCP/IP 模型分为四层，由下而上分别为网络协议、互联协议、传输层协议和应用层协议，如图 1-2-2 所示。

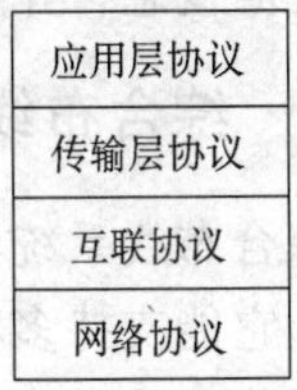

图 1-2-2　TCP/IP 四层模型

1. 网络协议层

在 TCP/IP 模型中，网络访问层是 TCP/IP 模型的底层，负责接收从互联协议层传来的 IP 数据报并将其通过底层物理网络发送出去，或者从底层物理网络上接收物理帧，抽出 IP 数据报，交给互联协议层。网络协议层允许主机连入网络时采用不同的网络技术（包括硬件与软件）。当各种物理网被用做传送 IP 数据包的通道时，都被认为是属于这一层的内容。

2. 互联协议层

互联协议层负责将源主机发送的分组独立地送往目标主机，源主机与目标主机可以在同一网络中，也可以在不同的网络中。该层涉及为分组提供最佳路径的选择和交换功能，并使这一过程与它们所经过的路径和网络无关。这如同寄信时，人们不需要知道信是如何到达目的地的，而只关心它是否已到达。TCP/IP 模型中的网际层在功能上相当于 OSI 参考模型中的网络层。

3. 传输层协议

传输层负责在源结点和目的结点的两个对等应用进程之间提供端到端的数据通信。为了标识参与通信的传输层对等实体，传输层提供了关于不同进程的标识。为了适应不同的网络应用，传输层提供了面向连接的可靠传输与无连接的不可靠传输两类服务。

4. 应用层协议

应用层涉及为用户提供网络应用并为这些应用提供网络支撑服务。由于 TCP/IP 将所有与应用相关的内容都归为一层，因此该层涉及处理高层协议、数据表达和会话控制等任务。

思考与练习

简答题

1. 简述 OSI 七层参考模型每层的作用。
2. 简述 TCP/IP 四层模型的体系结构。

1.3　综 合 布 线

随着全球信息化与经济国际化的深入发展，人们对信息共享的需求日趋迫切，这就需要一个适合信息时代的布线方案。美国电话电报公司（AT&T）贝尔实验室的专家们经过多年的研究，在办公楼和工厂试验成功的基础上，于20世纪80年代末期率先提出建筑与建筑群综合布线系统的概念，并及时推出了结构化布线系统。

1.3.1 综合布线的定义

综合布线系统的定义为："通信电缆、光缆、各种软电缆及有关连接硬件构成的通用布线系统，它能支持多种应用系统。"即使用户尚未确定具体的应用系统，也可进行布线系统的设计和安装，通常综合布线系统中不包括应用的各种设备。

综合布线是一种模块化、灵活性极高的建筑物内或建筑群之间的信息传输通道。它既能使语音、数据、图像设备和交换设备与其他信息管理系统彼此相连，又能使这些设备与外部相连接。它还包括建筑物外部网络或电信线路的连接点与应用系统设备之间的所有线缆及相关的连接部件。综合布线由不同系列和规格的部件组成，其中包括传输介质、相关连接硬件（如配线架、连接器、插座、插头、适配器）以及电气保护设备等。这些部件可用来构建各种子系统，它们都有各自的具体用途，不仅易于实施，而且能够随需求的变化而平稳升级。建筑与建筑群综合布线系统经我国国家标准GB/T 50311—2000命名为综合布线系统（generic cabling system，GCS）。

综合布线是一种预布线，该布线系统应是完全开放的，能够支持多级多层网络结构，易于实现大厦内的配线集成管理。系统应能满足大厦目前与将来对于通信的需求，系统可以适应更高的传输速率和带宽。

综合布线系统应具有灵活的配线方式，布线系统上连接的设备在物理位置上的调整，以及语音或数据传输方式的改变，都不需要重新安装附加的配线或线缆来进行重新定位。

智能大厦的重要组成部分是综合布线系统，它包含了建筑物所有系统的布线。目前在商用建筑布线工程的实施上往往遵循的是结构化布线系统（structured cabling system，SCS）标准。结构化布线系统和综合布线系统实际上是有区别的，是两个不同的概念，前者仅限于电话和计算机网络的布线，而后者则不仅包含前者，还包括了更多的系统布线。结构化布线系统的产生是随着电信发展而出现的，当建筑物内的电话线和数据线缆越来越多时，人们需要建立一套完善可靠的布线系统对成千上万的线缆进行端接和集中管理。目前，结构化布线系统的代表产品称为建筑与建筑群综合布线系统（premises distribution system，PDS）。通常我们所说的综合布线系统是指结构化布线系统。

1.3.2 综合布线的结构

综合布线一般采用分层星形拓扑结构。该结构下的每个分支子系统都是相对独立的单元，对每个分支子系统的改动都不影响其他子系统，只要改变结点连接方式就可使综合布线在星形、总线形、环形和树形等结构之间进行转换。

综合布线采用模块化的结构，按每个模块的作用，可把综合布线划分成六部分，这六部分中的每一部分都相互独立，可以单独设计、单独施工。更改其中一个子系统时，不会影响其他子系统。

1. 工作区子系统

工作区子系统提供从水平干线子系统端接设施到设备的信号连接，通常由连接线缆、网络跳线和适配器组成，如图1-3-1所示。用户可以将电话、计算机和传感器等设备连接到线缆插座上，插座通常由标准模块组成，能够完成从建筑物自控系统的弱电信号到高速数据网和数字语音信号等各种复杂信息的传送。

2. 水平干线子系统

水平干线子系统提供楼层配间至用户工作区的通信干线和端接设施，如图 1-3-2 所示。水平主干线通常使用屏蔽双绞线（STP）和非屏蔽双绞线（UTP），也可以根据需要选择光缆。端接设施主要是相应的通信设备和线路连接插座。对于利用双绞线构成的水平干线子系统，通常最远延伸距离不能超过 90m。

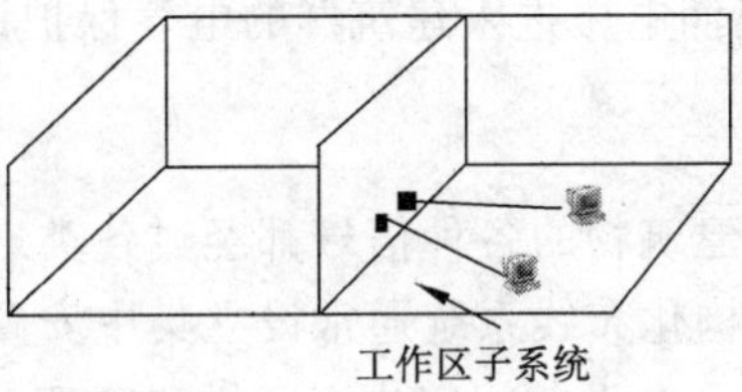

图 1-3-1 工作区子系统

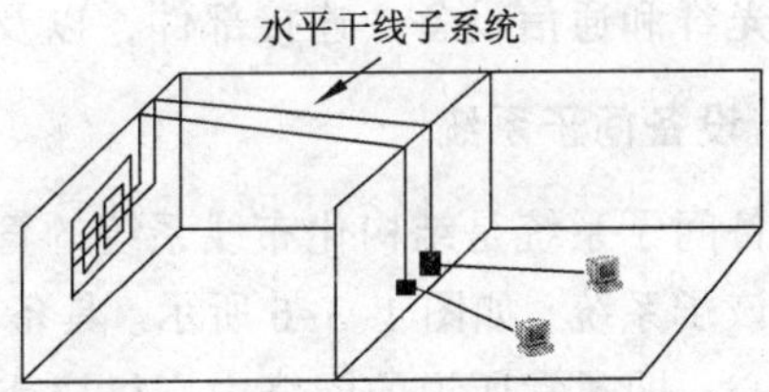

图 1-3-2 水平干线子系统

3. 管理间子系统

管理间子系统是水平干线子系统和垂直干线子系统的连接管理系统，由通信线路互连设备和设备组成，通常设备在专门为楼层服务的设备配线间内，如图 1-3-3 所示。常用的管理间子系统设备包括局域网交换机、布线配线系统和其他有关的通信设备与计算机设备。利用布线配线系统，网络管理者可以很方便地对水平干线子系统的布线连接关系进行变更和调整。

4. 垂直干线子系统

垂直干线子系统是建筑物中最重要的通信干道，通常由大多数铜缆或多芯光缆组成，安装在建筑物的弱电竖井内，如图 1-3-4 所示。垂直干线子系统提供多条连接路径，将位于主控中心的设备和位于各个楼层配线间的设备连接起来，两端分别端接在设备间和楼层配线间的配线架上。垂直干线子系统线缆的最大延伸距离与所采用的线缆有关。

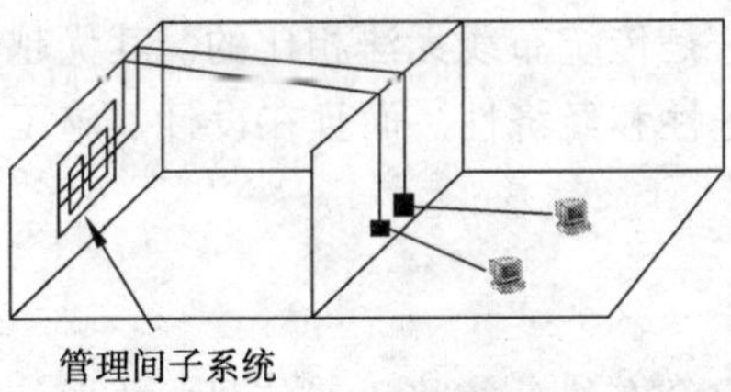

图 1-3-3 管理间子系统

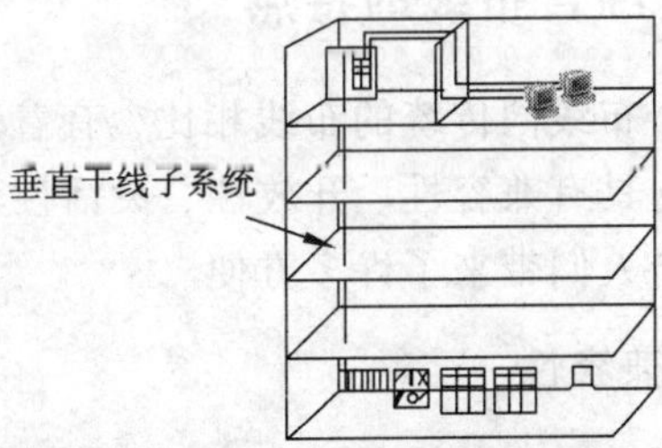

图 1-3-4 垂直干线子系统

布线配线系统常称为配线架，由各种各样的跳线板和跳线组成。在结构化布线系统中，当需要调整配线连接时，即可通过配线架的跳线来重新配置布线的连接顺序。跳线有各种类型，如光纤跳线、双绞线跳线，有单股，也有多股。跳线机构的线缆连接大都采用无焊快速接续方法，基本的连接器件是接线子。接线子根据不同的快接方法具有不同的结构，其中根据绝缘移位法而发展起来的快速夹线法被广泛使用。这种接线子一般为钢制带刃的线夹，当把电缆压入线夹时，光纤的刀刃会剥开电缆的绝缘层而与缆芯相连。随着光纤技术在通信和计算机领域的广泛使用，光纤在布线系统中也得到了越来越多的应用。布线系统中光纤的连接需要有专门的设备、技术并严格按照规程操作。

5. 建筑群子系统

建筑群由两个及两个以上的建筑物组成，如图 1–3–5 所示。这些建筑物彼此之间要进行信息交流。综合布线的建筑群子系统的作用是构建从一座楼宇延伸到建筑群内的其他楼宇的标准通信连接，系统组成包括连接各建筑群之内的线缆、建筑群综合布线所需的各种硬件，例如，电缆、光纤和通信设备、连接部件，以及防止电缆的浪涌电压进入建筑群的电气保护设备等。

6. 设备间子系统

设备间子系统是结构化布线系统的管理中枢，整个建筑物的各种信号都经过各类通信电缆汇集到该子系统，如图 1–3–6 所示。具备一定规模的结构化布线系统通常设立集中安置设备的主控中心，即通常所说的网络中心机房或信息中心机房。在设备间安排、运行和管理系统的公共设备，如计算机局域网主干通信设备、各种公共网络服务器和程控交换设备等。为便于设备的搬运和各种汇接的方便，如广域网电缆接入，设备间的位置通常选定在每座建筑物的第 1、2 层或第 3 层。

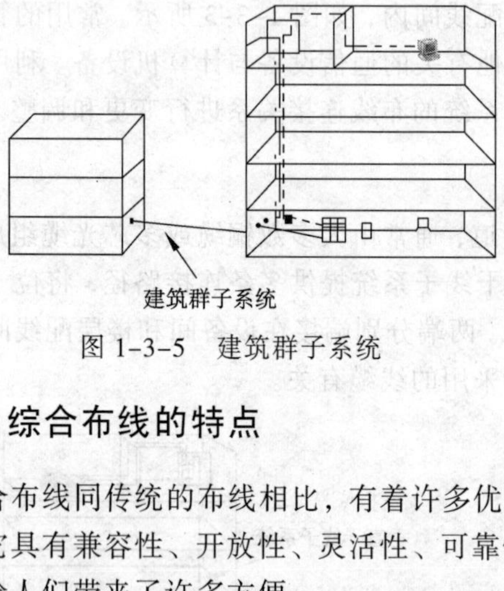

图 1–3–5 建筑群子系统

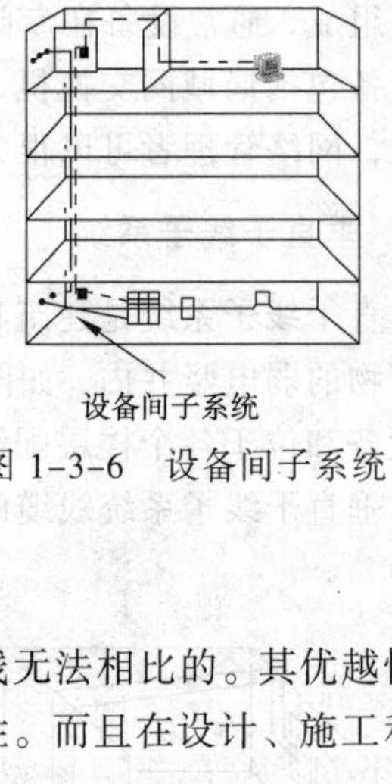

图 1–3–6 设备间子系统

1.3.3 综合布线的特点

综合布线同传统的布线相比，有着许多优越性，这是传统布线无法相比的。其优越性主要表现在它具有兼容性、开放性、灵活性、可靠性、先进性和经济性。而且在设计、施工和维护方面也给人们带来了许多方便。

1. 兼容性

兼容性是指其设备或程序可以用于多种系统中。综合布线系统将语音信号、数据信号与监控设备的图像信号配线经过统一的规划和设计，采用相同的传输介质、信息插座、交连设备和适配器等，把这些性质不同的信号综合到一套标准的布线系统中。综合布线与传统布线系统相比，可节约大量的物质、时间和空间。在使用时，用户不用定义某个工作区信息插座的具体应用，只把某种终端设备接入这个信息插座，然后在管理间和设备间的交连设备上进行相应的跳线操作，这个终端设备就被接入到自己的系统中。

2．开放性

在传统的布线方式中，用户选定了某种设备，也就选定了与之相适应的布线方式和传输介质。如果更换另一种设备，则原来的布线系统就要全部更换。综合布线系统由于采用开放式的体系结构，符合多种国际上流行的标准，它几乎对所有著名厂商生产的设备都是开放的，如IBM、DEC、SUN 的计算机设备以及 AT&T、NT、NEC 的交换机设备，并对几乎所有的通信协议也是开放的，如 EIA-232-D、RS-422、Ethernet、FDDI、CDDE、ISDN、ATM 等。

3．灵活性

综合布线系统中，由于所有的信息系统皆采用相同的传输介质和物理星形拓扑结构，因此所有的信息通道都是通用的。每条信息通道可支持电话、传真、多用户终端。10Base-T 工作站及令牌环工作站（采用五类连接方案，可支持 100Base-T 及 ATM 等）所有设备的开通及更改均不需改变系统布线，只需增减相应的网络设备以及进行必要的跳线管理即可。另外，系统组网也可灵活多样，甚至在同一房间可有多用户设备，为用户组织信息提供了必要条件。

4．可靠性

综合布线系统采用高品质的材料和组合压接的方式构成了一套高标准的信息通道。所有器件均通过 UL、CSA 及 ISO 认证，每条信息通道都要采用物理星形拓扑结构，点到点端接，任何一条线路发生故障均不影响其他线路的运行，同时为线路的运行维护及故障检修提供了极大的方便，从而保障了系统的可靠运行。各系统采用相同的传输介质，可互为备用，提高了备用冗余。

5．先进性

综合布线系统通常采用光纤与双绞线混布方式，这种方式能够十分合理地构成一套完整的布线系统。所有布线采用最新通信标准，信息通道均按布线标准进行设计，按八芯双绞线进行配置，通过敷设超五类或者六类的双绞线，数据最大传输速率可达到 1 000Mbit/s，对于需求特殊的用户，可将光纤敷设到桌面（fiber to the desk）。干线光缆可设计为 1 000Mbit/s 带宽，为未来的发展提供足够的带宽。同时，星形结构的物理布线方式为未来发展交换式网络奠定了基础。

6．经济性

衡量一个建筑产品的经济性应该从两个方面加以考虑，即初期投资与性能价格比。一般来说，用户总是希望建筑物所采用的设备在开始使用时应该具有良好的适用性，而且应该有一定的技术储备。在今后的若干年内应保护最初的投资，即在不增加新的投资的情况下，还能保持建筑物的先进性。

1.3.4　综合布线的设计等级

对于建筑物的综合布线系统，一般定为三种不同的布线系统等级，分别是基本型综合布线系统、增强型综合布线系统和综合型综合布线系统。

1．基本型综合布线系统

基本型综合布线系统是一个经济有效的布线方案，它支持语音或综合型语音/数据产品，并能够全面过渡到数据的异步传输或综合布线系统。它包括以下基本配置：

（1）每个工作区有一个信息插座。

（2）每个工作区有一条水平布线和四对 UTP 系统。

（3）完全采用 110A 交叉连接硬件，并与未来的附加设备兼容。

（4）每个工作区的干扰电缆至少有四对双绞线。

基本型综合布线系统的特点是能够支持所有的语音和数据传输应用；支持语音、综合型语音/数据高速传输；便于维护人员维护、管理；能够支持众多厂家的产品设备和特殊信息的传输。

2．增强型综合布线系统

增强型综合布线系统不仅支持语音和数据的应用，还支持图像、影像、影视和视频会议等。它能够为增加功能提供发展的余地，并能够利用接线板进行管理。它包括以下基本配置：

（1）每个工作区有两个以上的信息插座。

（2）每个信息插座均有水平布线和四对 UTP 系统。

（3）采用 110A 交叉连接硬件。

（4）每个工作区的电缆至少有八对双绞线。

增强型综合布线系统的特点是每个工作区有两个以上的信息插座，灵活方便，功能齐全；任何一个插座都可以提供语音和高速数据传输；便于维护人员的管理与维护；能够为众多厂商提供服务环境的布线方案。

3．综合型综合布线系统

综合型综合布线系统是将双绞线和光缆纳入建筑物布线的系统。它包括以下基本配置：

（1）在建筑、建筑物的干线或水平干线子系统中配置 62.5μm 的光缆。

（2）在每个工作区的电缆内配有四对双绞线。

（3）每个工作区的电缆中应有两条以上的双绞线。

综合型综合布线系统的特点是每个工作区有两个以上的信息插座，不仅灵活方便而且功能齐全；任何一个信息插座都可提供语音和高速数据传输；有一个很好的环境为客户提供服务。

思考与练习

简答题

1. 简述综合布线系统的概念。
2. 简述综合布线的六个子系统。
3. 简述综合布线系统的特点。

1.4 IP 地址

在 TCP/IP 网络中，如果两台工作站要互相通信，必须有一种机制来标识网络中的每台主机。在实际应用中，TCP/IP 网络中的每个结点都使用一个 32 位的地址来标识自己，这个地址称为 IP 地址。

IP 地址是一个网络编码，它既可以是一台主机（服务器、客户机）的地址，也可以是路由器一个接口的地址，也就是说 IP 地址确定的是网络中的一个结点。如果路由器接口要进行 IP 路由，该接口必须配置 IP 地址。

IP 地址有 32 位，由 4 个 8 位的二进制数组成，每 8 位之间用圆点隔开。由于二进制不便于记忆及可读性较差，所以通常都把二进制转换成十进制数表示，其取值范围为 0～255，计算机会自动进行二者之间的转换。因此，一个 IP 地址通常用 4 个点分开的十进制数来表示。例如，IP 地址表示为：192.168.3.200（十进制表示）=11000000.10101000.00000001.11001000（二进制表示）。

1.4.1　IP 地址的分类

Internet 是把全世界的无数个网络连接起来的一个庞大的网间网，每个网络中的计算机通过其自身的 IP 地址而被唯一标识，据此也可以设想，在 Internet 这个庞大的网间网中，每个网络也有自己的标识符。这与日常生活中的电话号码很相似，例如，有一个电话号码为 010-12345678，这个号码中的前三位表示该电话属于哪个地区，后面的数字表示该地区的某个电话号码。与上面的例子类似，把计算机的 IP 地址也分成两部分，分别为网络标识和主机标识。同一个物理网络上的所有主机都用同一个网络标识，网络上的每台主机（包括网络上工作站、服务器或路由器等）都有一个主机标识与其对应。IP 地址的 4 个字节被划分为两部分，一部分用以标明具体的网络段，即网络标识；另一部分用以标明具体的结点，即主机标识，也就是说某个网络中特定的计算机标识。IP 地址的网络部分由 IANA（Internet assigned numbers authority，Internet 地址分配机构）统一分配，以保证 IP 地址的唯一性。为了便于管理，IANA 将 IP 地址分为 A、B、C、D、E 五类，每个类别的网络部分和主机部分都有相应的规则，如图 1-4-1 所示。

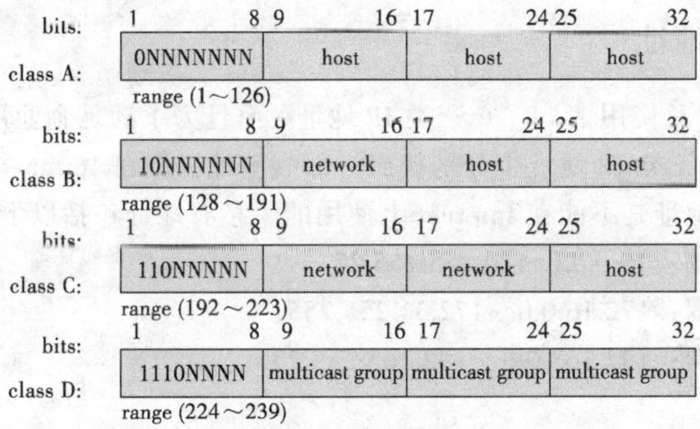

图 1-4-1　IP 地址的分类

目前在 Internet 上使用最多的 IP 地址是 A、B、C 三类，IANA 根据组织的具体需求为其分配 A、B、C 三类网络地址，具体主机的 IP 地址由得到某一网络地址的机构或组织自行决定如何分配。

1. A 类 IP 地址

A 类 IP 地址是指在 IP 地址的四段号码中，第一段号码为网络号码，剩下的三段号码为本地计算机的号码。如果用二进制表示 IP 地址，A 类 IP 地址就由 1 字节的网络地址和 3 字节的主机地址组成，网络地址的最高位必须是“0”。A 类 IP 地址中网络的标识长度为 7 位，主机标识的长度为 24 位，A 类网络地址数量较少，可以用于主机数达 1 600 多万台的大型网络。

2. B 类 IP 地址

B 类 IP 地址是指在 IP 地址的四段号码中，前两段号码为网络号码，剩下的两段号码为本地计算机的号码。如果用二进制表示 IP 地址，B 类 IP 地址就由 2 字节的网络地址和 2 字节的主机地址组成，网络地址的最高位必须是“10”。B 类 IP 地址中网络的标识长度为 14 位，主机标识的长度为 16 位，B 类网络地址适用于中等规模的网络，每个网络所能容纳的计算机数为 6 万多台。

3. C 类 IP 地址

C 类 IP 地址是指在 IP 地址的四段号码中，前三段号码为网络号码，剩下的一段号码为本地计算机的号码。如果用二进制表示 IP 地址，C 类 IP 地址就由 3 字节的网络地址和 1 字节的主机地址组成，网络地址的最高位必须是“110”。C 类 IP 地址中网络的标识长度为 21 位，主机标识的长度为 8 位，C 类网络地址数量较多，适用于小规模的局域网络，每个网络最多只能包含 254 台计算机。

4. D 类 IP 地址

D 类 IP 地址是用于组播通信的地址，不能在互联网上作为结点地址使用。

5. E 类 IP 地址

E 类 IP 地址是用于科学研究的地址，也不能在互联网上作为结点地址使用。

1.4.2 常用的 IP 地址

目前在 Internet 上只使用 A、B、C 三类 IP 地址，而且为了满足企业用户在 Intranet 上使用的需求，从 A、B、C 三类 IP 地址中分别找出一部分地址以供在 Intranet 上使用，这部分地址称为私有地址。私有地址是不能在 Internet 上使用的，私有地址包括以下几个网段：

- A 类 IP 地址范围：10.0.0.0～10.255.255.25。
- B 类 IP 地址范围：172.16.0.0～172.31.255.255。
- C 类 IP 地址范围：192.168.0.0～192.168.255.255。

1. 广播地址

TCP/IP 协议规定主机号各位全为“1”的 IP 地址为广播地址，表示网络上的所有主机。

例如，192.168.1.255 可以用此地址向 C 类网络 192.168.1 中的所有主机发送报文。

2. 网络地址

TCP/IP 协议规定主机号各位全为“0”的 IP 地址为网络地址，表示本网络。

例如，192.168.1.0 表示 192.168.1 这个 C 类网络。

3．回环地址

以 127 开头的地址是系统保留的地址，称为回环地址，用于测试 TCP/IP 协议安装是否正确。

例如，常用的 127.0.0.1，通常在命令提示符中使用 ping 命令来测试，如图 1-4-2 所示。

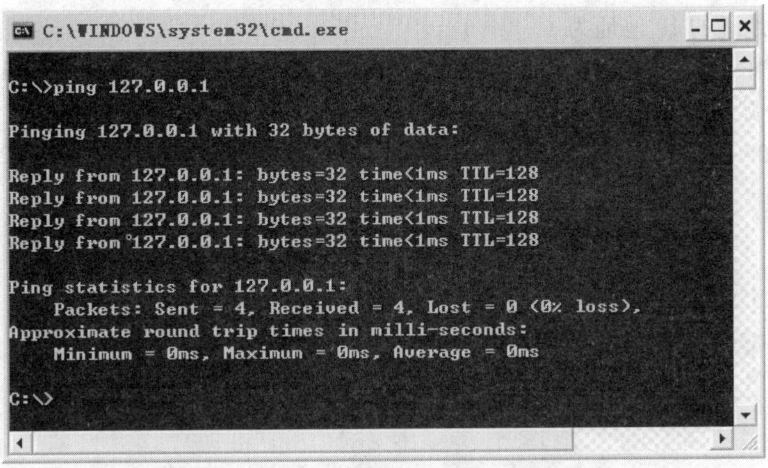

图 1-4-2　使用 ping 127.0.0.1 进行测试

4．子网掩码

子网掩码是由 32 个二进制位组成的，对应 IP 地址的网络部分用“1”表示，对应 IP 地址的主机部分用“0”表示，通常也是用 4 个点分开的十进制数来表示。当为 TCP/IP 网络中的结点分配 IP 地址时，一定要给出每个结点所使用的子网掩码。对 A、B、C 三类 IP 地址来说，通常情况下都使用以下默认的子网掩码。

- A 类 IP 地址的默认子网掩码：255.0.0.0。
- B 类 IP 地址的默认子网掩码：255.255.0.0。
- C 类 IP 地址的默认子网掩码：255.255.255.0。

子网掩码的最大作用就是将 IP 地址与子网掩码进行“按位与”运算，判断 IP 地址所对应的主机是否在同一个网络内。只要把 IP 地址和子网掩码进行逻辑“与”运算，所得的结果就是 IP 地址的网络地址。“按位与”运算就是将 IP 地址的 32 位二进制位与子网掩码的 32 位二进制位按位对齐，若两位都是“1”，则结果为“1”，反之结果为“0”。

由此可见，子网掩码的作用就是获取主机 IP 地址的网络地址信息，用于区分主机通信的不同情况，由此选择不同的路径。

思考与练习

选择题

1．以下地址属于 B 类 IP 地址的是（　　）。

A．10.1.1.200　　B．192.168.254.100　　C．192.168.1.100　　D．172.16.1.100

2. 以十进制表示的 IP 地址，开头在 224～239 范围内的所有地址（　　）。

A. 被规定为 A 类 IP 地址　　B. 被保留用于科学研究的地址

C. 被规定为组播地址　　D. 被规定为 B 类 IP 地址

3. IP 地址为 192.168.1.100，子网掩码为 255.255.255.0 的网络地址为（　　）。

A. 192.168.1.100　　B. 192.168.1.0　　C. 192.168.0.0　　D. 192.168.0.100

4. 以下是回环地址的 IP 地址为（　　）。

A. 127.0.0.1　　B. 192.168.0.1　　C. 10.0.0.1　　D. 172.16.0.1

5. B 类 IP 地址默认的子网掩码为（　　）。

A. 255.0.0.0　　B. 255.255.0.0　　C. 255.255.255.0　　D. 255.255.255.255

第 2 章　企业网络操作系统

2.1　【案例 1】Windows Server 2003 的安装

案例效果

Microsoft 公司提供了多种类型的操作系统，其中包括功能强大的网络管理系统，本案例将以网络操作系统 Windows Server 2003 的安装及配置为例，使大家对 Windows Server 2003 有更深刻的认识和了解。

操作步骤

利用光驱直接从 Windows Server 2003 安装光盘启动安装程序，这是在没有操作系统或操作系统损坏的情况下常用的方式，当然如果计算机里有一个完好的操作系统也可以进行这样的操作。

（1）首先设置由光盘引导计算机，即在 BIOS 中将计算机的启动顺序改为从 CD-ROM 引导。在主机启动的时候，按【Del】键，进入 BIOS 设置界面。按方向键【→】进入 Boot 选项窗口进行修改，设置 CD-ROM Drive 为优先启动，如图 2-1-1 所示，按【F10】键，保存配置并退出。重新启动计算机，并在光驱中放入 Windows Server 2003 的安装光盘。

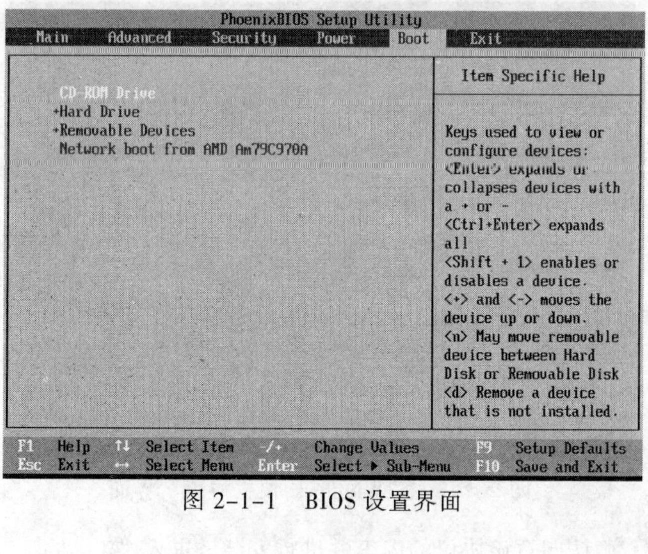

图 2-1-1　BIOS 设置界面

（2）系统会自动搜索 Windows Server 2003 安装光盘上的启动文件，进入“Windows Server 2003, Enterprise Edition 安装程序”的欢迎界面，可以根据提示信息完成相应的操作，如图 2-1-2 所示。

- 按【Enter】键，确认安装 Windows Server 2003 操作系统。
- 按【R】键，使用恢复控制台修复已有的 Windows 安装程序。
- 按【F3】键，退出 Windows 的安装程序。

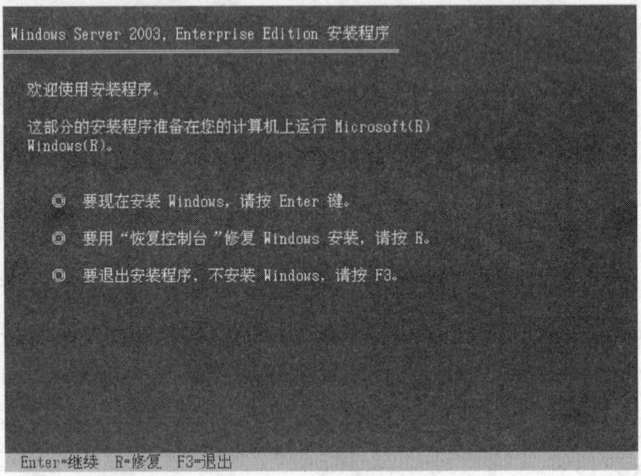

图 2-1-2 欢迎界面

（3）按【Enter】键，确认安装 Windows Server 2003，进入“Windows 授权协议”界面，它包括许可证的授予、产品的维护和更新以及知识产权等信息，根据提示信息完成相应的操作，如图 2-1-3 所示。

- 按【F8】键，确认同意该协议的内容并进行安装。
- 按【Esc】键，表示不同意协议的内容并取消安装，系统将自动退出该安装程序。
- 按【Page Down】键，可以切换到协议的下一页进行阅读。

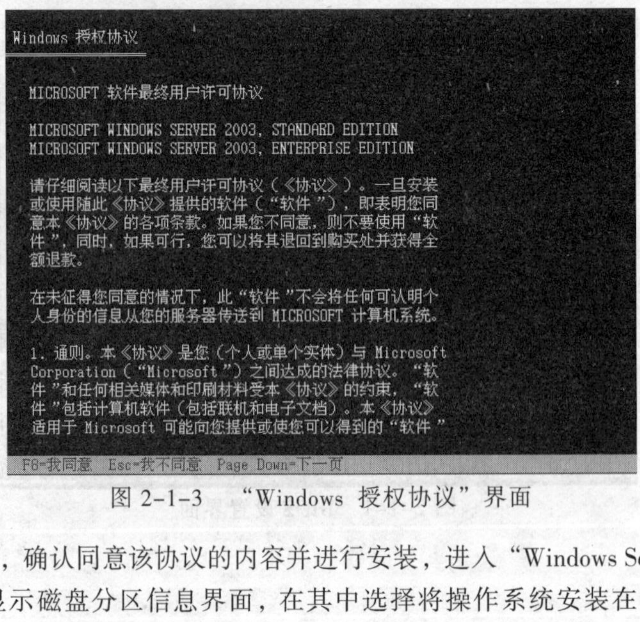

图 2-1-3 “Windows 授权协议”界面

（4）按【F8】键，确认同意该协议的内容并进行安装，进入“Windows Server 2003, Enterprise Edition 安装程序”显示磁盘分区信息界面，在其中选择将操作系统安装在哪个磁盘分区上，如

图 2-1-4 所示。如果磁盘没有划分任何分区，则必须新建一个分区。

- 按【Enter】键，确认操作系统将安装在该分区上。
- 按【C】键，进入“新磁盘分区”界面，创建新的磁盘分区。
- 按【D】键，删除光标所在的磁盘分区。

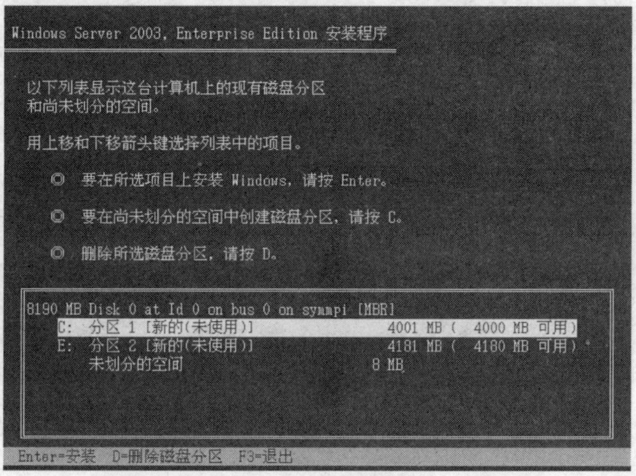

图 2-1-4 显示磁盘分区信息界面

（5）选定安装系统的分区后按【Enter】键，进入“Windows Server 2003，Enterprise Edition 安装程序”磁盘格式化方式选择界面，系统会询问用户使用哪种文件系统格式化此分区，如图 2-1-5 所示。

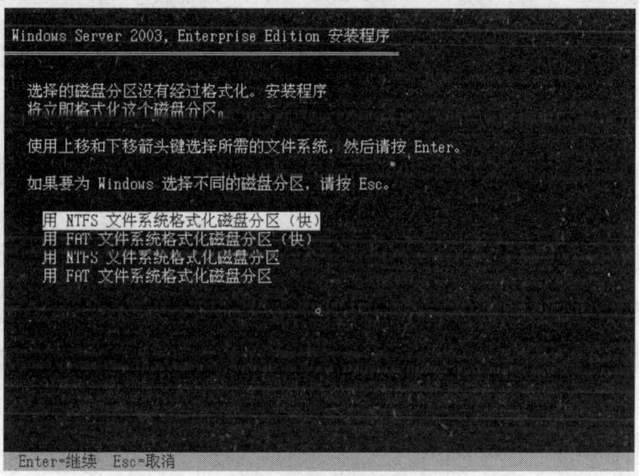

图 2-1-5 磁盘格式化方式选择界面

- FAT 文件系统分为 FAT 16、FAT 32 两种，FAT 16 最大可以管理 2GB 的分区，但每个分区最多只能有 65 525 个簇（簇是磁盘空间的配置单位）。随着磁盘或分区容量的增大，每个簇所占的空间将越来越大，从而导致磁盘空间的浪费。FAT 32 最大可以支持 2TB（2 048GB）的分区。不超过 8GB 的 FAT 32 分区格式中，每个簇容量都固定为 4KB。
- NTFS 文件系统也是以簇为单位来存储数据文件的，但 NTFS 中簇的大小并不依赖于磁盘或分区的大小。簇尺寸的缩小不但减少了磁盘空间的浪费，还降低了产生磁盘碎片的可能性。NTFS 支持文件加密管理功能，可以为用户提供更高层次的安全保证。

（6）选择“用 NTFS 文件系统格式化磁盘分区（快）”选项，按【Enter】键，进入格式化界面，如图 2-1-6 所示。

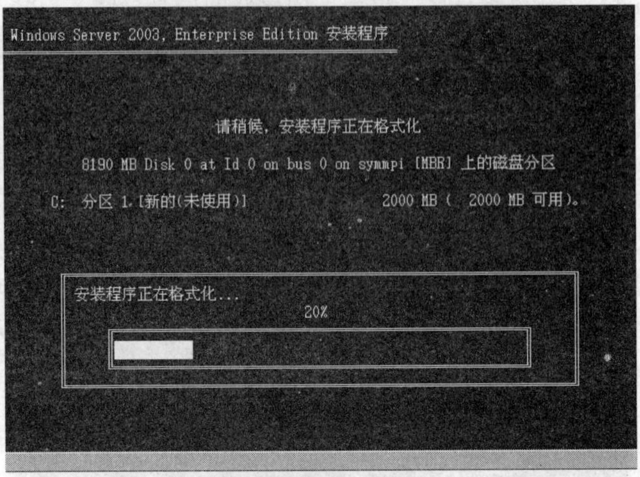

图 2-1-6 格式化界面

（7）格式化分区结束后，安装程序将系统文件复制到 Windows 安装文件夹中，如图 2-1-7 所示。安装文件全部复制完毕后，系统进行第一次重新启动。

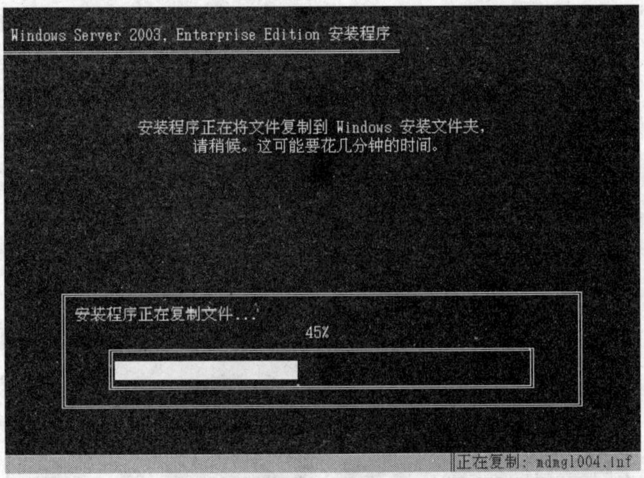

图 2-1-7 复制系统文件界面

（8）计算机重新启动后，进入图形化安装界面，如图 2-1-8 所示。系统提示安装程序运行的具体步骤，提示还需要多长时间才能完成安装，并通过屏幕显示 Windows Server 2003 的特点等信息。

（9）在安装过程中会打开“Windows 安装程序”对话框，进入“区域和语言选项”设置界面，要求用户为操作系统设置数字、货币以及日期的显示方式，一般使用默认的设置即可，如图 2-1-9 所示。

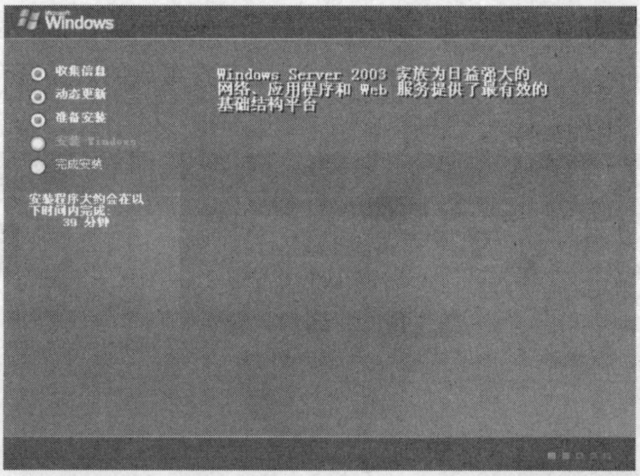

图 2-1-8　图形化安装界面

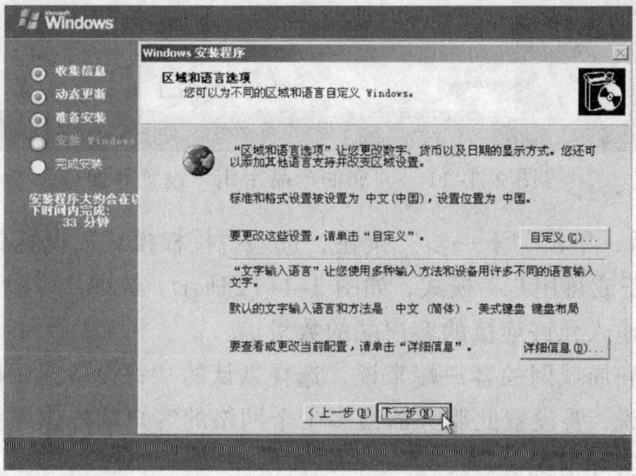

图 2-1-9　“区域和语言选项”设置界面

（10）设置完成后，单击“下一步”按钮，进入“自定义软件”设置界面，可以在“姓名”和“单位”文本框中输入系统使用者的相关信息，如图 2-1-10 所示。默认情况下，安装程序会自动指定系统使用者的姓名和单位的相关信息，也可以不更改。

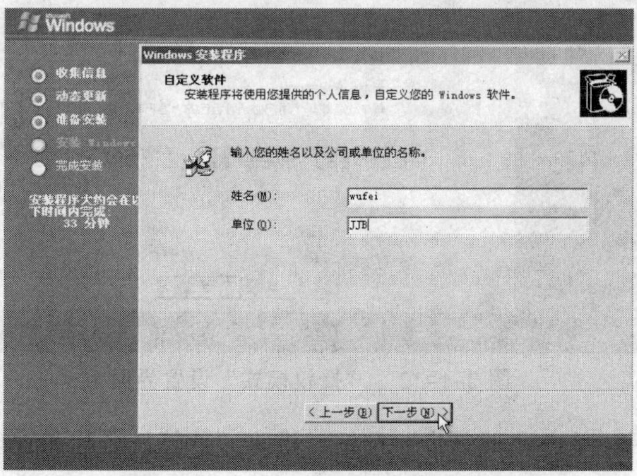

图 2-1-10　“自定义软件”设置界面

（11）输入完成后，单击“下一步”按钮，进入“您的产品密钥”设置界面，必须在“产品密钥”文本框中正确输入产品外包装背面由 25 个字符组成的产品密钥，才能获得安装系统的授权，如图 2-1-11 所示。

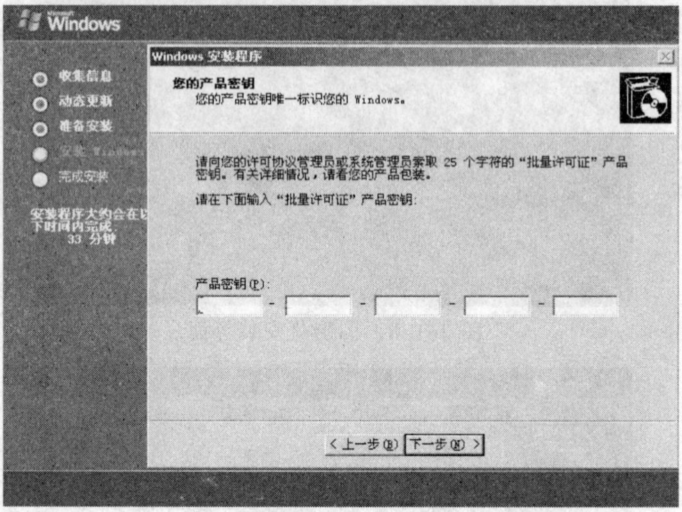

图 2-1-11 “您的产品密钥”设置界面

（12）输入完成后，单击“下一步”按钮，进入“授权模式”设置界面，可以选择“每服务器”模式或“每设备或每用户”模式，如图 2-1-12 所示。选中“每服务器”模式，并在“同时连接数”文本框中输入允许连接的客户端的数量。

- 对于单机用户和局域网的客户端来说，选择默认的“每设备或每用户”模式即可。
- 对于服务器来说，要设置此服务器给多少个网络的客户端提供服务，此时需要参考说明书的授权和局域网的实际情况。

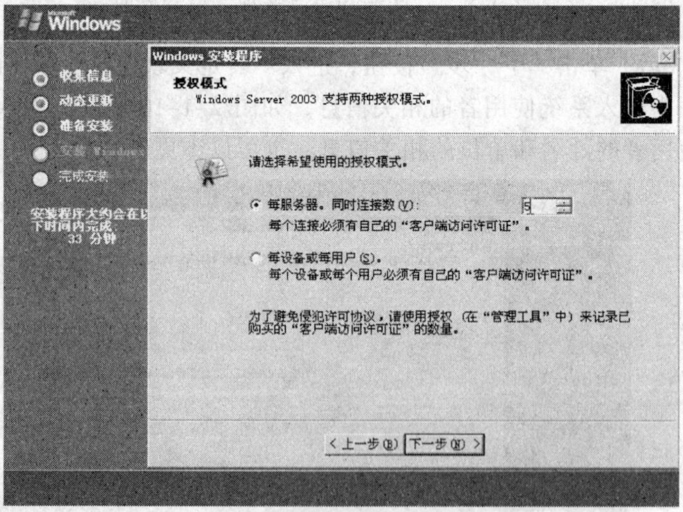

图 2-1-12 “授权模式”设置界面

（13）设置完成后，单击“下一步”按钮，进入“计算机名称和管理员密码”设置界面，如图 2-1-13 所示。

① 在“计算机名称”文本框中输入相应的名称用于网络识别，因此该计算机的名称不能与其所在网络中的任何一台计算机的名称相同。

② 在“管理员密码”和“确认密码”文本框中输入网络管理员（即 Administrator）的密码，为了保证系统管理的安全，网络管理员的密码不推荐设置为空密码，最好为该用户设置一个比较复杂且至少为 7 位的密码。

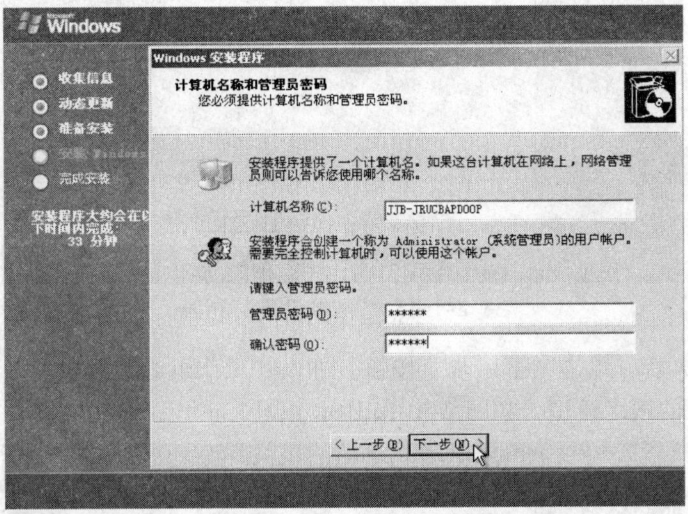

图 2-1-13　“计算机名称和管理员密码”设置界面

（14）输入完成后，单击“下一步”按钮，进入“日期和时间设置”界面，可以选择当前系统所在的时区，并设置当前的日期和时间，如图 2-1-14 所示。

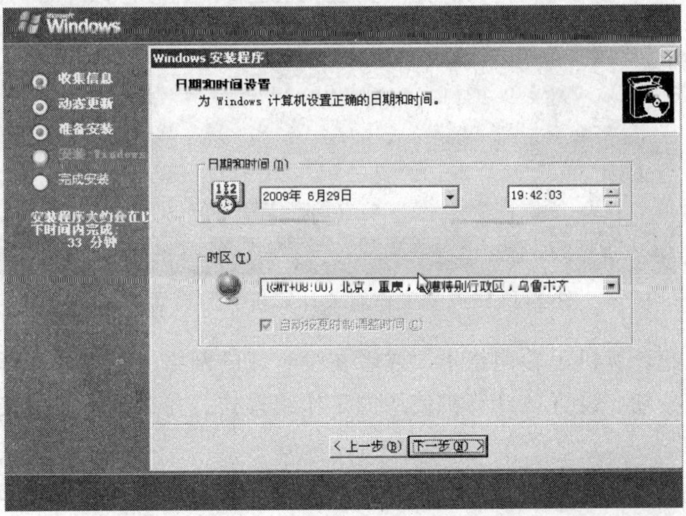

图 2-1-14　“日期和时间设置”界面

（15）设置完成后，单击“下一步”按钮，进入“网络设置”界面，网络连接使用的设置包括“典型设置”和“自定义设置”，用户可以根据需要进行选择，如图 2-1-15 所示。对网络各组件不了解的用户，推荐使用“典型设置”。

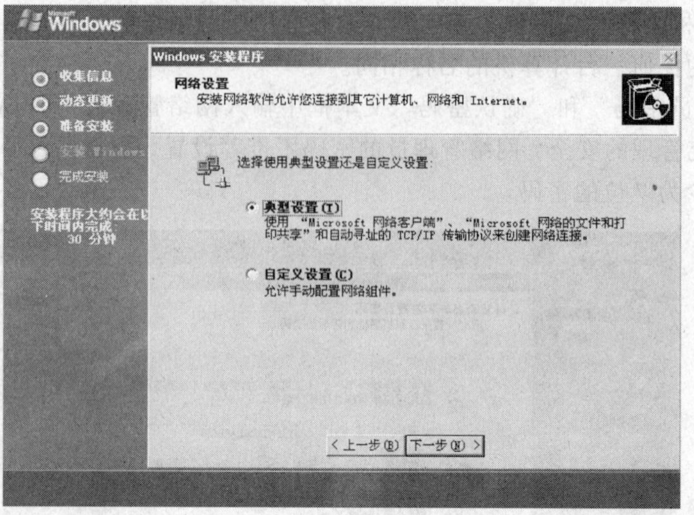

图 2-1-15 “网络设置”界面

（16）设置完成后，单击“下一步”按钮，进入“工作组或计算机域”设置界面，可以设置计算机将要加入的网络模型，如图 2-1-16 所示。

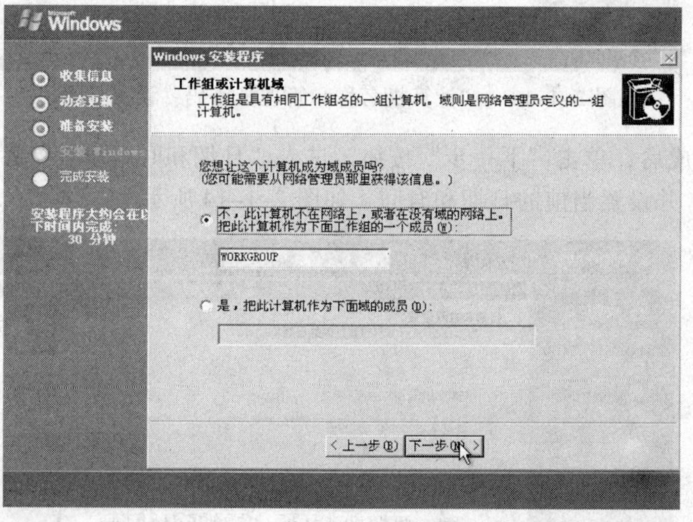

图 2-1-16 “工作组或计算机域”设置界面

• 选中“不，此计算机不在网络上，或者在没有域的网络上。把此计算机作为下面工作组的一个成员”单选按钮，设置该计算机使用的工作组模式，并在其下面的文本框中输入要加入的工作组的组名。

• 如果此计算机要加入到已经存在的域时，选中“是，把此计算机作为下面域的成员”单选按钮，并在其下面的文本框中输入要加入域的域名。

（17）不论是单机还是局域网服务器，都推荐选择工作组模式，Windows Server 2003 系统安装完成后，还需要再进行域的设置。设置完成后，单击“下一步”按钮，进入完成安装阶段，系统自动完成安装程序的其他信息设置，如图 2-1-17 所示。系统将进行安装开始菜单项以及对组件进行注册等最后的设置，这些都无须用户参与，所有设置完成并保存后，系统进行第二次重新启动。

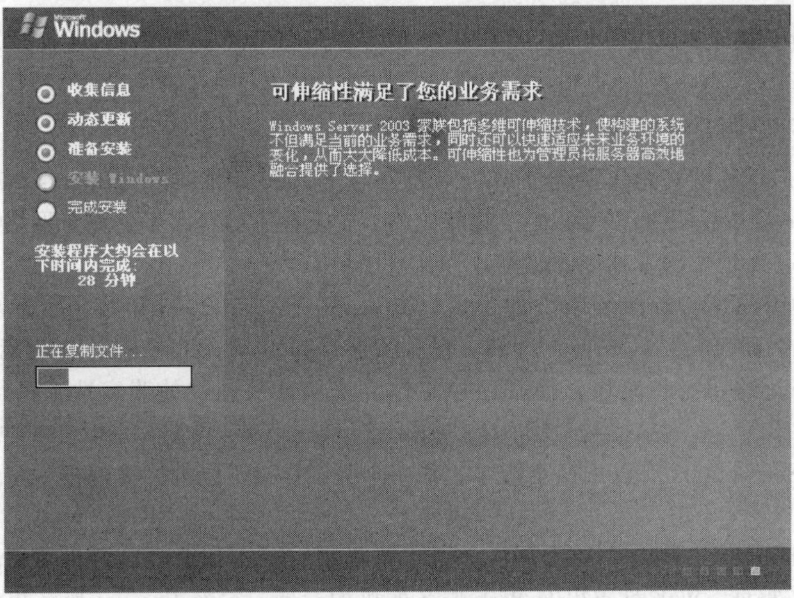

图 2-1-17　进入完成安装阶段

（18）计算机重新启动后，进入 Windows Server 2003 的登录界面，并打开“欢迎使用 Windows”界面，显示系统启动的提示信息，如图 2-1-18 所示。

图 2-1-18　系统提示信息界面

（19）按【Ctrl+Alt+Del】组合键，打开“登录到 Windows”对话框，需要输入登录用户的信息，在“用户名”文本框中输入 Administrator，在“密码”文本框中输入所设置的密码，如图 2-1-19 所示。单击“确定”按钮，即可登录到 Windows Server 2003 操作系统。

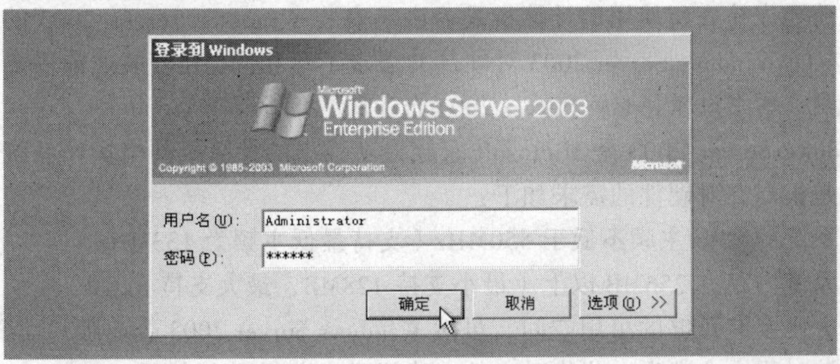

图 2-1-19　用户登录界面

相关知识

1. Windows Server 2003

应用比较广泛的网络操作系统是 Microsoft 公司在 2000 年推出的 Windows Server 2000，但在 Windows Server 2000 发布多年以后，在稳定性、安全性上已经跟不上整个网络的发展，尤其是在安全性上，出现了越来越多的漏洞。

为了弥补 Windows Server 2000 的不足，Microsoft 公司在 2003 年推出了最新的 Windows 网络操作系统，即 Windows Server 2003。它对 Windows Server 2000 的部分功能进行了改进，并增加了一些新的功能和模块，使其在稳定性、安全性及硬件的兼容性上都得到了很大的提高。

Windows Server 2003 有以下四个版本，每一个版本针对不同的网络规模，完成不同的网络功能。

（1）Windows Server 2003 Web 版：该版本是单目的 Web 服务器，专为需要以经济的方式创建及配置 Web 页、Web 站点以及 Web 服务的机构设计。它为 Internet 服务提供商以及想致力于前端 Web 服务器的组织提供了一种经济且高效的 Web 服务器操作系统。它通过包含 Internet Information Service（IIS）6.0、Microsoft ASP.NET 及 Microsoft.NET 框架来提供丰富的 Web 服务框架。

（2）Windows Server 2003 标准版：该版本是为小型企业单位和部门而设计的，它提供的功能包括智能文件和打印机共享、安全 Internet 连接、集中式的桌面应用程序部署以及连接职员、合作伙伴和顾客的 Web 解决方案等，并提供了较高的可靠性、可伸缩性和安全性。

（3）Windows Server 2003 企业版：针对大中型企业而设计的 Windows Server 2003 企业版是推荐运行某些应用程序的服务器应该使用的操作系统，这些应用程序包括联网、消息传递、数据库、电子商务、Web 站点等。

（4）Windows Server 2003 Datacenter 版：此版本是针对要求较高级别的可伸缩性、可用性和可靠性的企业而设计的，可以为数据库、企业资源规划软件、大容量实时事务处理以及服务器合并提供解决方案。

2. 硬件需求

在安装之前要先检查所使用的计算机是否满足安装 Windows Server 2003 的最低硬件配置要求，每个版本的 Windows Server 2003 对硬件的需求不尽相同，在安装之前需要详细阅读操作系统的版本说明。本书以 Windows Server 2003 企业版为例。

虽然 Windows Server 2003 是 Microsoft 家族最新推出的计算机网络操作系统，但对系统硬件的要求并不是很高，对硬件的需求如下：

（1）建议系统的 CPU 主频不低于 550MHz（支持最低主频为 133MHz）。

（2）建议系统内存在 256MB 以上（最小支持 128MB，最大支持 32GB）。

（3）磁盘分区要有足够的可用空间，虽然 Windows Server 2003 企业版只需要 1.25GB 的磁盘空间，但安装过程中会产生一些临时文件，建议磁盘空间至少大于 2GB。

（4）VGA 或更高分辨率的监视器，以及键盘和鼠标。

（5）对于大多数用户来说，由于要通过光驱来安装操作系统，所以用于读取安装光盘的 CD-ROM 是必不可少的。

3. 升级 Windows Server 2003

在使用 Windows Server 2003 之前首先要进行安装，或者将现有的操作系统升级到 Windows Server 2003，但只能从 Windows Server NT 或 Windows Server 2000 这类网络操作系统升级到 Windows Server 2003，而不能从其他的操作系统（例如，Windows 98、Windows 2000 Professional 或 Windows XP Professional）升级到 Windows Server 2003。

思考与练习

一、选择题

1. Windows Server 2003 操作系统家族包括（　　）个版本。

A. 4　　B. 5　　C. 6　　D. 7

2. 在基于 x86 的计算机上安装 Windows Server 2003 企业版时，对内存的最低要求为（　　）。

A. 64MB　　B. 128MB　　C. 196MB　　D. 256MB

3.（　　）将 Windows XP 升级到 Windows Server 2003。

A. 可以　　B. 不可以

二、操作题

安装 Windows Server 2003 企业版。

2.2　【案例 2】系统的硬件配置

案例效果

本案例主要使用“设备管理器”给未识别的硬件添加驱动程序，安装网络配置所需要的组件或服务，并管理相应的服务。

操作步骤

1. 使用设备管理器管理系统硬件

（1）右击“我的电脑”图标，在弹出的快捷菜单中选择“属性”命令，打开“系统属性”对话框，切换到“硬件”选项卡，如图 2-2-1 所示。

（2）单击“设备管理器”按钮，打开“设备管理器”窗口，从中可以判断硬件设备的工作状态，如图 2-2-2 所示。

- 如果硬件设备显示为黄色问号，表示此设备工作不正常，或者没有安装驱动程序。
- 如果硬件设备显示为红色叉号，表示此设备已被禁用。

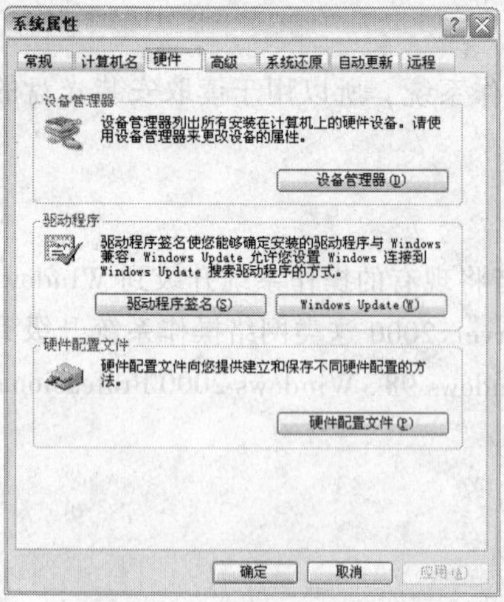

图 2-2-1 “系统属性”对话框

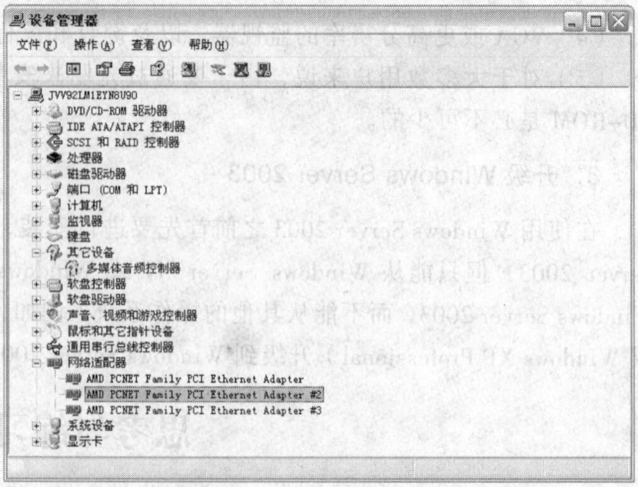

图 2-2-2 “设备管理器”窗口

（3）如果有些设备不允许提供服务，右击需要禁用的硬件设备，在弹出的快捷菜单中选择“禁用”命令，如图 2-2-3 所示。自动打开系统提示信息对话框，如图 2-2-4 所示，请用户再次确认执行禁用操作，单击“是”按钮，“设备管理器”中该设备的图标上将出现一个红叉，表示该设备已经被禁用。

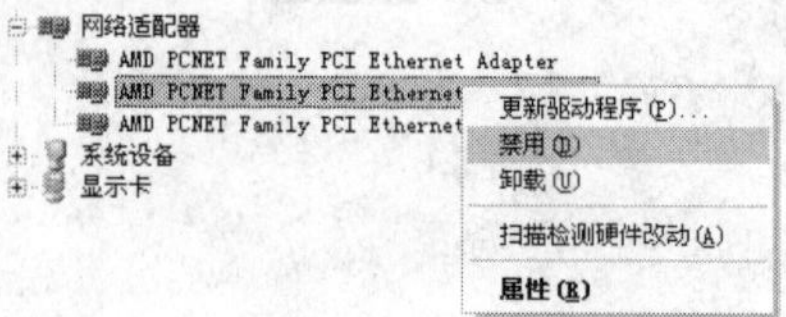

图 2-2-3 禁用硬件设备的操作

图 2-2-4 系统提示信息对话框

（4）Windows Server 2003 会内置常见设备的驱动程序，但是个别设备的驱动程序仍然需要手动安装。可以根据“硬件更新向导”对话框中的操作提示来安装不同硬件设备的驱动程序，完善系统中所有硬件的配置。

（5）如果需要安装声卡，打开“设备管理器”窗口，右击声卡设备，在弹出的快捷菜单中选择“更新驱动程序”命令，打开“硬件更新向导”对话框，选中“从列表或指定位置安装（高级）”单选按钮，如图 2-2-5 所示。

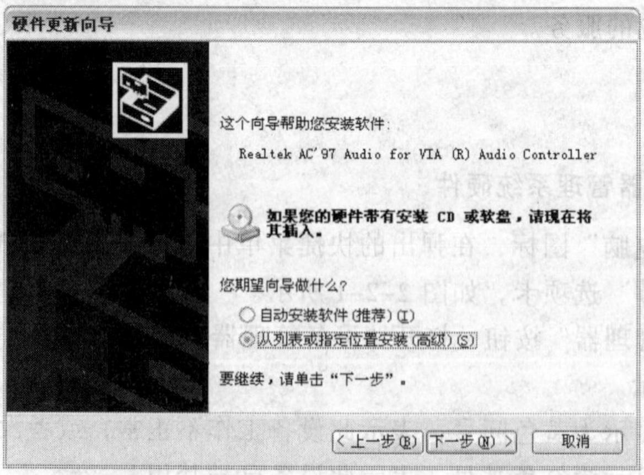

图 2-2-5 “硬件更新向导”对话框

（6）单击“下一步”按钮，进入“请选择您的搜索和安装选项”界面，选择驱动程序的相应位置。选中“搜索可移动媒体（软盘、CD-ROM...）”复选框，或者选中“在搜索中包括这个位置”复选框，并在其下面的文本框中输入指定的搜索位置，如图 2-2-6 所示。

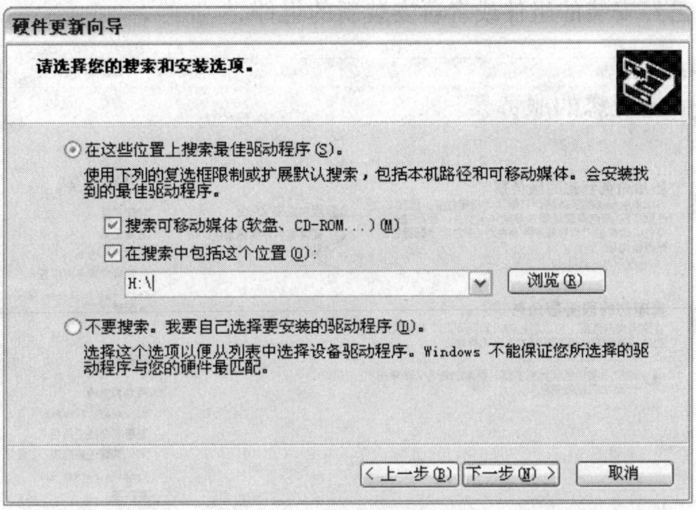

图 2-2-6　“请选择您的搜索和安装选项”界面

（7）单击“下一步”按钮，进入“向导正在搜索，请稍候”界面，系统会在指定的位置搜索与硬件相符的驱动程序，如图 2-2-7 所示。

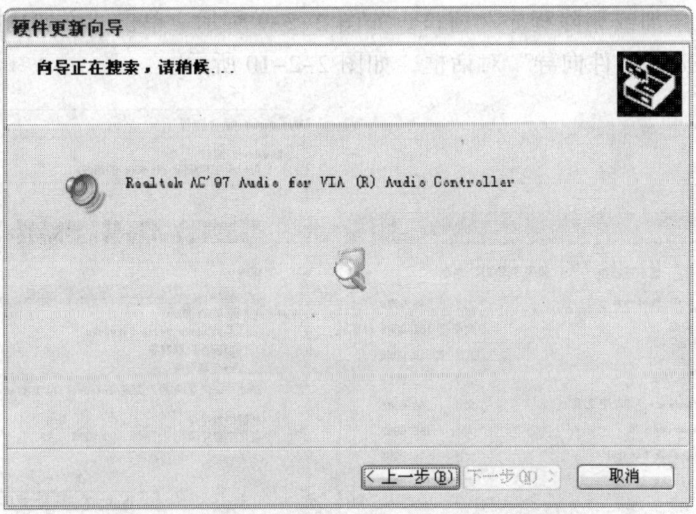

图 2-2-7　“向导正在搜索，请稍候”界面

（8）搜索到合适的驱动程序后会提示安装，单击“下一步”按钮进行安装。安装完毕后单击“完成”按钮，结束驱动程序的安装。

2. 组件的管理

当 Windows Server 2003 操作系统安装完成后，需要安装相应的组件或服务，才能让 Windows Server 2003 完成某一特定的功能。

安装 Windows Server 2003 组件或服务有以下三种方法：

（1）使用“管理您的服务器”窗口：选择“开始”→“管理工具”→“管理您的服务器”命令，打开“管理您的服务器”窗口，如图 2-2-8 所示。它会自动检测当前系统已经安装的组件，用户可以修改已经安装的组件或者再安装新的组件。

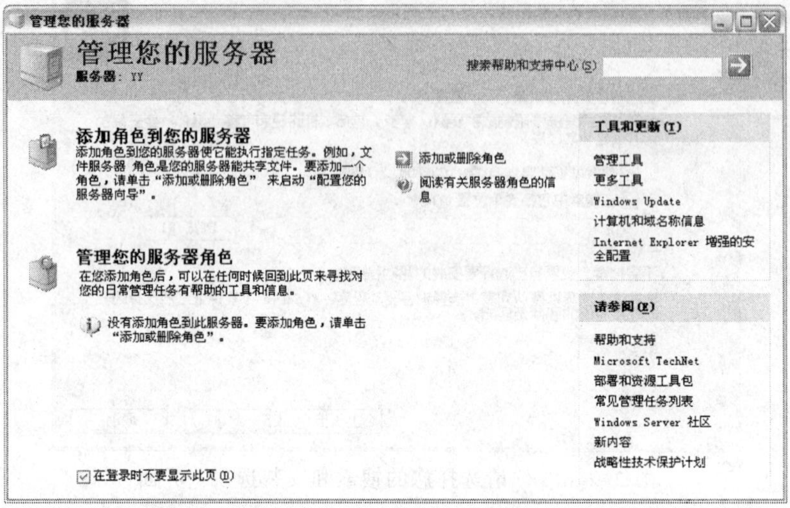

图 2-2-8 “管理您的服务器”窗口

（2）使用“Windows 组件向导”对话框：选择“开始”→“控制面板”→“添加或删除程序”命令，打开“添加或删除程序”窗口，如图 2-2-9 所示。单击“添加/删除 Windows 组件”图标，打开“Windows 组件向导”对话框，如图 2-2-10 所示。

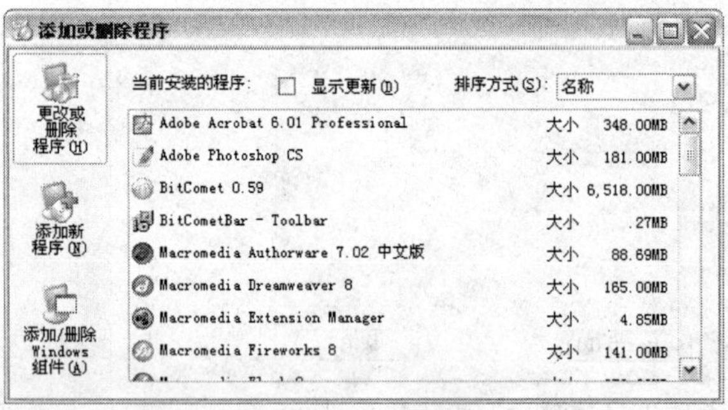

图 2-2-9 “添加或删除程序”窗口

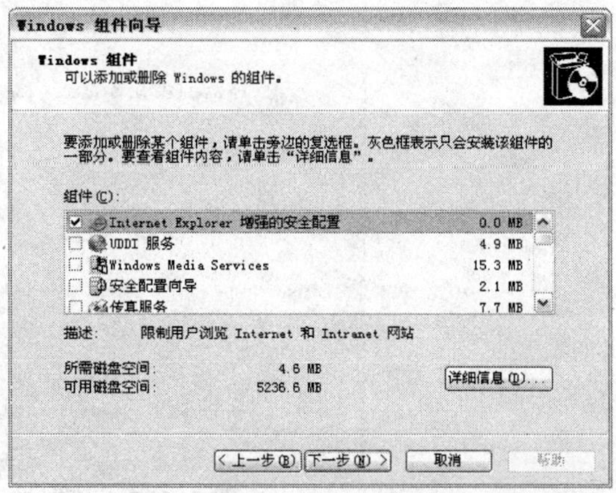

图 2-2-10 “Windows 组件向导”对话框

（3）使用命令：选择“开始”→“运行”命令，打开“运行”对话框。在“打开”文本框中输入 cmd，如图 2-2-11 所示。单击“确定”按钮，打开命令提示符窗口。在窗口中的命令提示符后输入 dcpromo，如图 2-2-12 所示。按【Enter】键确认，打开“Active Directory 安装向导”对话框，根据向导提示进行安装或卸载 Active Directory 服务，如图 2-2-13 所示。

图 2-2-11　“运行”对话框

图 2-2-12　命令提示符窗口

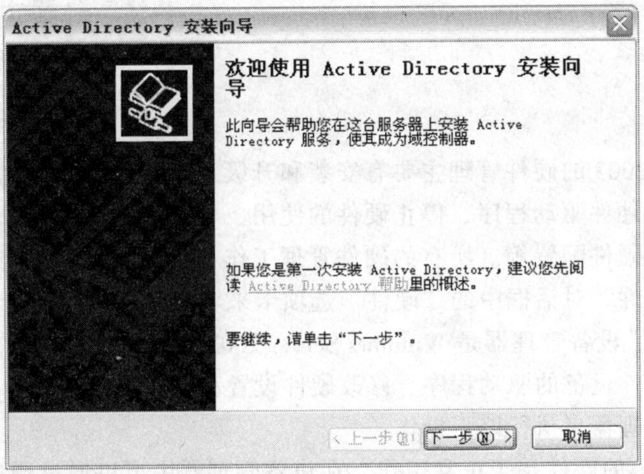

图 2-2-13　“Active Directory 安装向导”对话框

3．服务的管理

（1）选择“开始”→“管理工具”→“服务”命令，打开“服务”窗口，在其中可以选择希望启动的服务。

（2）如果需要修改 Messenger 服务，右击 Messenger 服务，在弹出的快捷菜单中选择“启动”命令，如图 2-2-14 所示，即可启动该服务。停止或暂停服务与启动服务的操作方法类似。

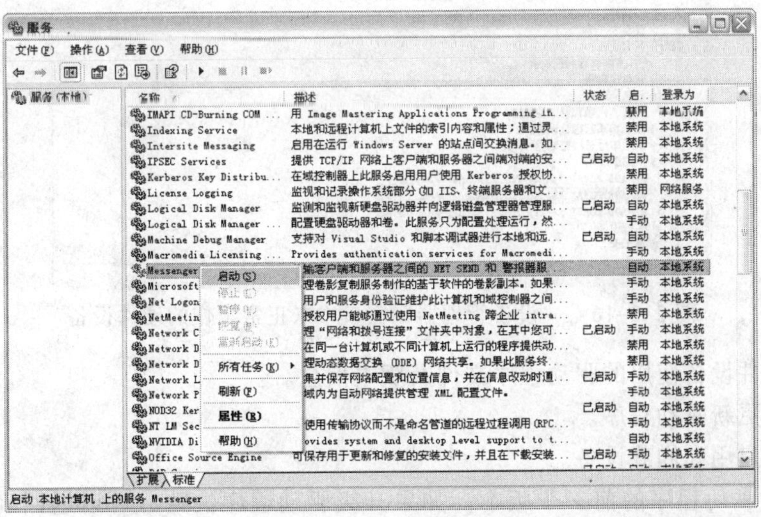

图 2-2-14　“服务”窗口

（3）还可以进一步设置服务启动类型。双击需要设置服务启动类型的服务，或者右击 Messenger 服务，在弹出的快捷菜单中选择“属性”命令，打开“Messenger 的属性（本地计算机）”对话框。在“启动类型”下拉列表中可以选择服务启动的类型，如“自动”、“手动”或“禁用”，如图 2-2-15 所示。

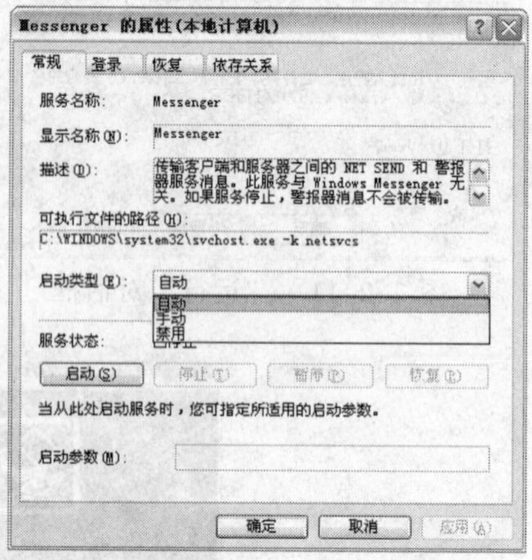

图 2-2-15 “Messenger 的属性（本地计算机）”对话框

相关知识

1. 设备管理器

Windows Server 2003 的硬件管理主要有安装和升级硬件驱动程序、卸载硬件驱动程序、停止硬件的使用、查看硬件信息和修改硬件配置等。所有的硬件管理工作都可以通过“系统属性”对话框中的“硬件”选项卡来实现。

（1）设备管理器：设备管理器是 Windows Server 2003 中经常使用的硬件管理工具，通过设备管理器可以更新硬件设备的驱动程序、修改硬件设置和解决疑难问题等。

可以使用设备管理器来执行以下操作：

① 判断计算机中的硬件是否正常工作。在设备管理器中可以通过颜色和图标来判断硬件设备是否正常工作。例如，显示为黄色问号，表示设备工作不正常，或者没有安装驱动程序；显示为红色叉号，表示此设备已被禁用，如图 2-2-16 所示。

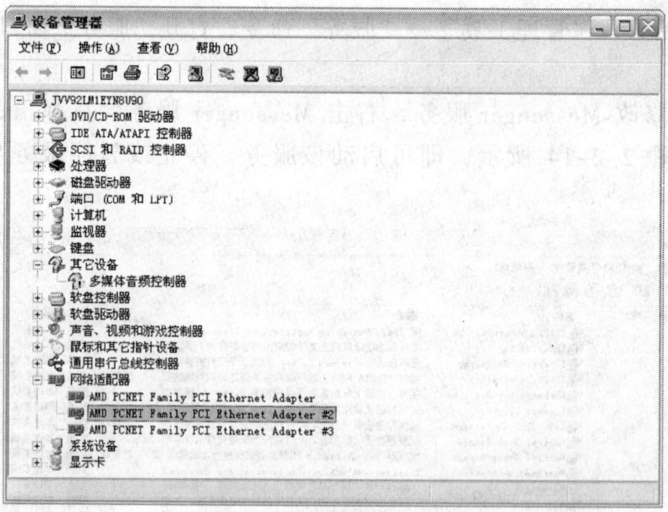

图 2-2-16 “设备管理器”窗口中未正常工作的硬件设备

② 查看硬件设备使用的驱动程序文件及版本信息。

③ 安装、更新驱动程序。

④ 禁用、启用和卸载设备。

⑤ 返回到驱动程序的前一个版本。如果升级驱动程序失败，可以返回到升级前使用的版本。

（2）硬件配置文件：硬件配置文件是一组硬件配置信息的集合，它告诉 Windows 在启动计算机时要启动哪些设备。安装 Windows 时，系统创建了一个名称为 Profile 1 的硬件配置文件。右击“我的电脑”图标，在弹出的快捷菜单中选择“属性”命令，打开“系统属性”对话框，切换到“硬件”选项卡，单击“硬件配置文件”按钮，打开“硬件配置文件”对话框，如图 2-2-17 所示。默认情况下，Profile 1 硬件配置文件会启用安装 Windows 时所有安装在这台计算机上的设备。

如果计算机上有多个硬件配置文件，既可以指定每次启动计算机时要使用的默认配置文件，也可以让操作系统在每次启动计算机时向用户询问这次要使用的配置文件，默认情况下系统会等待 30 秒的时间，如果 30 秒内用户没有作出选择，系统会使用默认的硬件配置文件。

创建硬件配置文件后，即可使用设备管理器来禁用和启用配置文件中的设备。右击“我的电脑”图标，在弹出的快捷菜单中选择“属性”命令，打开“系统属性”对话框，切换到“硬件”选项卡，单击“设备管理器”按钮，打开“设备管理器”窗口。在此窗口中右击 AMD PCNET Family PCI Ethernet Adapter，在弹出的快捷菜单中选择“属性”命令，打开“AMD PCNET Family PCI Ethernet Adapter 属性”对话框。在“设备用法”下拉列表中选择“不要使用这个设备（禁用）”选项，如图 2-2-18 所示。如果禁用了硬件配置文件中的某台设备，启动计算机时系统就不会加载该设备的驱动程序。

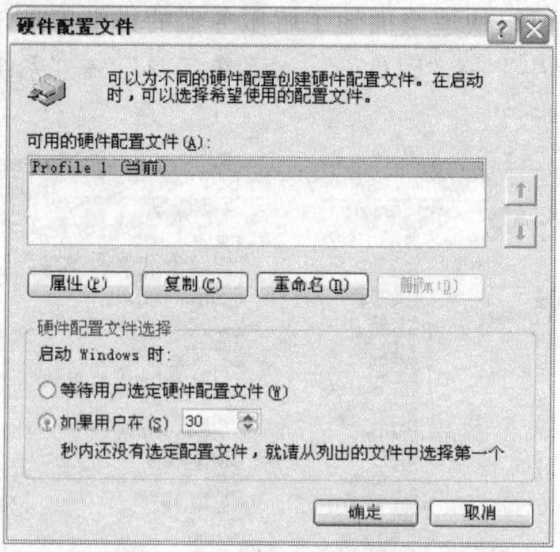

图 2-2-17　“硬件配置文件”对话框

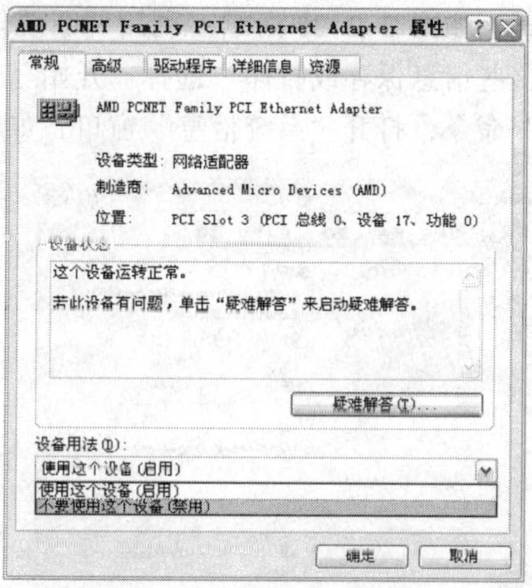

图 2-2-18　“常规”选项卡

2. 服务

默认情况下，一些不必要的网络或系统服务都没有启动。当需要使用某个未启动的网络或系统服务时，选择“开始”→“管理工具”→“服务”命令，打开“服务”窗口，在其中修改各个服务项，来管理 Windows Server 2003 中的服务，如图 2-2-19 所示。

在“服务”窗口中可以实现以下功能：

① 查看服务的相关信息。

② 启动、停止和暂停服务。

③ 设定服务的启动类型，即手动、自动或禁用。

④ 查看服务的依赖关系，某些服务只有在它依赖的服务启动后才能启动。

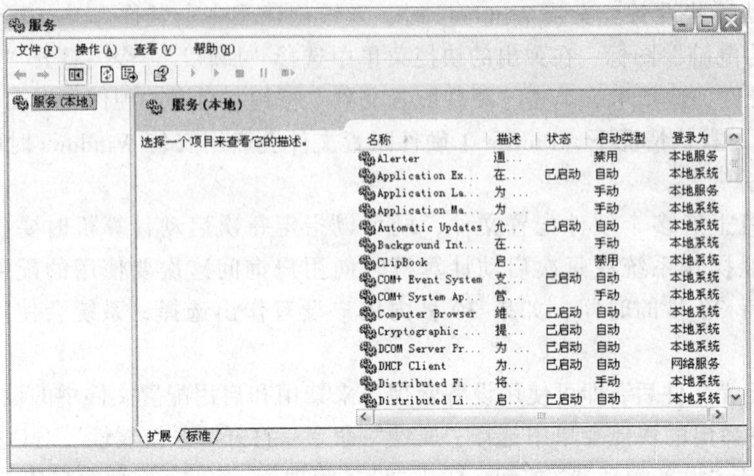

图 2-2-19 “服务”窗口

3. 查看系统信息

要管理一台服务器，必须先了解这台服务器的相关信息，包括系统的软件信息和硬件信息。用户可以通过“系统属性”对话框来查看当前服务器的操作系统版本、CPU 主频和内存容量等信息，如图 2-2-20 所示。利用“系统信息”窗口可以快速全面地了解服务器的详细信息，并将这些信息保存或打印。选择“开始”→“所有程序”→“附件”→“系统工具”→“系统信息”命令，打开“系统信息”窗口，如图 2-2-21 所示。

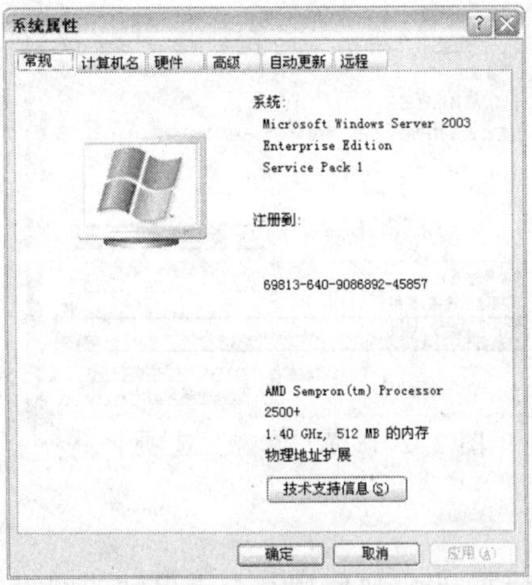

图 2-2-20 “系统属性”对话框

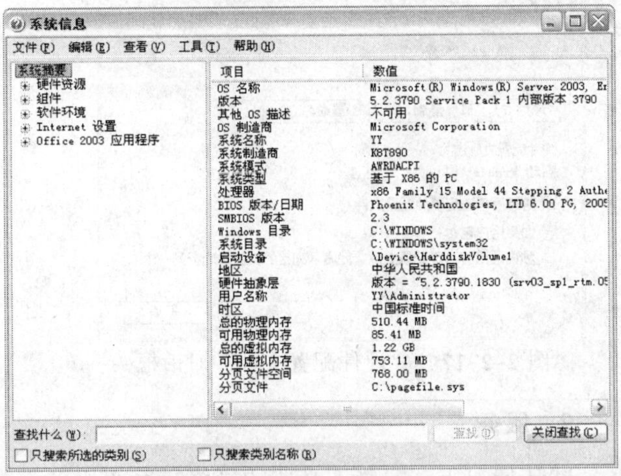

图 2-2-21 “系统信息”窗口

4. Windows 帮助

查看 Windows 的帮助信息是学习操作系统的好方法。选择“开始”→“帮助和支持”命令，打开“帮助和支持中心”窗口，如图 2-2-22 所示。Windows Server 2003 提供的帮助更加人性化和网络化，可以通过类别查找所需要的信息，也可以通过模糊搜索找到需要的信息。

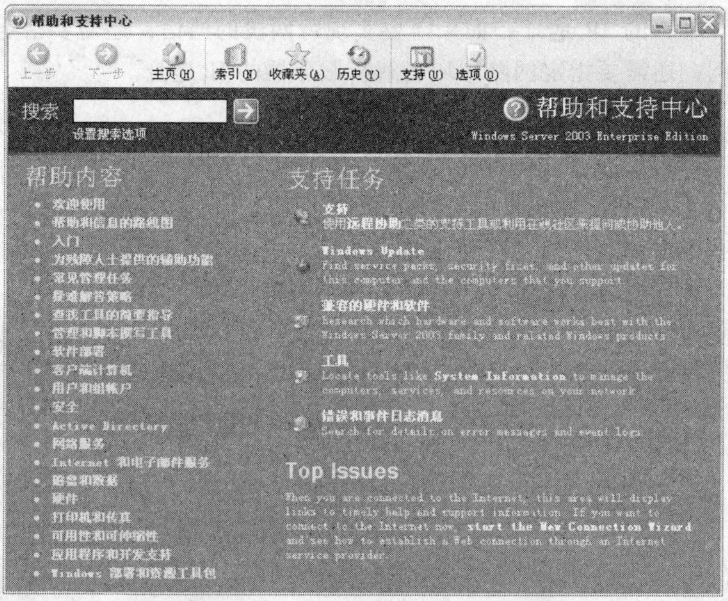

图 2-2-22　“帮助和支持中心”窗口

思考与练习

一、选择题

1. 安装 Windows Server 2003 组件或服务的方法有（　　）。
   A. 管理您的服务器　　B. Windows 组件向导
   C. 设备管理器　　D. 命令行
2. 查看系统信息的工具有（　　）。
   A. 硬件管理器　　B. “系统信息”窗口
   C. 设备管理器　　D. “系统属性”对话框
3. 添加硬件驱动程序的工具是（　　）。
   A. 硬件管理器　　B. 系统信息
   C. 设备管理器　　D. 硬件管理向导

二、操作题

1. 安装硬件设备的驱动程序。
2. 安装 Windows Server 2003 组件。

2.3　【案例 3】设置 IP 地址

案例效果

在一个网络中，如果想从其他主机的网络邻居中查找本主机，就需要给该主机添加一个网络中可以识别的计算机名称。如果想使其他主机与该主机进行通信，就需要给该主机添加一个本网络可识别的、唯一的 IP 地址。如果需要实现跨网段的通信，还需要指定网关。如果需要通过域名进行访问，还需要指定网路中域名解析服务器的 IP 地址。

操作步骤

（1）以管理员（Administrator）的身份登录到计算机。

（2）右击“我的电脑”图标，在弹出的快捷菜单中选择“属性”命令，打开“系统属性”对话框，切换到“计算机名”选项卡，如图 2-3-1 所示。

（3）单击“更改”按钮，打开“计算机名称更改”对话框，如图 2-3-2 所示。

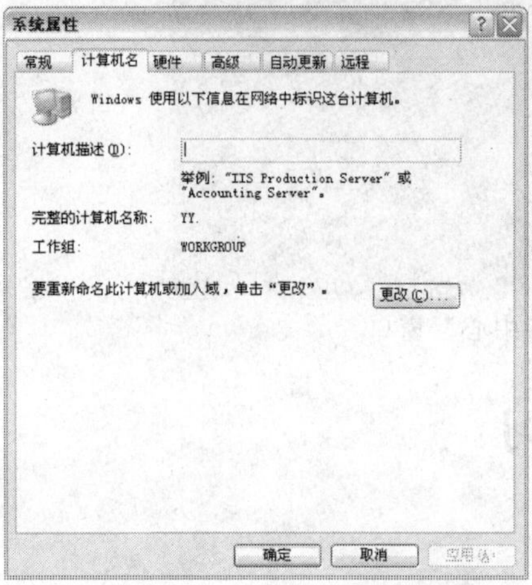

图 2-3-1　“计算机名”选项卡

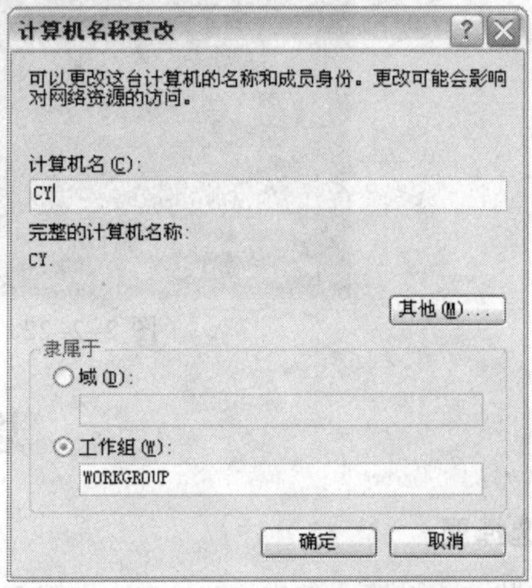

图 2-3-2　“计算机名称更改”对话框

（4）在“计算机名”文本框中可以修改相应的计算机名称，在“隶属于”选项区域中可以设置所属工作组的名称，设置完毕后，单击“确定”按钮，打开“计算机名更改”对话框，如图 2-3-3 所示。提示要使更改生效，必须重新启动计算机，此时单击“确定”按钮，将重新启动计算机。

（5）右击“网上邻居”图标，在弹出的快捷菜单中选择“属性”命令，打开“网络连接”窗口，如图 2-3-4 所示。

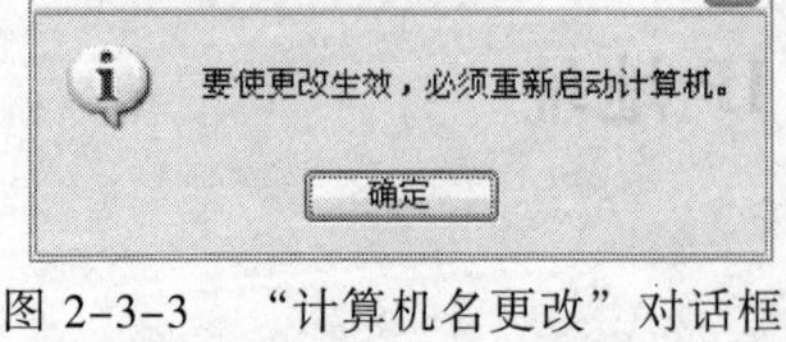

图 2-3-3　“计算机名更改”对话框

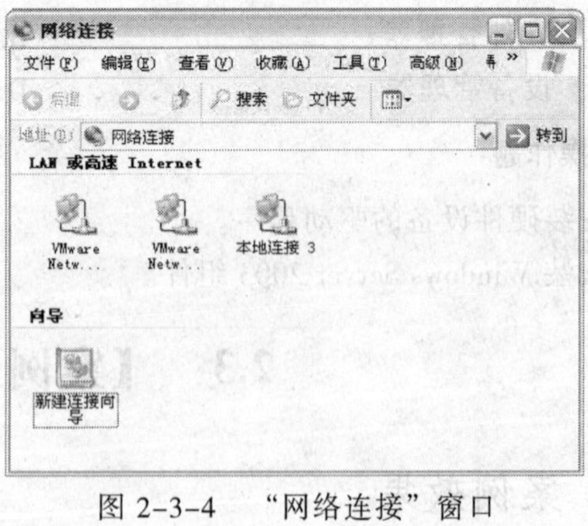

图 2-3-4　“网络连接”窗口

（6）右击需要设置 IP 地址的“本地连接 3”图标，在弹出的快捷菜单中选择“属性”命令，打开“本地连接 属性”对话框，如图 2-3-5 所示。

（7）在“此连接使用下列项目”列表框中选中“Internet 协议（TCP/IP）”复选框，再单击“属性”按钮，打开“Internet 协议（TCP/IP）属性”对话框。选中“使用下面的 IP 地址”单选按钮，分别在“IP 地址”、“子网掩码”和“默认网关”文本框中输入 IP 地址、子网掩码和默认网关的地址，设置本地连接。选中“使用下面的 DNS 服务器地址”单选按钮，分别在“首选 DNS 服务器”和“备用 DNS 服务器”文本框中输入首选和备用 DNS 服务器地址，如图 2-3-6 所示。单击“确定”按钮，完成 IP 设置。

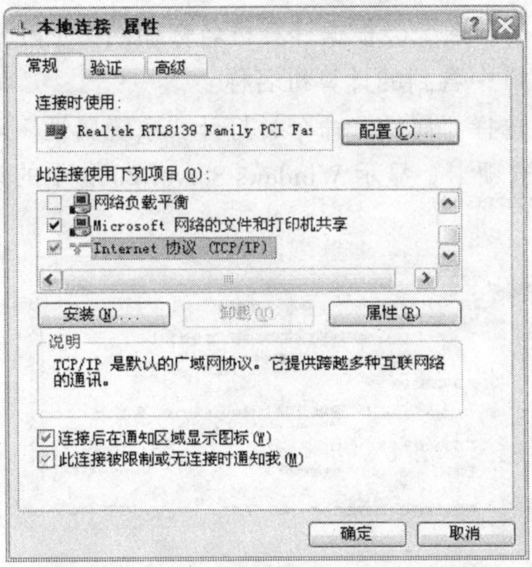

图 2-3-5 “本地连接属性”对话框

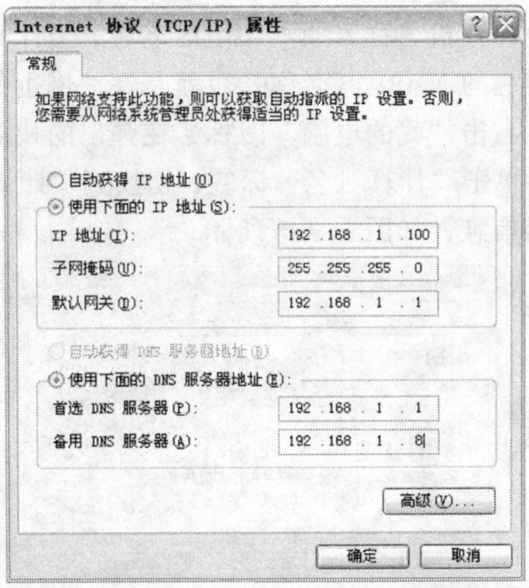

图 2-3-6 “Internet 协议（TCP/IP）属性”对话框

相关知识

1. Windows 网络组成

要将使用 Windows Server 2003 操作系统的计算机接入网络，必须具备以下三个方面的条件。

（1）网卡：目前以太网网卡有 10M、100M、10M/100M 自适应及千兆网卡等几种。对于大多数的网络来说，服务器应该采用 1 000M 以太网网卡，这种网卡多用于服务器与交换机之间的连接，以提高系统整体的响应速率。而 10M、100M 和 10M/100M 自适应网卡则属于人们常用的网络设备。

所谓的 10M/100M 自适应是指网卡可以与远端网络设备（集线器或交换机）自动协商，来确定当前的可用速率是 10Mbit/s 还是 100Mbit/s。因此对于一般用户或中小企业来说，建议将 10M/100M 自适应网卡作为首选设备。

（2）协议：协议是网络中（包括互联网）传递、管理信息的一些规范。如同人与人之间相互交流需要遵循一定的规矩一样，计算机之间的相互通信需要共同遵守一定的规则，这些规则就称为网络协议。常见的协议有 TCP/IP、IPX/SPX、NetBEUI 等。

TCP/IP 是经常使用的网络通信协议，也是 Windows Server 2003 操作系统默认安装的通信协议。打开“本地连接属性”对话框，在“此连接使用下列项目”列表框中可以查看系统所包含的通信协议，如图 2-3-7 所示。

（3）网络服务：只有安装了相应的网络服务组件，才能为其他客户端提供相应的服务。例如，Microsoft 网络的文件和打印机共享，只有安装了此服务，才能为其他计算机提供文件共享和打印机共享服务。

2. 计算机名称

计算机名称用来标识计算机在网络中的身份，如同人的名字一样，在网络中不允许出现相同的名称。如果出现重名，系统会提示错误信息。

计算机名称又叫 NetBIOS 名称，当计算机启动时，系统会根据计算机名称在网络上注册一个唯一的 NetBIOS 名称，也就是在“网上邻居”窗口中看到的计算机名称。

右击“我的电脑”图标，在弹出的快捷菜单中选择“属性”命令，打开“系统属性”对话框。单击“计算机名”标签，切换到“计算机名”选项卡，显示 Windows Server 2003 中的计算机名信息，如图 2-3-8 所示。

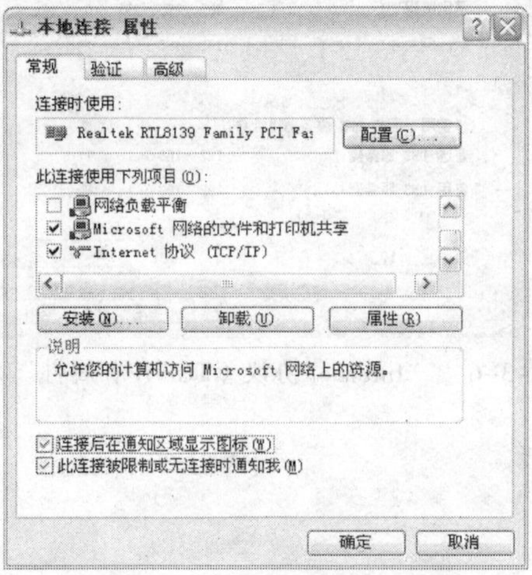

图 2-3-7 默认安装的网络协议

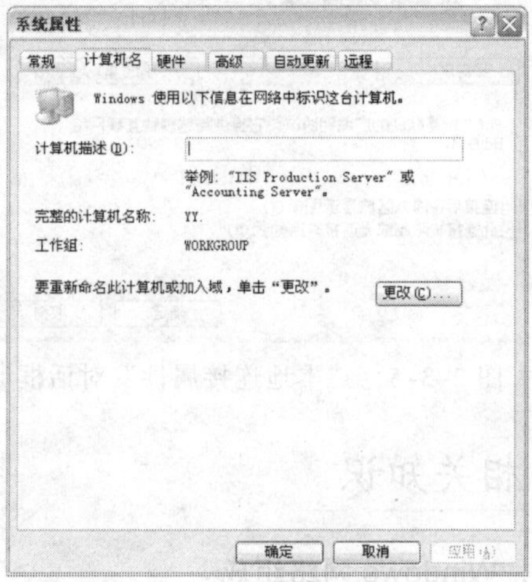

图 2-3-8 “计算机名”选项卡

建议在计算机名称中使用 Internet 标准字符。标准字符是 0～9 的数字、A～Z 的大写字母和 a～z 的小写字母以及连字符（-），并且不能全部是数字，最大长度为 63 字节。如果计算机是域的一部分，则必须选择不同于域中其他计算机的名称。要避免名称冲突，计算机名称在域、工作组或网络中应该是唯一的。

如果在一台计算机上安装多个操作系统，建议为操作系统分配不同的名称，如果操作系统是域的成员，则操作系统的名称必须跟域中其他计算机的名称不同，同时计算机的名称也不能和域的名称相同。

3. IP 地址

静态 IP 地址是为某台计算机手动设置的一个合法的 IP 地址。一般情况下，网络中的服务器都使用静态 IP 地址，例如，文件服务器、打印服务器等。由于使用的是静态 IP 地址，所以可以通过 IP 地址快速定位某台服务器，另外也简化了名称解析和 DNS 域名解析。

给客户端计算机分配静态 IP 地址会增加管理员的工作量，也可能会输入错误的信息。当网络更改 IP 段时，会出现需要重新配置等一系列的问题。为了避免这些问题，可以将所有的客户端计算机设置为自动获得动态 IP 地址，如图 2-3-9 所示。当然，网络中必须安装专门为其他客户端分配 IP 地址的 DHCP 服务器。当计算机向网络申请动态 IP 地址时，DHCP 服务器会自动为每台客户端计算机分配动态 IP 地址。

当计算机得到一个动态 IP 地址后，可以查看当前获得的动态 IP 地址等信息，如图 2-3-10 所示。此外，也可以单击“详细信息”按钮，打开“网络连接详细信息”对话框，可以查看动态 IP 地址的详细情况，如图 2-3-11 所示。

4. 备用配置

备用配置是计算机在缺少动态主机配置协议（DHCP）服务器的情况下使用手动配置 IP 地址的一种方法。如果在多个网络中使用一台计算机，而且至少有一个网络没有使用 DHCP 服务器，而用户又不希望自动配置，则可以使用备用配置。

例如，如果希望自己的主机既能在办公室中使用，又能在家中使用，这时可以使用 TCP/IP 的备用配置。在办公室中，主机使用 DHCP 分配的 TCP/IP 配置。在家中，因为没有现成的 DHCP 服务器，所以主机自动使用备用配置，备用配置提供了对家庭网络设备和 Internet 的简单访问方式，同时允许在两个网络中进行无缝操作，而无需手动配置 TCP/IP，如图 2-3-12 所示。

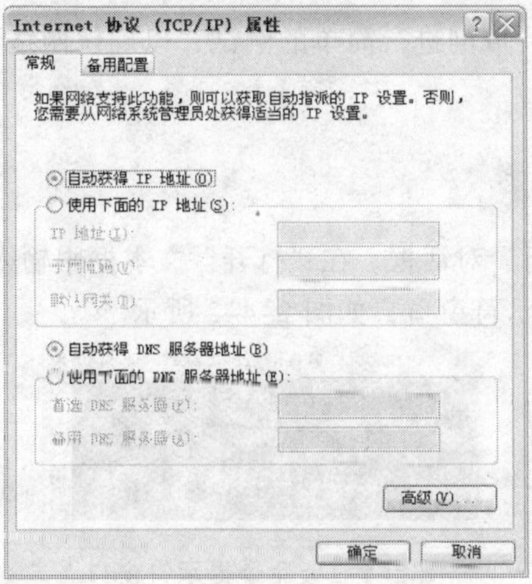

图 2-3-9　自动获得 IP 地址配置

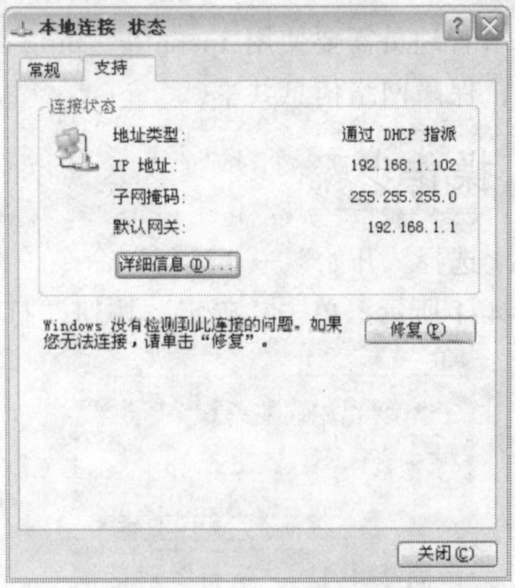

图 2-3-10　查看 IP 地址信息

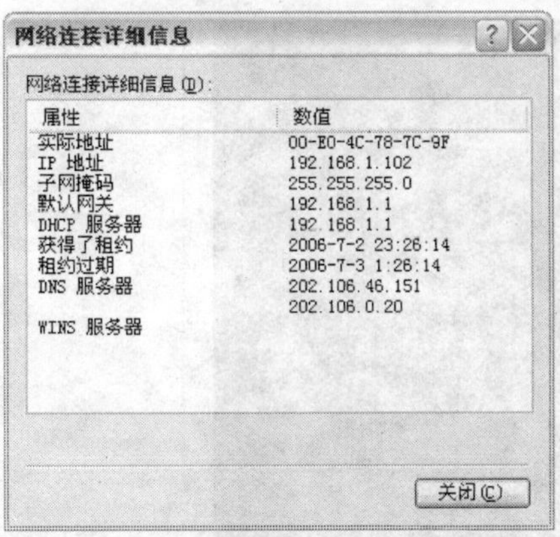

图 2-3-11　查看网络连接详细信息

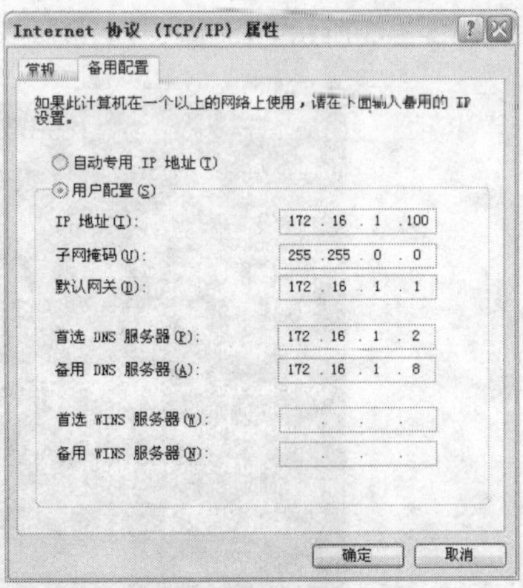

图 2-3-12　“备用配置”选项卡

思考与练习

一、操作题

1. 设置计算机名称。
2. 设置计算机的静态 IP 地址。

二、简答题

1. 简述 Windows 的网络组成。
2. 简述备用配置的作用。

2.4 【案例 4】测试网络连通性

案例效果

网络管理员需要使用 ipconfig、ping 等命令对局域网进行简单的测试，以确认网络可以正常连通，保障网络信息共享。

操作步骤

（1）选择“开始”→“运行”命令，打开“运行”对话框。在“打开”文本框中输入 cmd，如图 2-4-1 所示。单击“确定”按钮，打开命令提示符窗口，如图 2-4-2 所示。

图 2-4-1 “运行”对话框

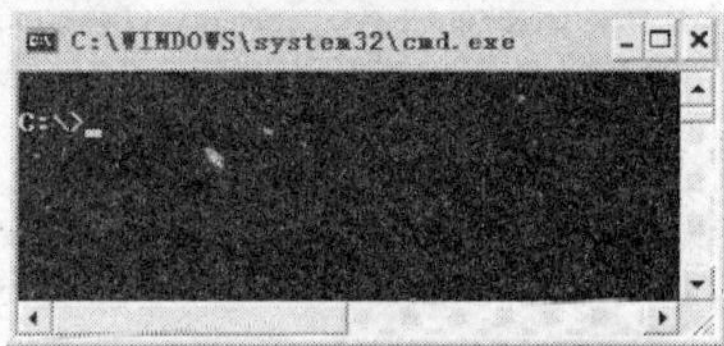

图 2-4-2 命令提示符窗口

（2）在命令提示符后输入 ipconfig/all，按【Enter】键，即可查看当前主机的 TCP/IP 配置信息，如图 2-4-3 所示。

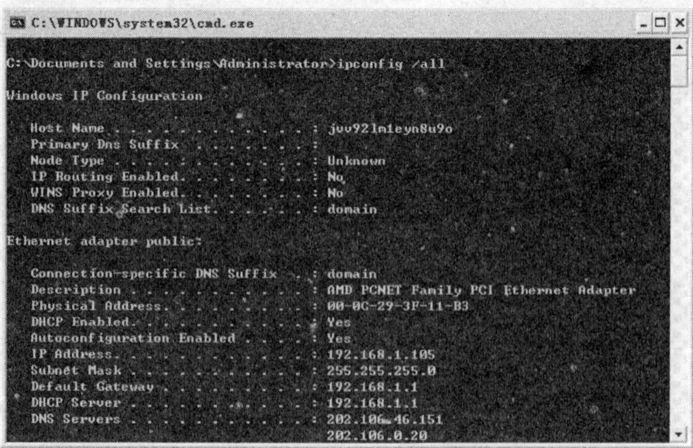

图 2-4-3 输入 ipconfig/all 后显示的结果

（3）在命令提示符后输入 ping 192.168.1.105，按【Enter】键，测试当前计算机和 192.168.1.105 之间的网络是否能够正常通信，如图 2-4-4 所示。

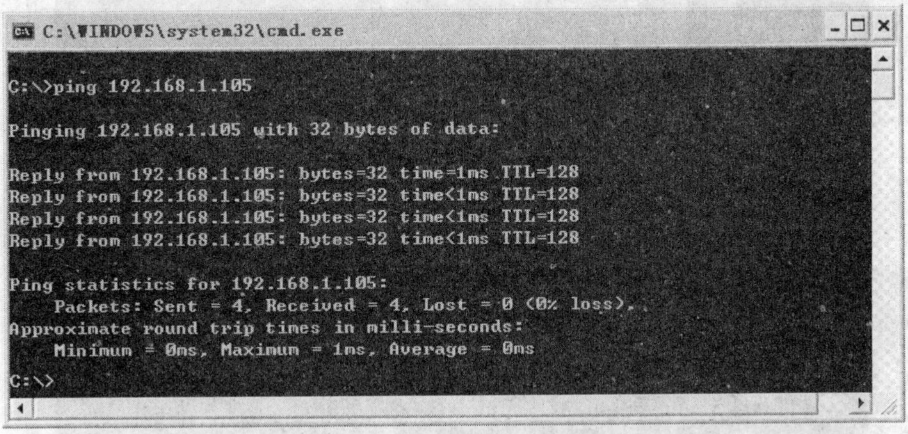

图 2-4-4　测试网络连接是否正常

相关知识

提示符命令是指在命令提示符窗口中执行的命令。选择"开始"→"运行"命令，打开"运行"对话框。在"打开"文本框中输入 cmd，单击"确定"按钮，打开命令提示符窗口。在窗口中的命令提示符后输入相关的命令。

1. ipconfig 命令

对 TCP/IP 网络问题进行故障排除时，先检查出现问题的计算机上的 TCP/IP 配置。可以使用 ipconfig 命令获得主机配置信息，包括 IP 地址、子网掩码和默认网关，如图 2-4-5 所示。

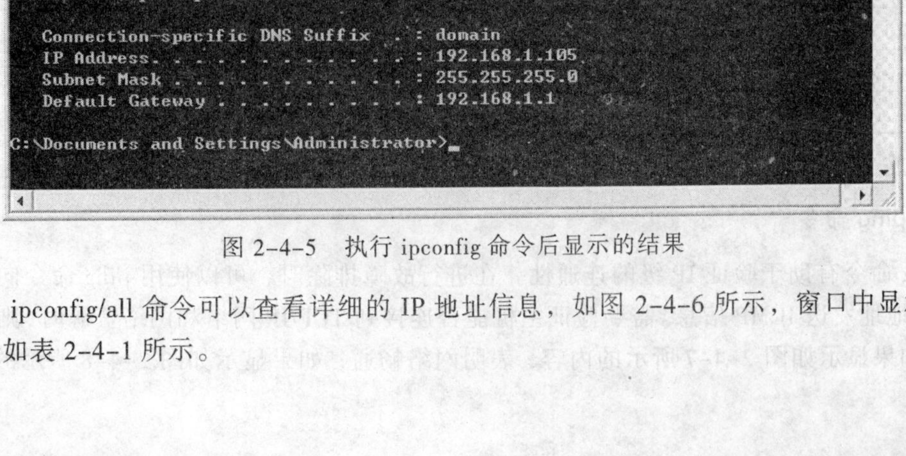

图 2-4-5　执行 ipconfig 命令后显示的结果

使用 ipconfig/all 命令可以查看详细的 IP 地址信息，如图 2-4-6 所示，窗口中显示内容对应的解释如表 2-4-1 所示。

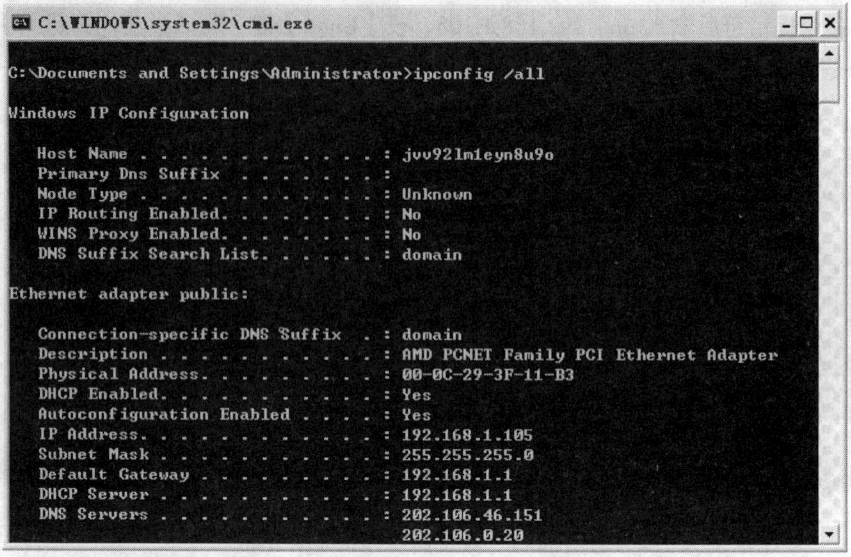

图 2-4-6　执行 ipconfig/all 命令后显示的结果

表 2-4-1　显示的相关内容及对应的解释

显　示　内　容	对　应　解　释
Host Name	主机名，即计算机名
Primary Dns Suffix	主要的 DNS 后缀
Node Type	通信结点类型
IP Routing Enabled	IP 路由功能是否启动
WINS Proxy Enabled	WINS 代理功能是否启动
DNS Suffix Search List	DNS 后缀搜索列表
Ethernet adapter public	网卡类型和名称
Connection-specific DNS Suffix	连接指定的 DNS 后缀
Description	网卡的型号
Physical Address	网卡的物理地址，即 MAC 地址
DHCP Enabled	是否启用 DHCP 功能
Autoconfiguration Enabled	是否启用自动配置
IP Address	IP 地址
Subnet Mask	子网掩码
Default Gateway	默认网关
DHCP Server	DHCP 服务器，有时会有多个 DNS 服务器
DNS Server	DNS 服务器

2．ping 命令

ping 命令有助于验证 IP 级的连通性。在进行故障排除时，可以使用 ping 命令向目标主机名或 IP 地址发送 ICMP 信息。需要验证主机能否连接到 TCP/IP 网络和网络资源时，则使用 ping 命令。如果显示如图 2-4-7 所示的内容，表明网络畅通；如果显示如图 2-4-8 所示的内容，表明网络不畅通。可以使用 ping 命令的不同选项来指定要使用的数据包大小，要发送多少数据包，是否记录使用的路由等，可以输入 ping/?查看这些选项。

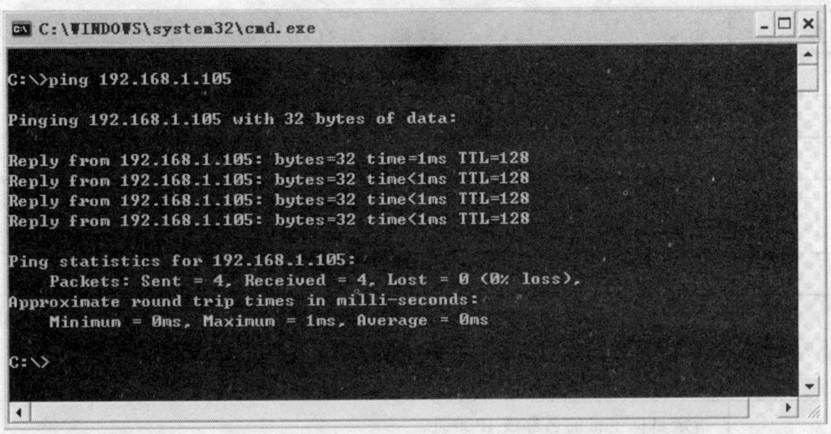

图 2-4-7　使用 ping 命令测试后网络畅通的结果

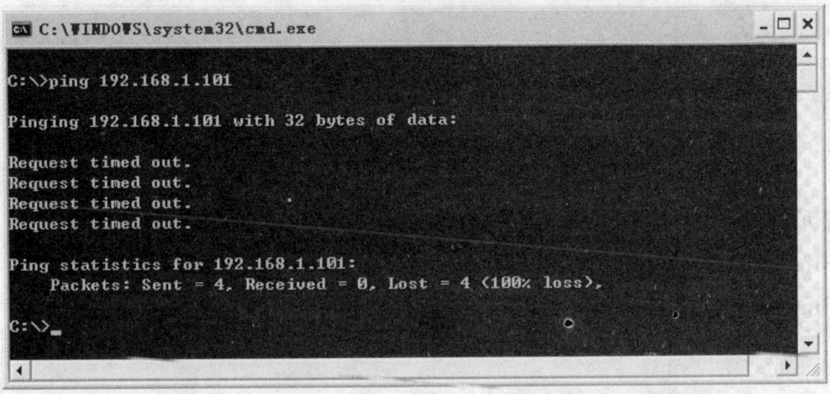

图 2-4-8　使用 ping 命令测试后网络不畅通的结果

ping 的原理是向目的主机发送 4 个数据包，如果收到对方反馈的信息则表明网络畅通。如果在指定的时间内没有收到反馈信息，则视为超时，在某些情况下就表明网络不畅通。如果 ping 一个其他网段的 IP 地址，并且没有设置网关参数，就会显示如图 2-4-9 所示的结果，表示目标主机不可到达。

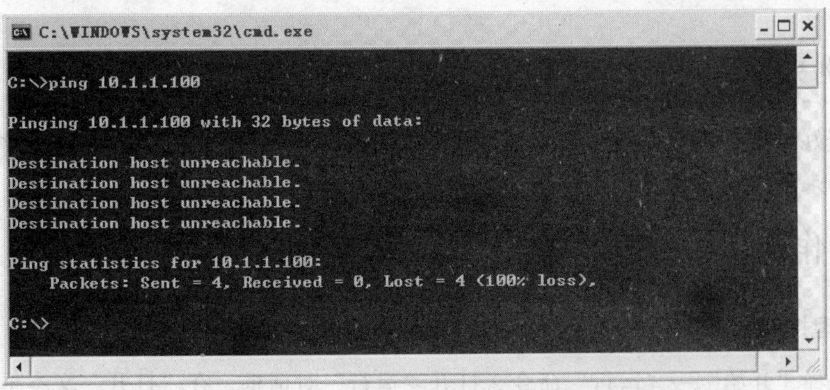

图 2-4-9　没有设置网关，使用 ping 命令测试后网络不畅通的结果

ping 命令还可以添加很多参数，以显示不同的结果。常用的参数如表 2-4-2 所示。

表 2-4-2 ping 命令的参数

参数	参数功能
-t	校验与指定计算机的连接，直到用户中断
-a	将地址解析为计算机名
-n	count 指定发送由 count 指定数量的 ECHO 报文，默认值为 4
-l	length 发送包含由 length 指定数据长度的 ECHO 报文，默认值为 32 字节，最大值为 65 500 字节
-i	TTL 将“生存时间”字段设置为 TTL 指定的数值。TTL 的最大值为 255
-w Timeout	指定等待回显应答消息响应的时间（以毫秒计算），该回显应答消息响应接收到的指定回显请求消息。如果在超时时间内未收到回显应答消息，将会显示“请求超时”的错误消息。超时时间的默认值为 4 秒
TargetName	指定目标主机的名称或 IP 地址
/?	在命令提示符下显示帮助信息

思考与练习

一、选择题

1. 如果想显示计算机 IP 地址的详细信息，则使用（　　）命令。

   A. ipconfig　　B. ipconfig/all　　C. showipinfo　　D. showipinfo/all

2. 如果让 Ping 命令一直 Ping 某一台主机，应该使用（　　）参数。

   A. -a　　B. -s　　C. -t　　D. -f

二、操作题

1. 使用 ipconfig 命令查看 IP 地址信息。
2. 使用 ping 命令测试网络的连通性。

2.5 【案例 5】管理控制台

案例效果

为了更好地对计算机系统进行管理，可以使用 MMC 的管理控制台，本案例就是通过 MMC 管理控制台来集中管理计算机的一些管理单元。

操作步骤

1. 管理控制台

（1）选择“开始”→“运行”命令，打开“运行”对话框。在“打开”文本框中输入 mmc，按【Enter】键，打开“控制台 1”窗口，如图 2-5-1 所示。

图 2-5-1　MMC“控制台 1”窗口

（2）选择“文件”→“添加/删除管理单元”命令，打开“添加/删除管理单元”对话框，如图 2-5-2 所示。

（3）单击“添加”按钮，打开“添加独立管理单元”对话框，如图 2-5-3 所示。在“可用的独立管理单元”列表框中选择需要的管理单元，再单击“添加”按钮，按照各个管理单元相应地完成添加。

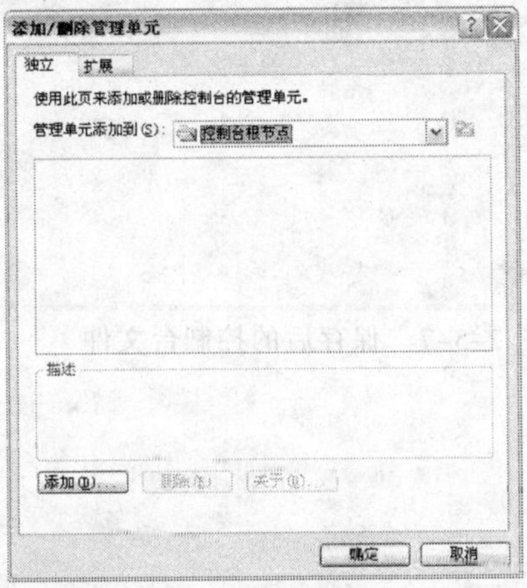

图 2-5-2　“添加/删除管理单元”对话框

图 2-5-3　“添加独立管理单元”对话框

（4）当所选择的管理单元都添加完成后，单击“关闭”按钮，完成独立管理单元的添加。在“添加/删除管理单元”对话框中显示了添加的管理单元，如图 2-5-4 所示。

（5）单击“确定”按钮，返回“控制台 1”窗口，其中显示了刚刚添加的管理单元，如图 2-5-5 所示。

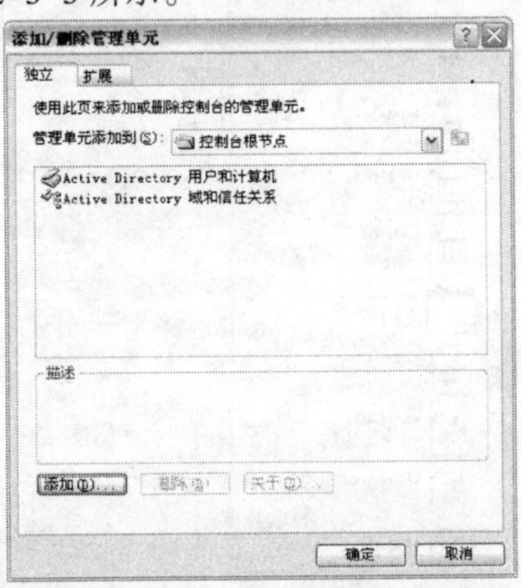

图 2-5-4　“添加/删除管理单元”对话框

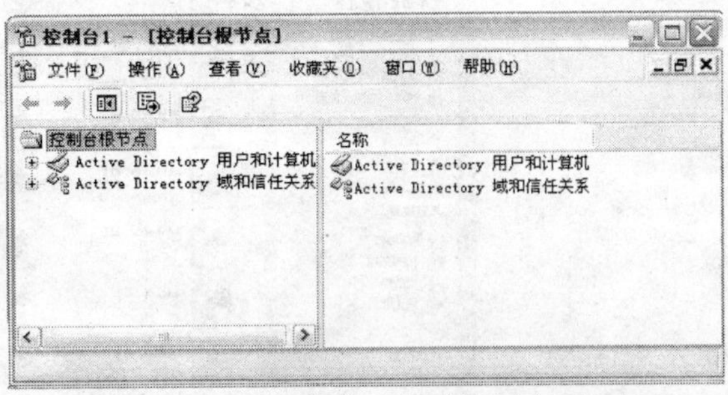

图 2-5-5　添加完成后的“控制台 1”窗口

（6）选择“文件”→“选项”命令，打开“选项”对话框。在“控制台模式”下拉列表中选择一种适合的控制台模式，如图 2-5-6 所示。

（7）选择“文件”→“保存”命令，打开“另存为”对话框。将控制台保存到一个指定的位置，默认位置在“管理工具”文件夹，单击“保存”按钮，保存该控制台文件。

（8）打开“C:\Documents and Settings\Administrator.WUFEI\「开始」菜单\程序\管理工具”文件夹，其中包含保存后的控制台文件。再次使用时，只要双击打开该控制台文件即可，如图 2-5-7 所示。

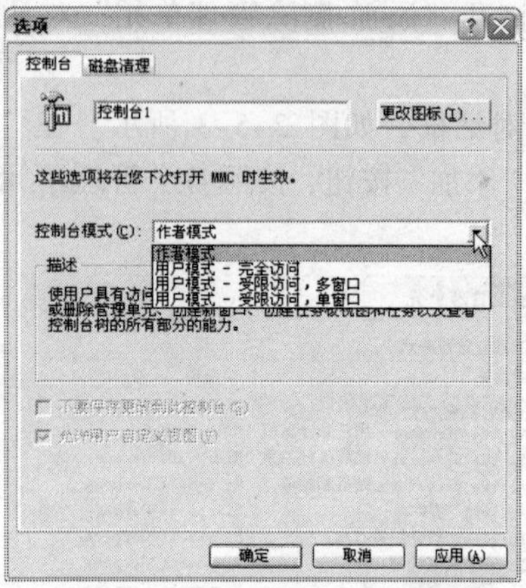

图 2-5-6 “选项”对话框

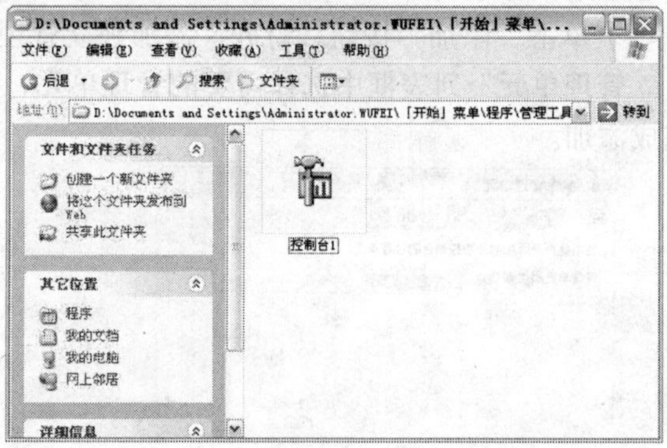

图 2-5-7 保存后的控制台文件

2. 管理工具的安装

方法一：

（1）以管理员的身份登录到计算机。

（2）在 Windows Server 2003 安装光盘的 I386 文件夹中找到名为 adminpak.msi 的安装文件，或者在 Windows Server 2003 操作系统的安装目录 system32 文件夹中找到 adminpak.msi 文件，如图 2-5-8 所示。

图 2-5-8 system32 文件夹中的 adminpak.msi 文件

（3）双击 adminpak.msi 图标，打开 Windows Server 2003 管理工具包安装向导对话框，如图 2-5-9 所示。

图 2-5-9　Windows Server 2003 管理工具包安装向导对话框

（4）单击“下一步”按钮，进入“安装进度”界面，开始安装管理工具，如图 2-5-10 所示。

（5）安装完成后进入提示安装成功界面。单击“完成”按钮，完成管理工具包的安装，如图 2-5-11 所示。

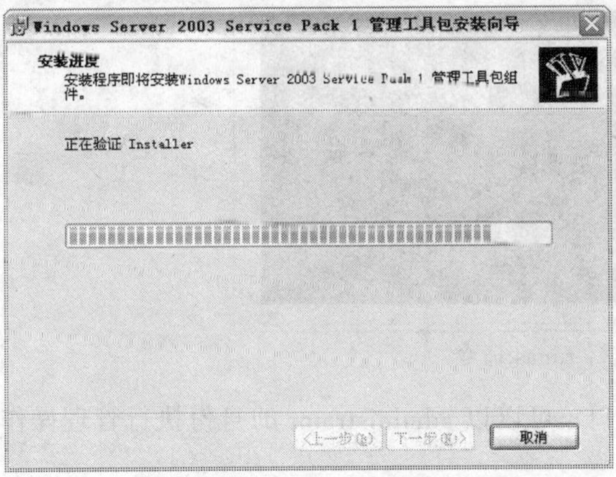

图 2-5-10　“安装进度”界面

图 2-5-11　提示安装成功界面

（6）当以普通用户登录到计算机时，普通用户的账户不具有管理计算机的权限。选择“开始”→“管理工具”命令，打开“管理工具”窗口，如图 2-5-12 所示。右击“计算机管理”图标，在弹出的快捷菜单中选择“运行方式”命令，打开“运行身份”对话框。

（7）在“运行身份”对话框中选中“下列用户”单选按钮，在“用户名”和“密码”文本框中输入具有相应权限的用户名和密码，如图 2-5-13 所示。这时普通用户就可以通过管理工具来管理计算机了。

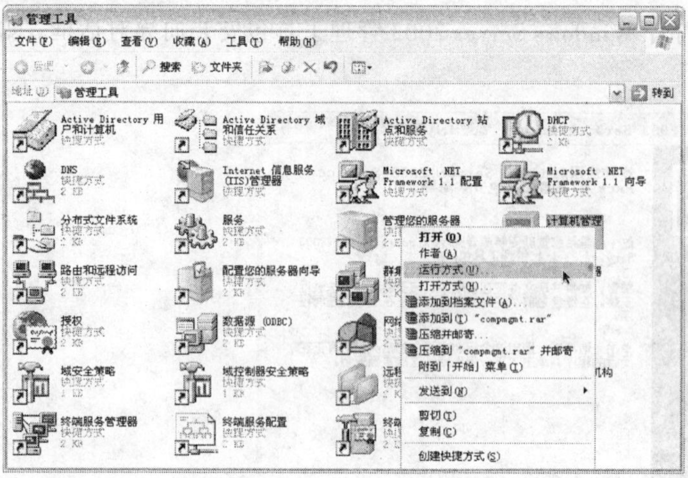

图 2-5-12 “管理工具”窗口

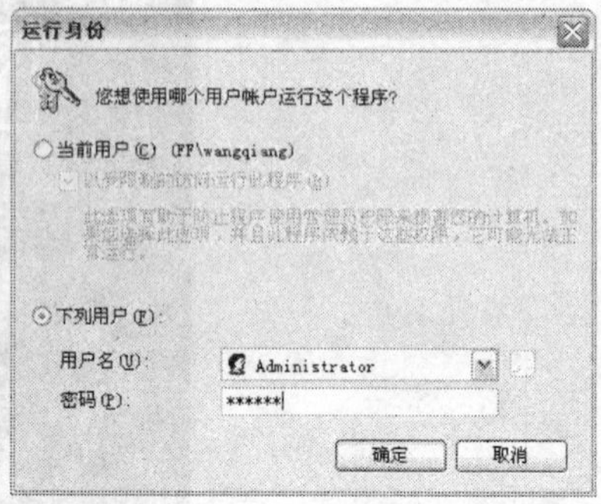

图 2-5-13 “运行身份”对话框

方法二：

（1）选择“开始”→“运行”命令，打开“运行”对话框。在“打开”文本框中输入 cmd，按【Enter】键，打开命令提示符窗口。

（2）在命令提示符后输入 runas /user：administrator "mmc compmgmt.msc"。其中/user：administrator 表示使用 administrator 管理员的身份，而 mmc compmgmt.msc 表示要执行的控制台命令程序。按【Enter】键，系统会提示输入 administrator 的密码，如图 2-5-14 所示。

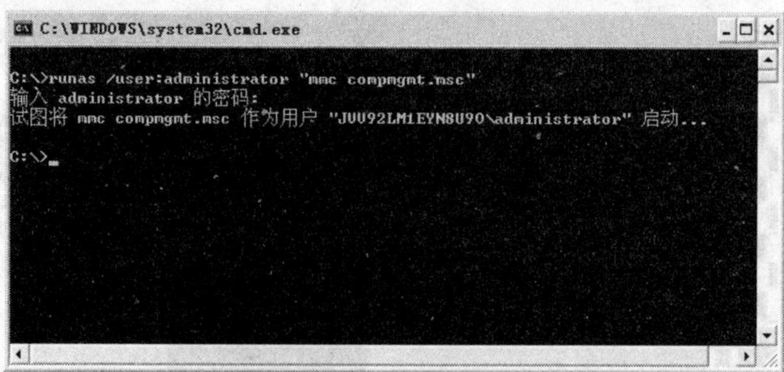

图 2-5-14 执行 runas 命令

（3）按【Enter】键，打开“计算机管理”窗口，可以以 administrator 的身份执行管理操作，如图 2-5-15 所示。

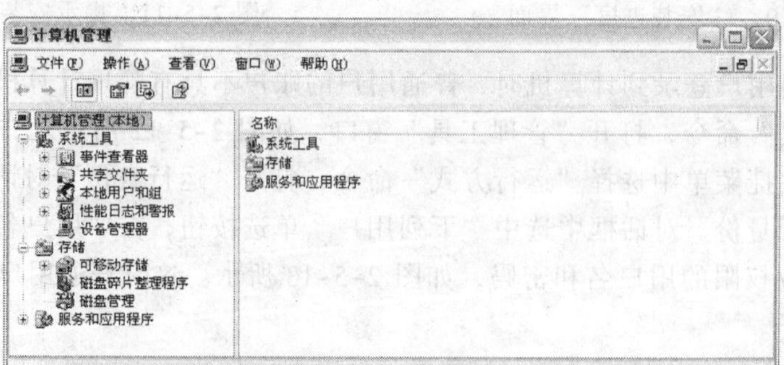

图 2-5-15 “计算机管理”窗口

相关知识

1. MMC 的概述

微软管理控制台（microsoft management console，MMC）集成了各种工具（包括管理单元），可以用来管理本地和远程计算机。Windows 系统可能已包含保存为控制台文件（以.msc 为扩展名）的工具。

（1）MMC 的使用：利用 MMC，可以将各个针对不同网络服务和组件的 MMC 插件组合在一个控制台中来统一进行维护和管理，将“本地用户和组”、“磁盘管理”、“共享文件夹”、“设备管理器”和“远程桌面”五个管理工具集成到一个控制台中，如图 2-5-16 所示。

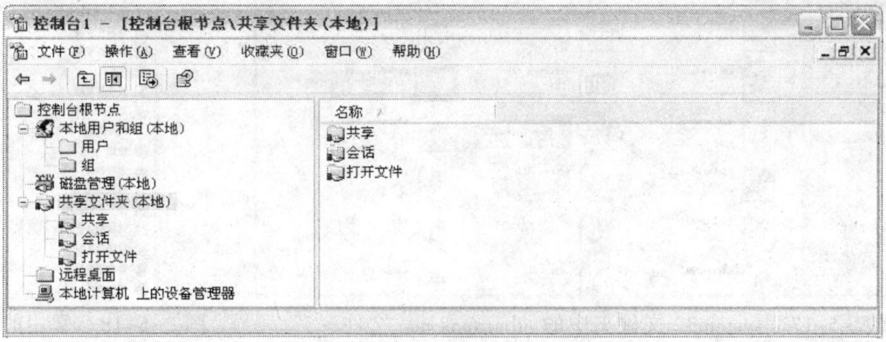

图 2-5-16　“控制台 1”窗口

（2）控制台的保存和打开：控制台添加完相应的管理单元后，可以将控制台保存，在保存之前需要设置控制台的工作模式，控制台有以下四种工作模式。

① 作者模式，启用 MMC 的完全自定义功能（包括添加或删除管理单元的能力），创建新窗口，创建收藏夹和任务板，以及访问“自定义视图”和“选项”对话框中的所有选项。为自己或他人创建自定义控制台文件的用户通常使用这种模式。

② 用户模式-完全访问，与作者模式相同，只是用户无法添加或删除管理单元、更改控制台选项、创建收藏夹或任务板。

③ 用户模式-受限访问，多窗口仅提供对保存控制台文件时控制台树中可见部分的访问。用户可以创建新窗口，但是不能关闭任何现有窗口。

④ 用户模式-受限访问，单窗口仅提供对保存控制台文件时控制台树中可见部分的访问，用户不能创建新窗口。

2. 管理工具的概述

Windows Server 2003 和 Windows Server 2000 绝大部分的管理工具是相同的，这些工具包被打包之后存储在安装光盘的“I386”目录下的 adminpak.msi 文件中，或者是 Windows Server 2003 操作系统的安装目录 system32 文件夹下的 adminpak.msi 文件中，如图 2-5-17 所示。

Windows Server 2003 管理工具包为管理员提供了用于从平台本地或远程管理其服务器的工具。这些工具可以分为四种，即“系统管理”、“网络管理”、“存储管理”和“目录服务管理”，如图 2-5-18 所示，其中列出了 Windows Server 2003 常用的管理工具。

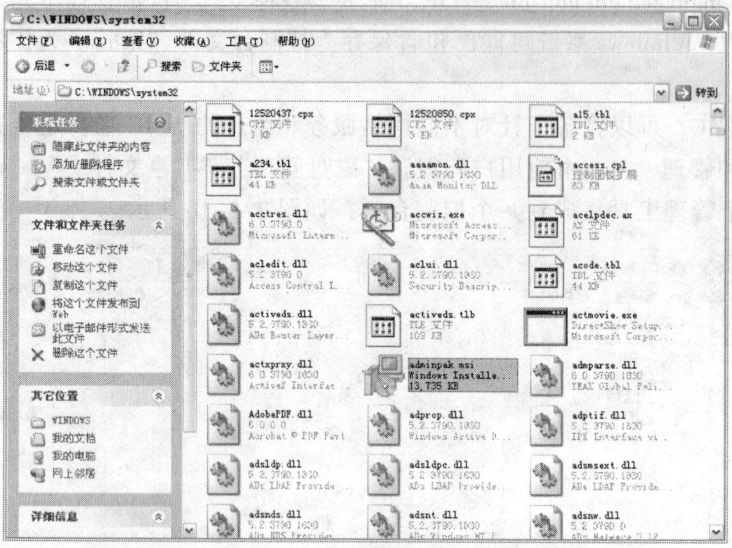

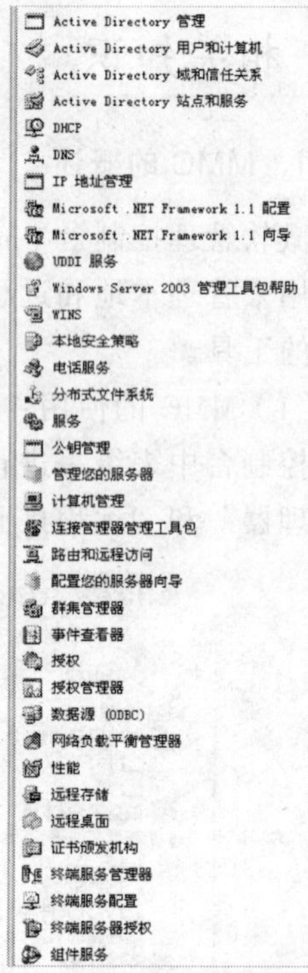

图 2-5-17 system32 文件夹中的 adminpak.msi 文件　　　图 2-5-18 常用的管理工具

由于安全的原因，管理员可以使用一个权限受限制的普通账号执行日常、非管理性的任务，只有在执行特定管理任务时，才使用一个权限更大的特殊账号。例如，不经过注销再重新登录就可以完成这样的任务，使用普通账号正常登录，如果需要具有更大的权限，可以使用 runas 命令暂时将角色转换为特殊账号来运行需要具有更大权限的工具。

思考与练习

一、选择题

1. 在 MMC 中，(　　) 可以任意添加和修改控制台中的管理单元。

　A. 作者模式　　　　　　　　B. 用户模式-完全访问

　C. 用户模式-受限访问，多窗口　　D. 用户模式-受限访问，单窗口

2. 如果 Windows Server 2003 操作系统安装在 c:\windows 目录中，那么服务器管理工具安装文件存储的路径为 (　　)。

　A. c:\windows\adminpak.msi　　　B. c:\windows\system\adminpak.msi

　C. c:\windows\system32\adminpak.msi　　D. c:\windows\amin\adminpak.msi

二、操作题

1. 使用管理控制台添加或删除管理单元。
2. 安装管理工具。

第3章 企业网络安全管理

3.1 【案例6】本地用户及工作组

案例效果

工作组一般是指小型的网络环境，网络结构简单，不需要特殊的服务器角色。在工作组模式的网络中，每台计算机都维护自己的用户账号信息和资源信息。下面的案例就是通过“工作组”的模式对计算机进行管理的。

操作步骤

1. 本地用户

（1）以管理员的身份登录到计算机。

（2）右击“我的电脑”图标，在弹出的快捷菜单中选择“管理”命令，打开“计算机管理”窗口，如图3-1-1所示。

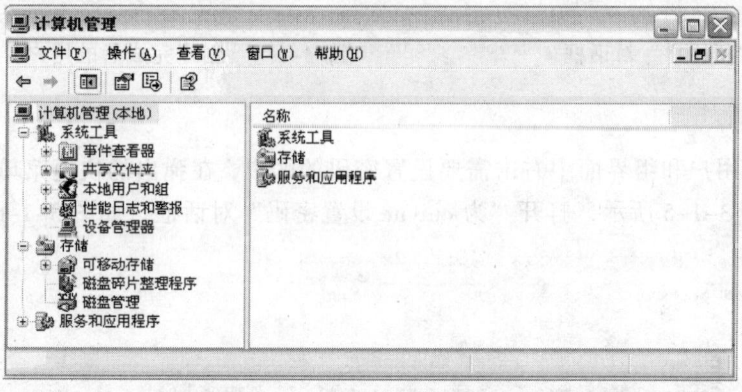

图3-1-1 “计算机管理”窗口

或者选择“开始”→“运行”命令，打开“运行”对话框，在“打开”文本框中输入compmgmt.msc，也可以打开“计算机管理”窗口。

（3）在窗口左侧的目录树中依次展开“系统工具”→“本地用户和组”选项，右击“用户”选项，在弹出的快捷菜单中选择“新用户”命令，如图3-1-2所示，打开“新用户”对话框。

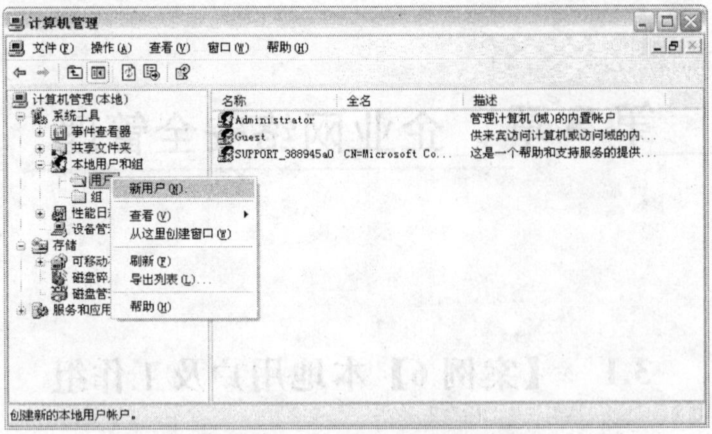

图 3-1-2　“用户”快捷菜单

（4）在相应的文本框中输入用户名、全名、描述及密码等信息，如图 3-1-3 所示。

（5）完成用户信息的输入后，单击“创建”按钮，完成用户的创建，如图 3-1-4 所示。

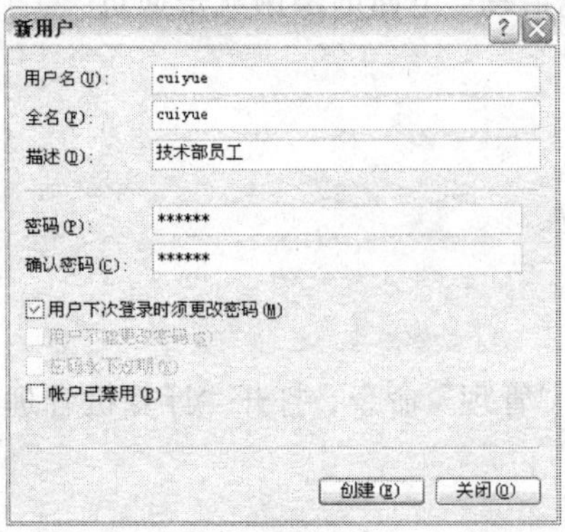

图 3-1-3　“新用户”对话框

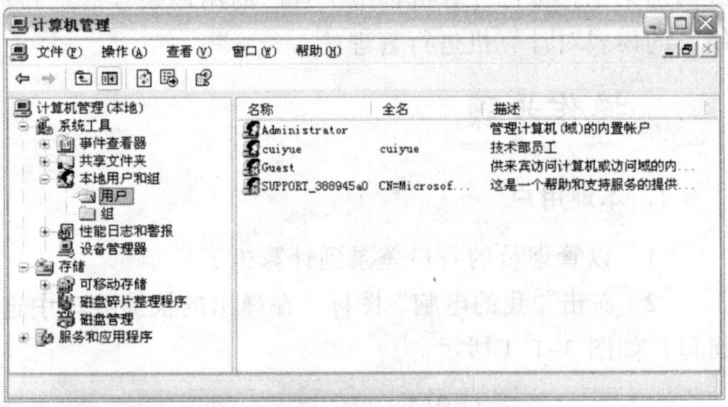

图 3-1-4　创建完成后的用户界面

2. 属性设置

（1）在本地用户和组界面中右击需要设置密码的账户，在弹出的快捷菜单中选择“设置密码”命令，如图 3-1-5 所示，打开“为 cuiyue 设置密码”对话框，如图 3-1-6 所示。

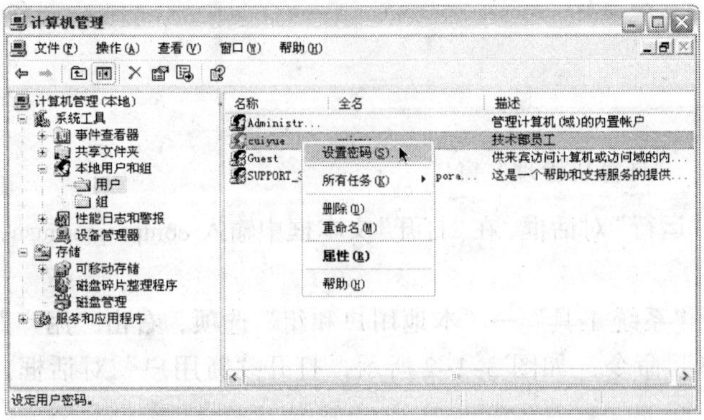

图 3-1-5　设置用户密码界面

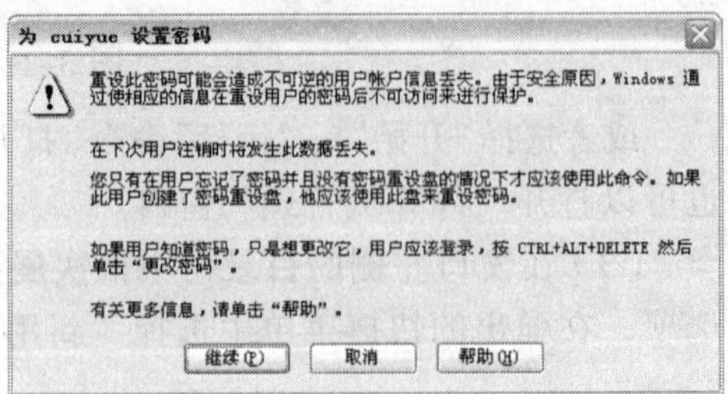

图 3-1-6　更改密码时打开的警告对话框

（2）单击“继续”按钮，在“新密码”和“确认密码”文本框中输入所设置的密码，如图 3-1-7 所示。

（3）单击“确定”按钮，完成密码的设置。当用户忘记了自己的密码时，管理员可以用此方法为用户重新设置新的密码。

（4）当一个工作人员离开公司，另外一个工作人员接替此人工作的时候，可以将原用户进行重命名。在本地用户和组界面中右击需要重命名的账户，在弹出的快捷菜单中选择“重命名”命令，如图 3-1-8 所示。输入新的用户名称，完成用户名的更改，如图 3-1-9 所示。

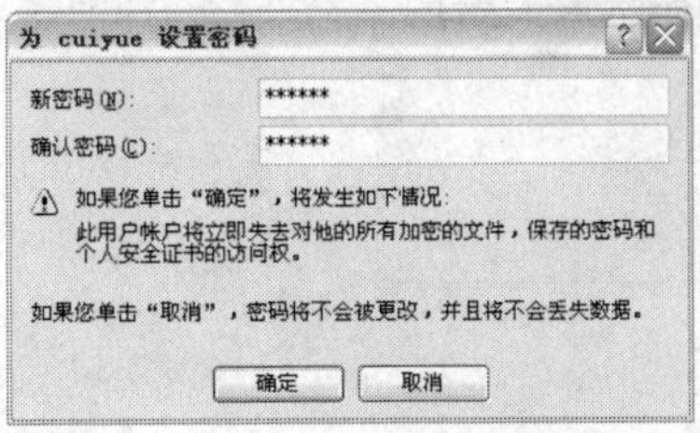

图 3-1-7　设置用户新密码

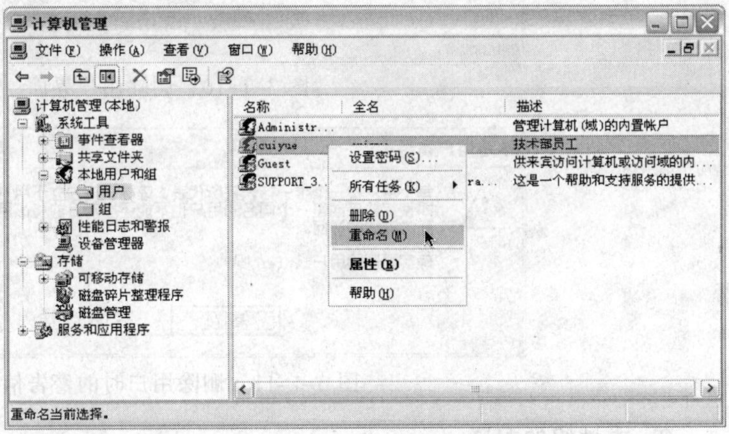

图 3-1-8　为用户重命名界面

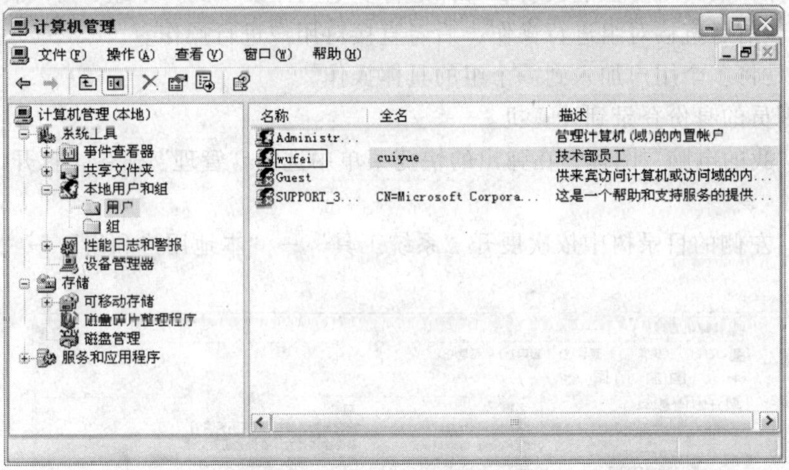

图 3-1-9　更改后的用户名界面

（5）当用户账户不再使用时就可以将用户账户删除，在本地用户和组界面中右击需要删除的账户，在弹出的快捷菜单中选择“删除”命令，如图 3-1-10 所示，打开“本地用户和组”对话框，如图 3-1-11 所示。单击“是”按钮，即可将用户永久删除。

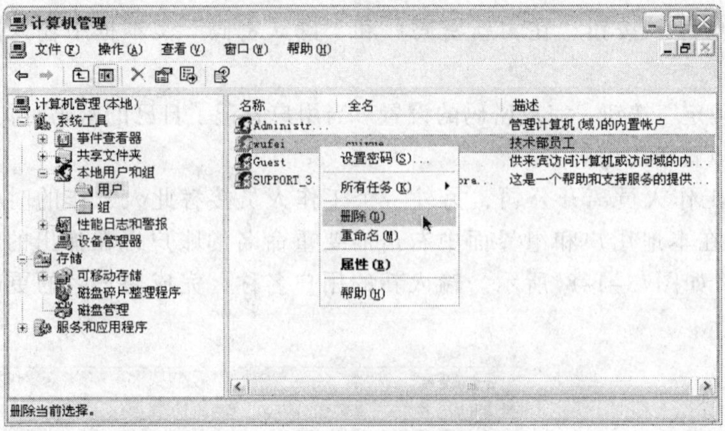

图 3-1-10 删除用户界面

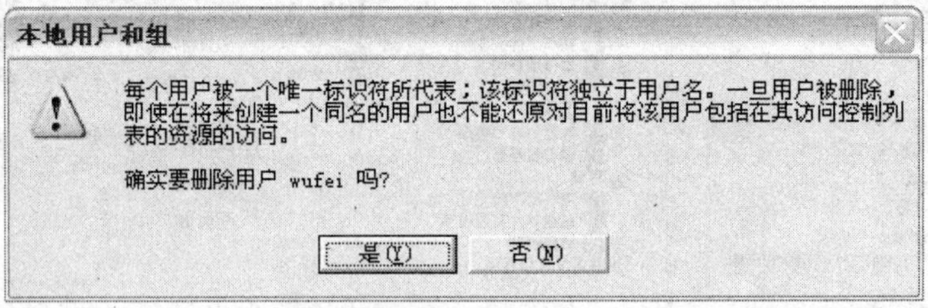

图 3-1-11 删除用户时的警告信息

3. 本地组的配置

对组进行操作的常用方法有两种，一种是将多个用户加入到一个组，另一种是将一个用户加入到多个组。前者直接对组进行操作，后者直接对用户进行操作。

(1) 以下是将多个用户加入到一个组的具体操作。

① 以管理员的身份登录到计算机。

② 右击“我的电脑”图标，在弹出的快捷菜单中选择“管理”命令，打开“计算机管理”窗口。

③ 在窗口左侧的目录树中依次展开“系统工具”→“本地用户和组”→“组”选项，如图 3-1-12 所示。

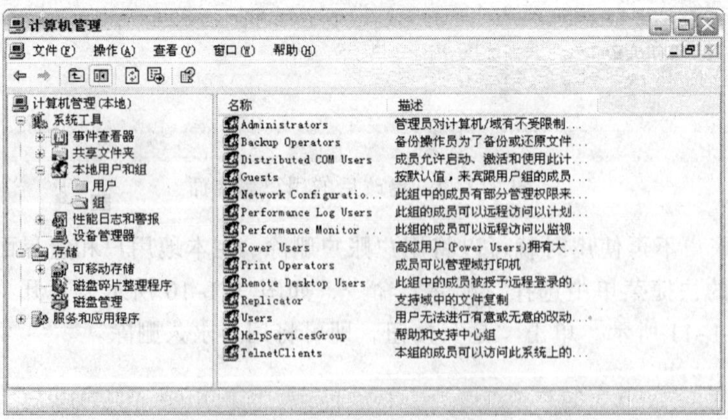

图 3-1-12 展开“组”选项

④ 在右侧的区域中双击 Administrators 组，打开“Administrators 属性”对话框，如图 3-1-13 所示。

⑤ 单击“添加”按钮，打开“选择用户”对话框，如图 3-1-14 所示。

图 3-1-13　“Administrators 属性”对话框

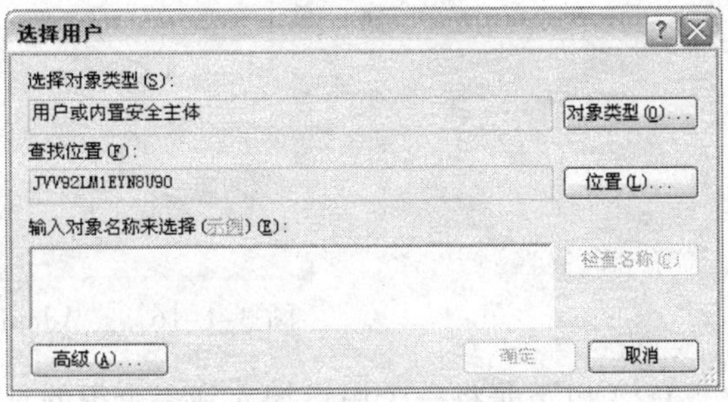

图 3-1-14　“选择用户”对话框

⑥ 单击“高级”按钮，在展开的高级查询对话框中单击“立即查找”按钮，选中需要添加的用户，如果是多个用户，可以按住【Ctrl】键进行连续选择，如图 3-1-15（a）所示。单击“确定”按钮，返回“选择用户”对话框，如图 3-1-15（b）所示。

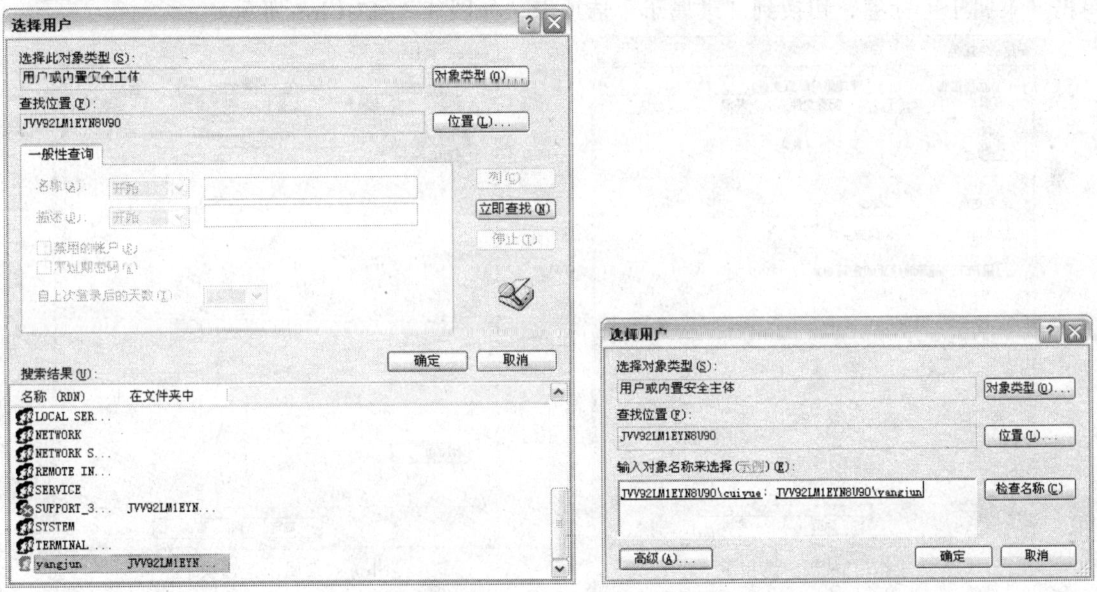

（a）“选择用户”高级查询对话框　　（b）返回“选择用户”对话框

图 3-1-15　“选择用户”对话框

⑦ 添加完毕后，在“选择用户”对话框中单击“确定”按钮，返回“Administrators 属性”对话框，如图 3-1-16 所示。

⑧ 单击“确定”按钮，即可将用户加入到 Administrators 组。

图 3-1-16　“Administrators 属性”对话框

（2）以下是将一个用户加入到多个组的具体操作。

① 右击“我的电脑”图标，在弹出的快捷菜单中选择“管理”命令，打开“计算机管理”窗口。

② 在窗口左侧的目录树中依次展开“系统工具”→“本地用户和组”→“用户”选项。

③ 在右侧的区域中双击 wufei 用户，打开“wufei 属性”对话框，如图 3-1-17（a）所示。单击“隶属于”标签，切换到“隶属于”选项卡，如图 3-1-17（b）所示。

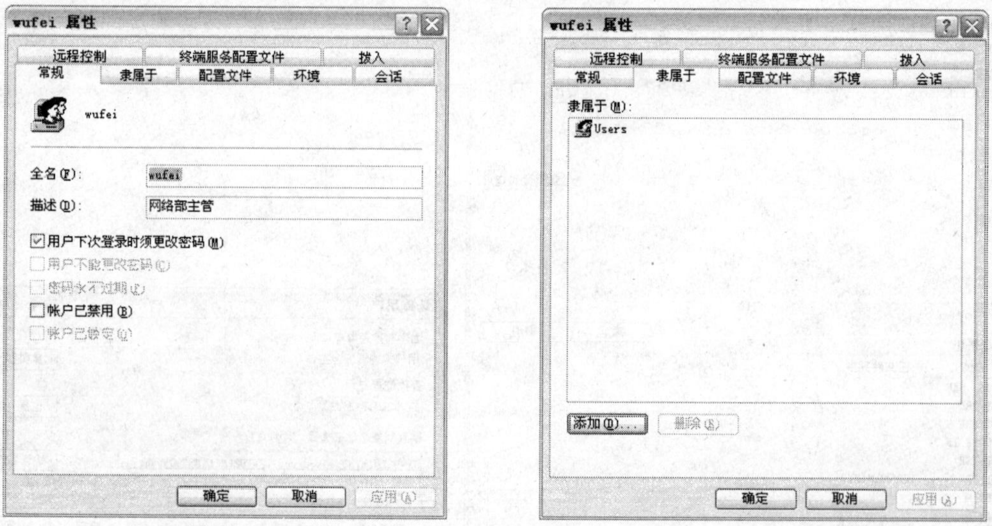

（a）“常规”选项卡　　　　（b）“隶属于”选项卡

图 3-1-17　“wufei 属性”对话框

④ 单击“添加”按钮，打开“选择组”对话框，如图 3-1-18（a）所示。单击“高级”按钮，在展开的对话框中单击“立即查找”按钮，选中需要添加的组。如果是多个组，可以按住【Ctrl】键连续选择，如图 3-1-18（b）所示。

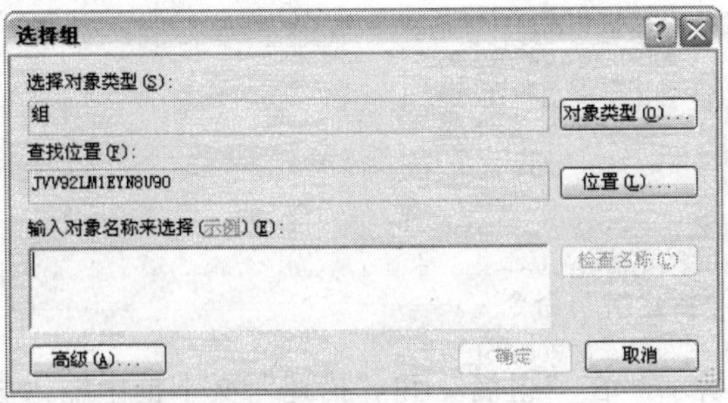

(a) 没有展开的“选择组”对话框

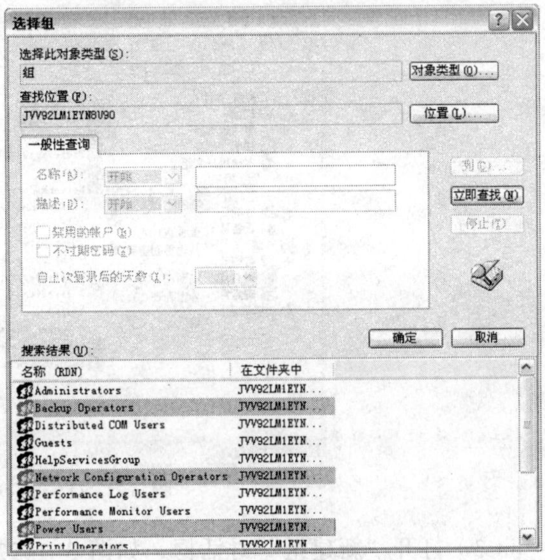

(b) 展开的“选择组”对话框

图 3-1-18 “选择组”对话框

⑤ 单击“确定”按钮，返回“选择组”对话框，如图 3-1-19 所示。

⑥ 单击“确定”按钮，返回“wufei 属性”对话框，如图 3-1-20 所示。

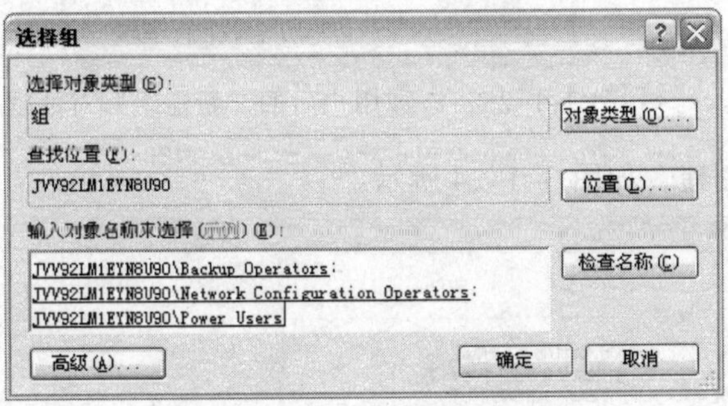

图 3-1-19 “选择组”对话框

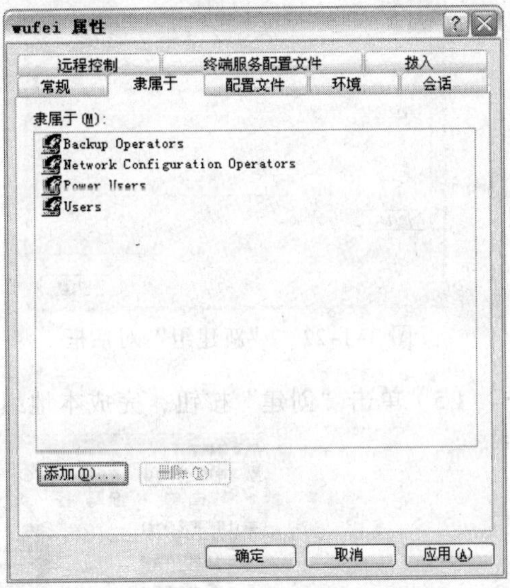

图 3-1-20 “wufei 属性”对话框

⑦ 单击“确定”按钮，即可完成将用户加入到多个组的操作。

4. 创建本地组

(1) 右击“我的电脑”图标，在弹出的快捷菜单中选择“管理”命令，打开“计算机管理”窗口。

(2) 在窗口左侧的目录树中右击“组”选项，在弹出的快捷菜单中选择“新建组”命令，如图 3-1-21 所示。

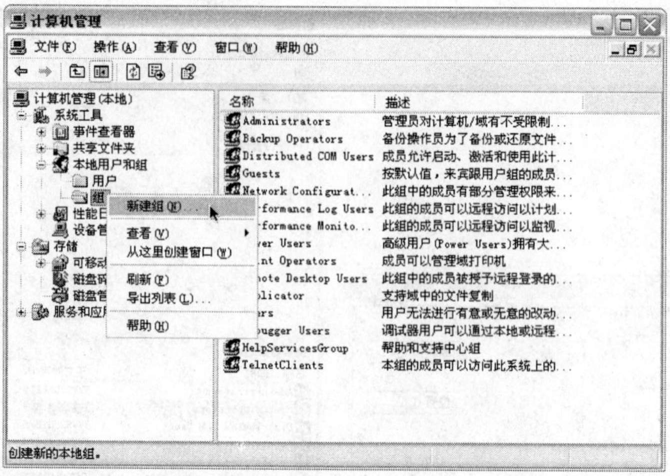

图 3-1-21　选择“新建组”命令

（3）打开“新建组”对话框，如图 3-1-22 所示。在“组名”和“描述”文本框中输入相应的信息。

（4）单击“添加”按钮，直接将用户加入此组，如图 3-1-23 所示。

图 3-1-22　“新建组”对话框

图 3-1-23　添加用户后的“新建组”对话框

（5）单击“创建”按钮，完成本地组的创建，如图 3-1-24 所示。

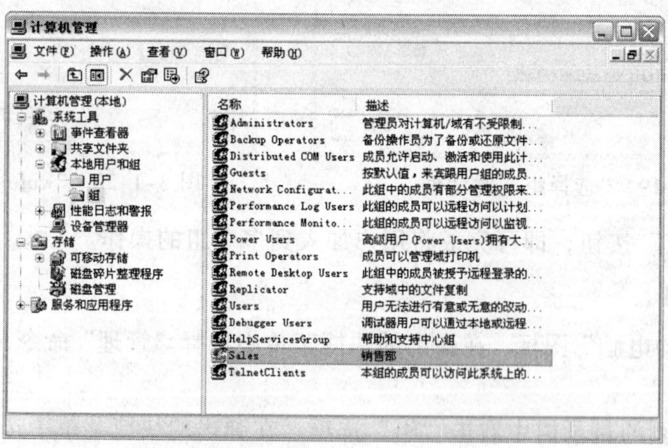

图 3-1-24　创建后的本地组界面

相关知识

1. 工作组

工作组是由一些计算机组成的一个小型网络。这个网络中可能包括 Windows Server 2003、Windows 2000 Server，也可能包括 Windows XP Professional、Windows 2000 Professional 或 Windows 98 等，所有的计算机的地位都是平等的。一个典型的工作组的组成如图 3-1-25 所示。在工作组中不能集中管理网络中的所有资源，每台计算机都要重复地进行一些管理工作。工作组具有以下特性：

① 工作组内的每台计算机都要维护自己的资源、日常管理工作和用户身份验证。

② 每台计算机都在本地存储用户账户的信息。

③ 用户在工作组中使用本地账户登录到本地计算机，一个账户只能登录到一台计算机中。

④ 一个工作组中的计算机的数量最好不要超过 10 台。

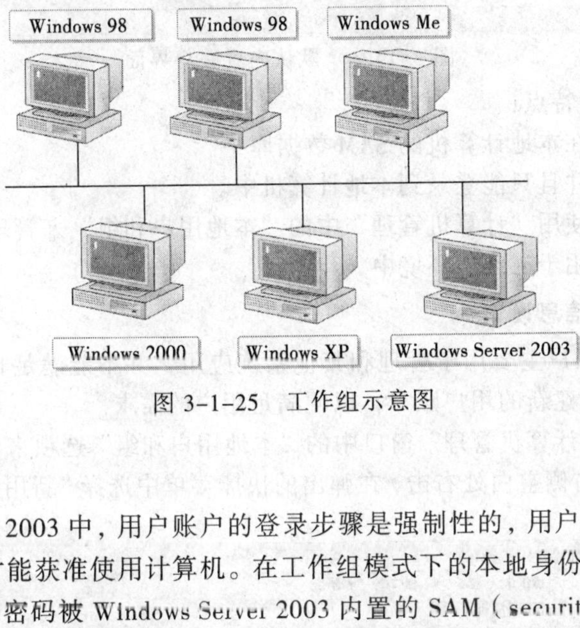

图 3-1-25　工作组示意图

2. 本地用户账户

在 Windows Server 2003 中，用户账户的登录步骤是强制性的，用户只有准确无误地提交自己的用户名和密码，才能获准使用计算机。在工作组模式下的本地身份验证的过程中，用户的 SID 通过提交用户名和密码被 Windows Server 2003 内置的 SAM（security account management）数据库进行比对。本地账户都存储在本地的 SAM 数据库里面，每台 Windows（NT/2000/XP/2003）计算机都有一个本地 SAM 数据库。SAM 就是安全账户管理数据库，它是 Windows NT/2000、Windows XP Professional、Windows Server 2003 操作系统的核心，其中存放了本地计算机上的组账户和用户账户的信息。该数据库存放在“%systemroot%\system32\config”文件夹下，文件名为 SAM。

安装完 Windows Server 2003 后，系统会自动创建若干个用户账户，称为系统默认用户账户。系统默认的账户具有特殊的用途和权限。系统默认用户账户默认安装时有 3 个用户账户，分别是 Administrator、Guest 和 SUPPORT_388945a0。其中 Administrator 是默认的管理员账户，此账户对当前的计算机拥有最大的权限。Guest 是用于临时访问的账户，默认的权限很小，而且在默认的状态下，该账户是禁用的。

可以使用“计算机管理”窗口中的“本地用户和组”选项查看本地用户账户。右击“我的电脑”图标，在弹出的快捷菜单中选择“管理”命令，打开“计算机管理”窗口，如图 3-1-26 所示，再单击“本地用户和组”中的“用户”选项。或者选择“开始”→“运行”命令，打开“运行”对话框，在“打开”文本框中输入 compmgmt.msc，也可以打开“计算机管理”窗口。

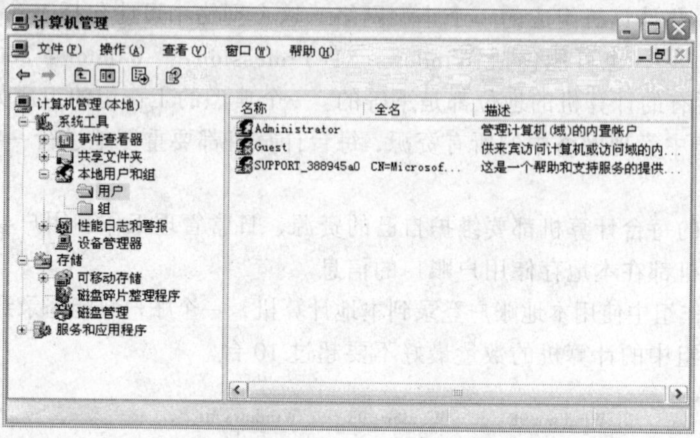

图 3-1-26 默认内置账户界面

本地账户具有以下特点：

① 本地账户存储在本地计算机的 SAM 数据库中。

② 本地账户能够并且只能登录到本地计算机中。

③ 本地账户可以使用“计算机管理”中的“本地用户和组”来管理。

④ 本地账户主要用于工作组环境中。

3. 创建本地用户信息设置

系统提供的内置账户主要用于管理和其他系统应用，并不能满足日常的使用和管理的需要，所以需要为系统创建新的用户账户，以便满足用户的需求。

管理员可以使用“计算机管理”窗口中的“本地用户和组”选项来创建用户账户，可以在“计算机管理”窗口的右侧空白处右击，在弹出的快捷菜单中选择“新用户”命令，如图 3-1-27 所示。

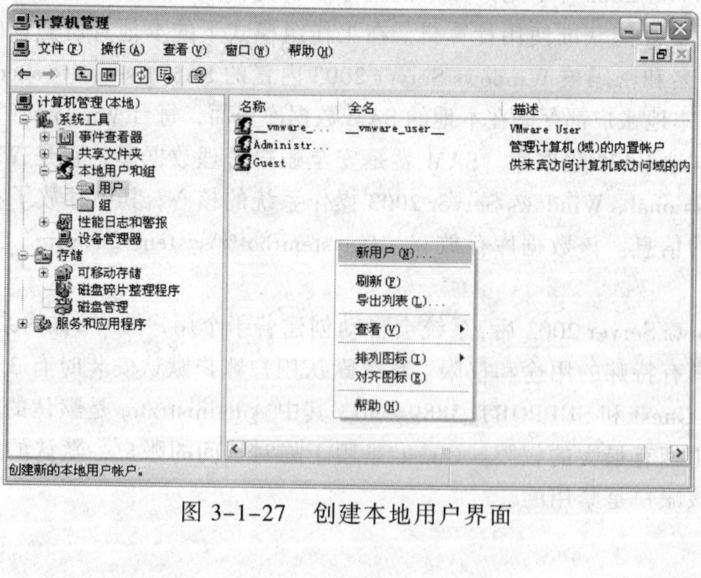

图 3-1-27 创建本地用户界面

打开“新用户”对话框，如图 3-1-28 所示。在“新用户”对话框中输入用户名、描述和密码等信息后单击“创建”按钮，完成新用户的创建，如图 3-1-29 所示。新创建的用户只具有很少的管理权限。

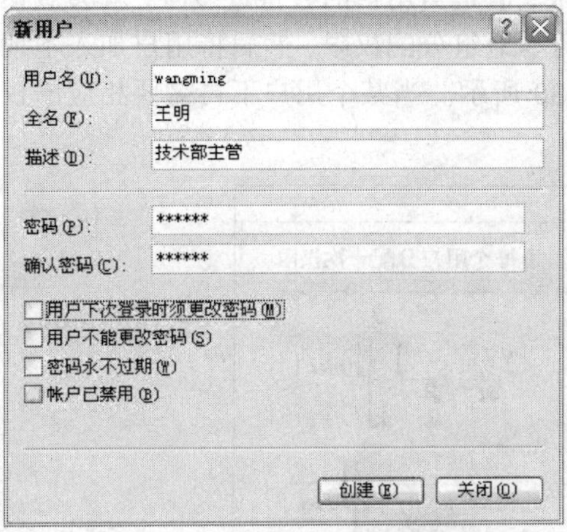

图 3-1-28 “新用户”对话框

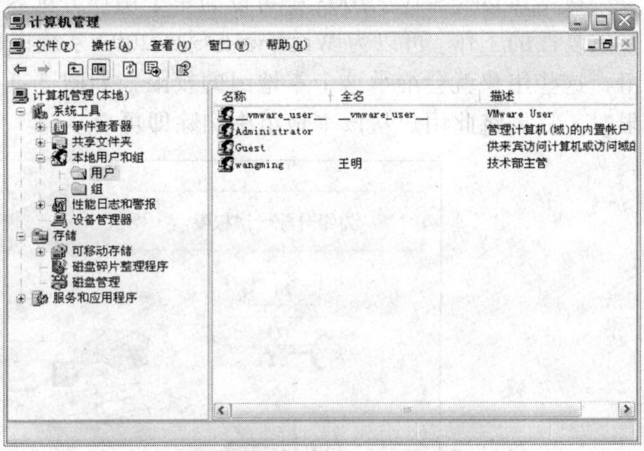

图 3-1-29 创建完成后的用户界面

创建用户时需要输入和选择一些信息，具体说明如下：

（1）用户名：用户登录时所使用的名字。用户名不能与被管理的计算机上的其他用户或组名相同。用户名最长为 20 个字符，字母不区分大小写，也可以使用中文，但不能使用一些特殊字符，例如，“"”、“/”、“\”、“[”、“]”、“:”、“;”、“|”、“=”、“,”、“+”、“*”、“?”、“<”和“>”等。

（2）全名和描述：此信息为可选项，可以输入一些员工的个人信息和公司信息，如姓名和部门等。

（3）密码和确认密码：输入用户将来登录时所使用的密码，两次输入的密码必须相同。密码的最大长度可以达到 127 位，密码的设置不应过于简单，应该使用字母、数字及特殊符号的组合。但是如果网络中包含运行 Windows 95 或 Windows 98 的计算机，建议使用不超过 14 个字符的密码。如果密码过长，可能无法从这些计算机登录网络。

（4）用户下次登录时须更改密码：设置当用户下一次登录此台计算机时，系统将强制用户更改密码。

（5）用户不能更改密码：默认情况下每个用户都可以更改自己的密码，但有时多个用户使用同一个账户，如果其中一个人更改了密码，就会造成其他用户无法登录。通过设置此项，禁止用户更改密码。

（6）密码永不过期：默认情况下设置的密码会在 42 天后过期，通过设置此项，密码将永不过期。

（7）账户已禁用：通过设置此项，禁用后的账户将不能登录。

4．本地组的特点

创建完用户账户以后，就要为用户分配相应的权限。如果用户数量比较多，并且权限设置经常变动，管理员的工作量会很大，这时就可以考虑使用工作组来完成权限的分配。组具有以下特点：

① 组是账户的集合。

② 当一个用户加入到一个组以后，该用户会继承该组所拥有的所有权限。

③ 一个用户可以同时加入到多个组。

在 Windows Server 2003 中可以为单个用户分配权限，但是当用户的数量过多时，就会做很多重复性的工作。可以为 Windows Server 2003 系统中的本地组分配权限，然后将用户加入本地组，这些用户就会继承这个本地组的权限，如图 3-1-30 所示。当某个用户不再需要相应的权限时，只需将此用户从该本地组中删除即可。

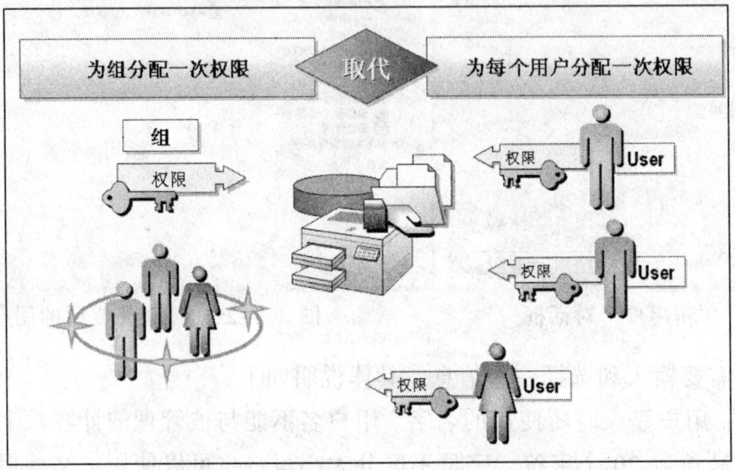

图 3-1-30 加入本地组后的本地用户将继承组的权限

5. 常用内置组

当安装完 Windows Server 2003 后，系统会自动创建一些有各种用途的组，称为“默认本地组”，如图 3-1-31 所示，大部分的默认本地组不能删除。如果计算机显示的默认本地组和图示显示的不同，是因为安装了不同的服务。本地组的数量和所安装的服务有关。

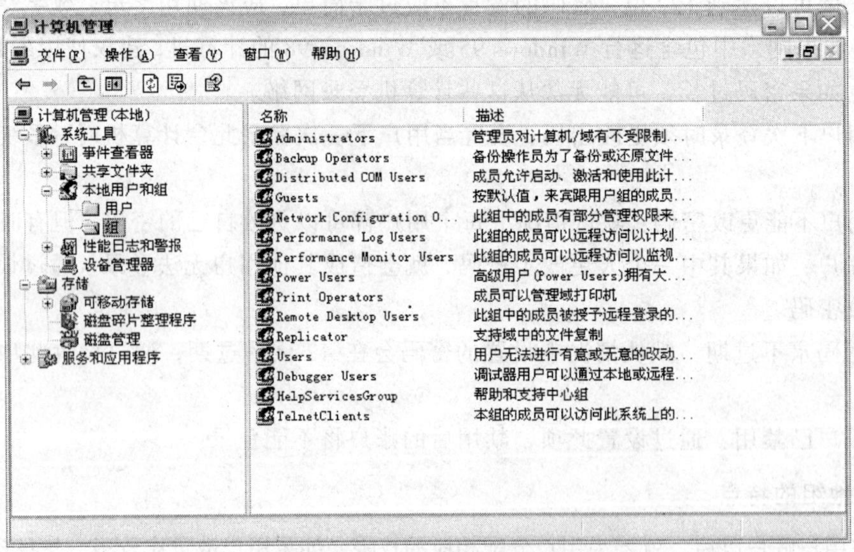

图 3-1-31 默认本地组界面

每个默认本地组都有其特殊功能，其中 Administrators 组是内置的管理员组。加入此组的成员拥有本地计算机最大的管理权限，系统管理员 Administrator 就是这个组的成员。Administrators 组可以被重命名，但是不能删除。Power Users 组的权限仅次于 Administrators，它可以对计算机进行大多数的日常管理操作。虽然 Power Users 组可以管理用户，但是不能管理 Administrators 组的成员，另外不具有更改 IP 地址和格式化硬盘等权限。系统中常用的默认本地组及常用的功能和特点如表 3-1-1 所示。

表 3-1-1 常用的默认本地组列表及简要说明

组名	描述信息
Administrators	该组的成员具有对服务器的完全控制权限，并且可以为其他用户分配用户权限和访问控制权限。管理员账户 Administrator 就是这个组的默认成员
Backup Operators	加入该组的成员可以备份和还原服务器上的所有文件，而不管这些文件是否设有权限
Guests	该组的成员拥有一个在登录时创建的临时配置文件，在注销时，该配置文件将被删除。来宾账户（默认情况下已禁用）也是该组的默认成员
Network Configuration Operators	该组的成员可以更改 TCP/IP 设置并更新和发布 TCP/IP 地址
Power Users	该组具有创建用户账户和组账户的权限，可以在 Power Users 组、Users 组和 Guests 组中添加或删除用户，但是不能管理 Administrators 组成员。可以创建和管理共享资源
Print Operators	该组的成员可以管理打印机
Users	该组的成员可以执行一些常见任务，例如，运行应用程序、使用本地和网络打印机以及锁定服务器。用户不能共享目录或创建本地打印机

思考与练习

一、选择题

1. 工作组模式下的用户名最长可以达到（　　）个字符。

   A. 10　　B. 15　　C. 20　　D. 25

2. 工作组模式下，（　　）组具有创建用户的权限。

   A. Administrators　　B. Power Users　　C. Backup Operator　　D. Users

3. 工作组模式中计算机的数量最好不要超过（　　）台。

   A. 5　　B. 10　　C. 15　　D. 20

4. 一个用户账户可以加入（　　）个组。

   A. 1　　B. 2　　C. 3　　D. 多

二、操作题

1. 在工作组的模式下创建本地账户并加入相应的内置组中，使用户具有相应的权限。
2. 设置账户的属性信息，并修改账户密码。

3.2 【案例 7】NTFS 权限

案例效果

通过 NTFS 文件系统中对不同用户设置了不同的权限，保证了相关文件的安全性。同时 Windows Server 2003 中的 NTFS 文件系统支持对文件和文件夹进行压缩，压缩后的文件和文件夹可以被程序正常地读写，而不必事先用其他程序解压缩。文件和文件夹被压缩后，可以减少在驱动器中占用的磁盘空间。

操作步骤

1. 查看权限

（1）右击浏览窗口的空白处，在弹出的快捷菜单中选择“新建”→“文件夹”命令，创建“新建文件夹”。右击“新建文件夹”图标，在弹出的快捷菜单中选择“属性”命令，打开“新建文件夹属性”对话框，如图 3-2-1 所示。

（2）单击“安全”标签，切换到“安全”选项卡，单击需要查看的用户或组，在权限列表框中会显示此用户或组的详细权限，如图 3-2-2 所示，即可查看 Users 组的详细权限。

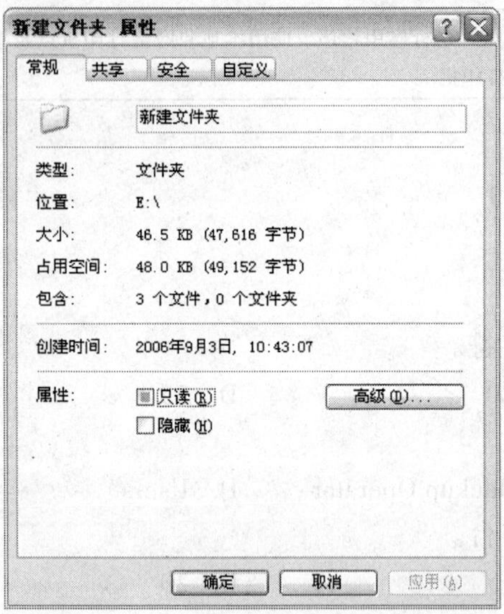

图 3-2-1 “新建文件夹属性”对话框

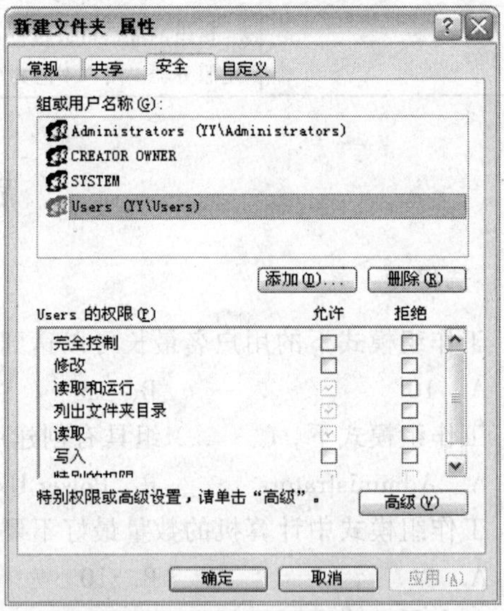

图 3-2-2 Users 组的权限信息

（3）单击“高级”按钮，打开“新建文件夹的高级安全设置”对话框，在其中可以查看文件的特别权限，如图 3-2-3 所示。

（4）选中需要查看的用户或组，单击“编辑”按钮，打开“新建文件夹的权限项目”对话框，在其中即可查看详细的权限设置，如图 3-2-4 所示。

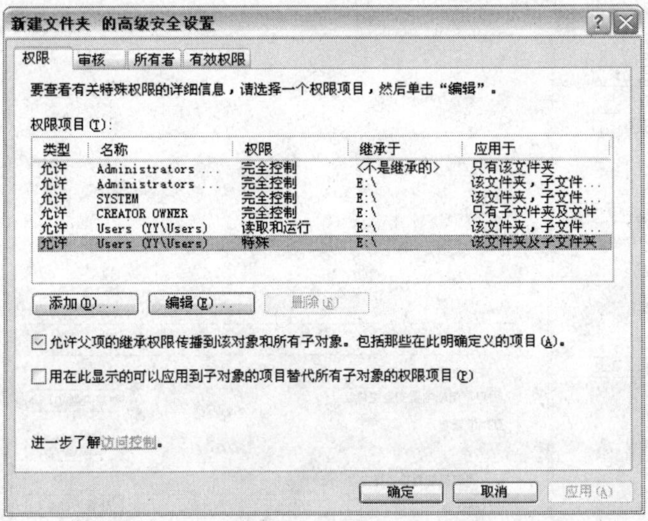

图 3-2-3　“新建文件夹的高级安全设置”对话框

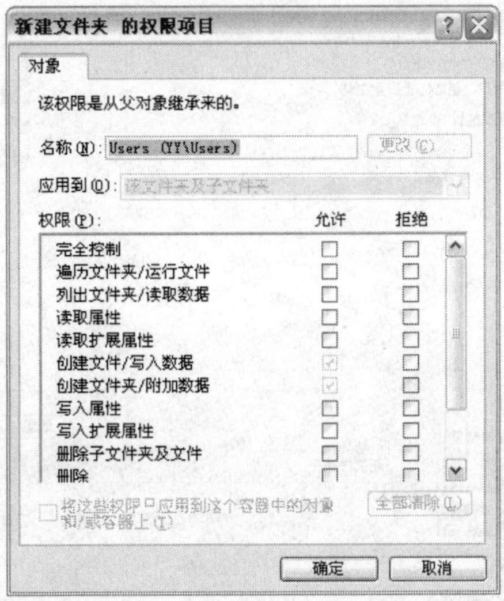

图 3-2-4　“新建文件夹的权限项目”对话框

（5）如果是通过组来为用户分配的权限，可以通过“新建文件夹的高级安全设置”对话框中的“有效权限”选项卡来选择相应的用户进行查看，如图 3-2-5 所示。

（6）在“有效权限”选项卡中单击“选择”按钮，打开“选择用户或组”对话框，如图 3-2-6 所示。

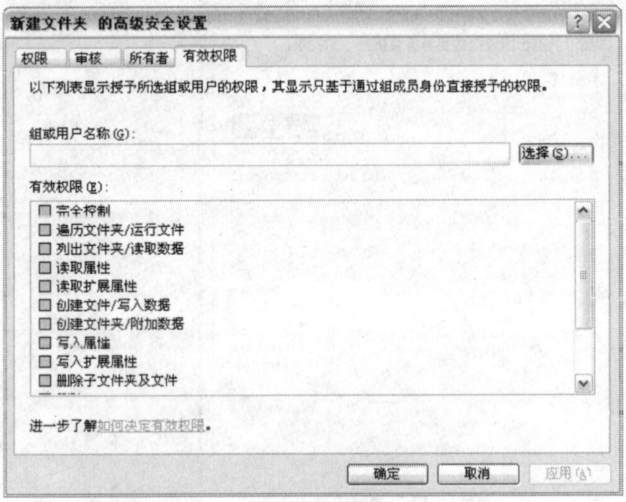

图 3-2-5　“有效权限”选项卡

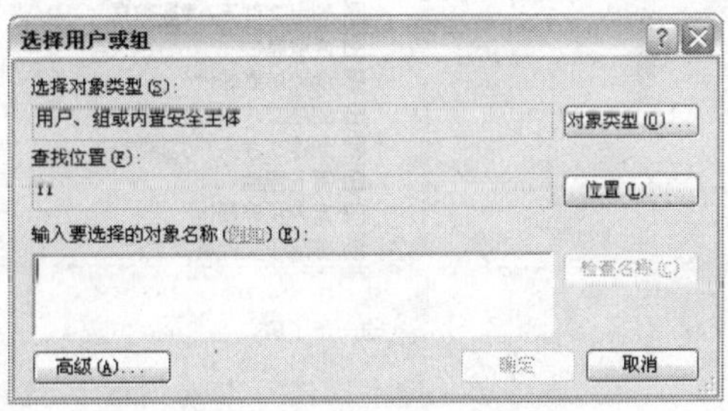

图 3-2-6　“选择用户或组”对话框

（7）在“选择用户或组”对话框中单击“高级”按钮，展开该对话框的“搜索结果”列表框，单击“立即查找”按钮，如图 3-2-7（a）所示。选中用户后单击“确定”按钮，返回“选择用户或组”对话框，如图 3-2-7（b）所示。

（8）单击“确定”按钮后，返回到“新建文件夹的高级安全设置”对话框中的“有效权限”选项卡，即可查看用户 cuiyue 对此文件夹拥有的有效权限的详细信息，如图 3-2-8 所示。

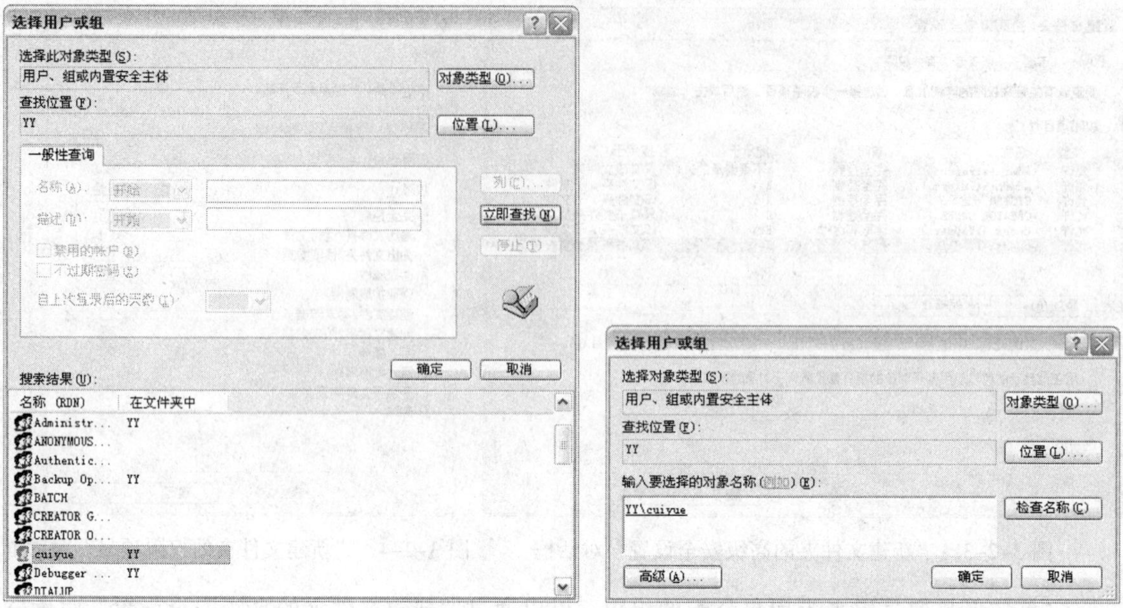

（a）搜索用户　　　　（b）添加用户

图 3-2-7　“选择用户或组”对话框

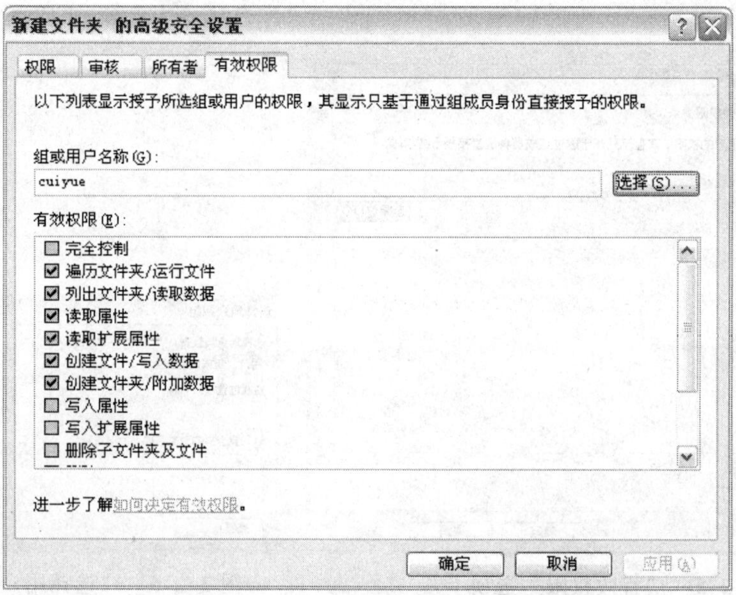

图 3-2-8　“有效权限”选项卡

2. 更改权限

（1）选中需要更改 NTFS 的文件夹，右击“新建文件夹”图标，在弹出的快捷菜单中选择“属性”命令，打开“新建文件夹属性”对话框，如图 3-2-9 所示。

（2）单击“安全”标签，切换到“安全”选项卡，如图 3-2-10 所示。

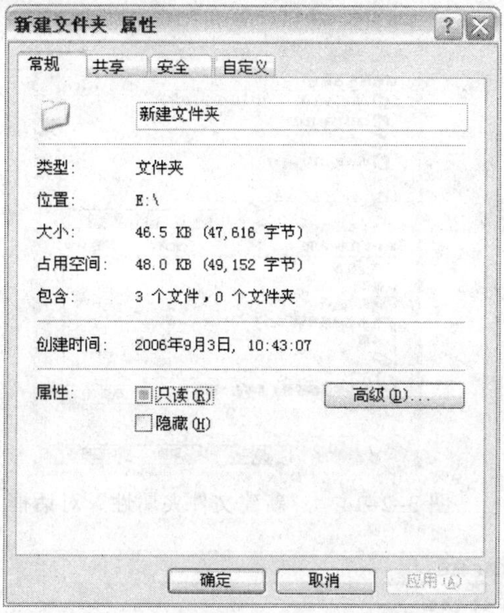

图 3-2-9　“新建文件夹属性”对话框

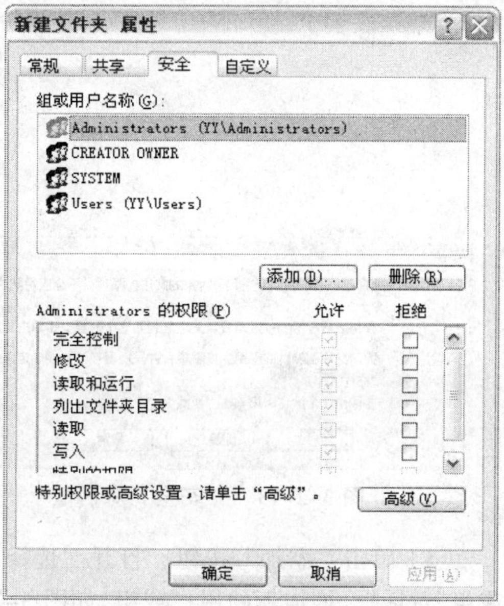

图 3-2-10　“安全”选项卡

（3）选中需要更改的用户或组，并在相应权限的对话框中添加权限，如图 3-2-11 所示，添加“修改”和“写入”权限。如果修改灰色区域的权限，必须取消继承权限。单击“高级”按钮，打开“新建文件夹的高级安全设置”对话框，选中“允许父项的继承权限传播到该对象和所有子对象。包括那些在此明确定义的项目”复选框，取消权限的继承，如图 3-2-12 所示。

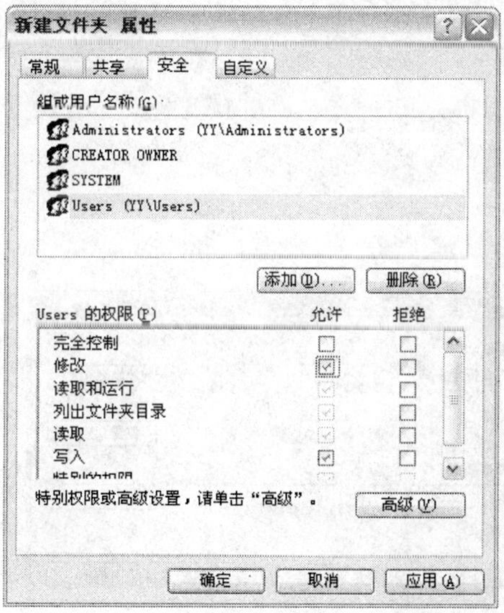

图 3-2-11　更改文件权限

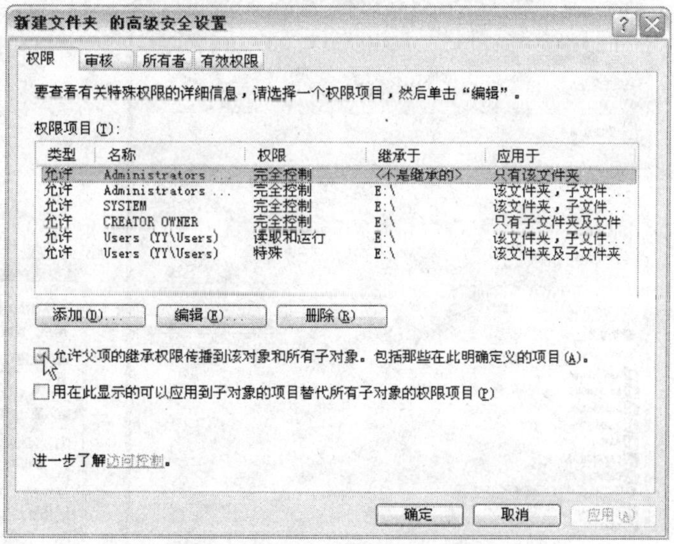

图 3-2-12　取消权限的继承

（4）选中后打开“安全”对话框，如图 3-2-13 所示。单击“复制”按钮，即可取消权限的继承。此时即可更改灰色区域的权限，如图 3-2-14 所示。

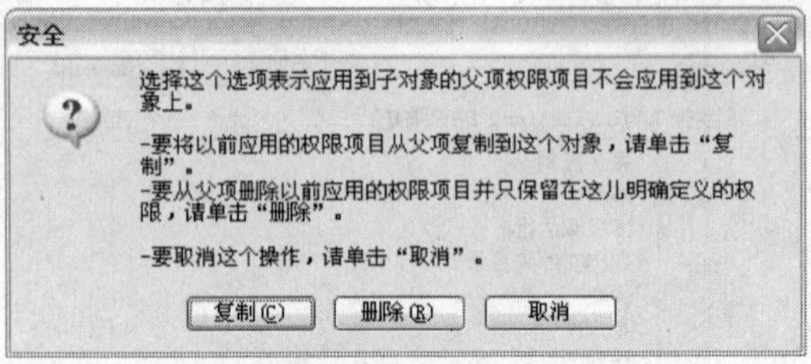

图 3-2-13 “安全”对话框

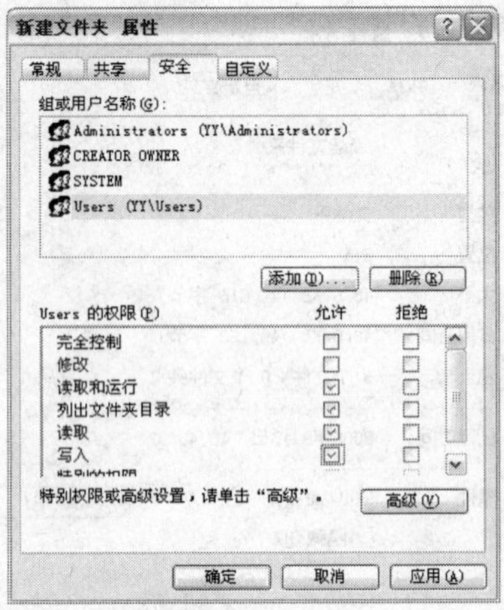

图 3-2-14 “新建文件夹属性”对话框

（5）单击“添加”按钮，打开“选择用户或组”对话框，增加新的用户或组，如图 3-2-15 所示。

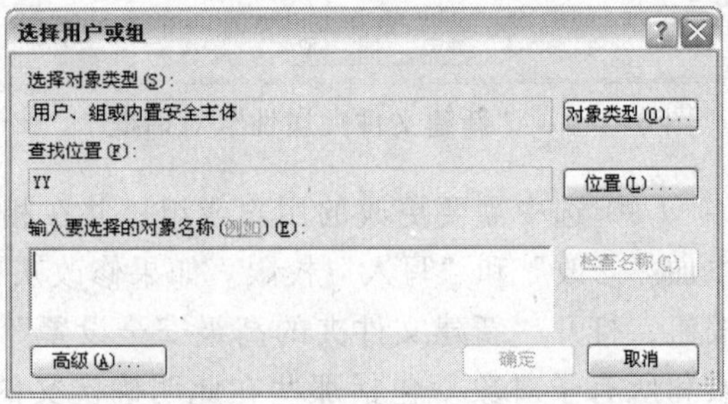

图 3-2-15 “选择用户或组”对话框

（6）在“选择用户或组”对话框中单击“高级”按钮，展开该对话框中的查找用户列表框，单击“立即查找”按钮，如图 3-2-16（a）所示。选中用户后单击“确定”按钮，返回“选择用户或组”对话框，如图 3-2-16（b）所示。

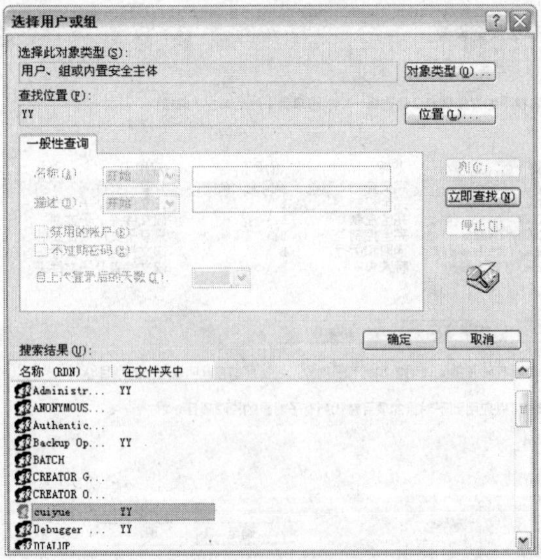

（a）搜索用户

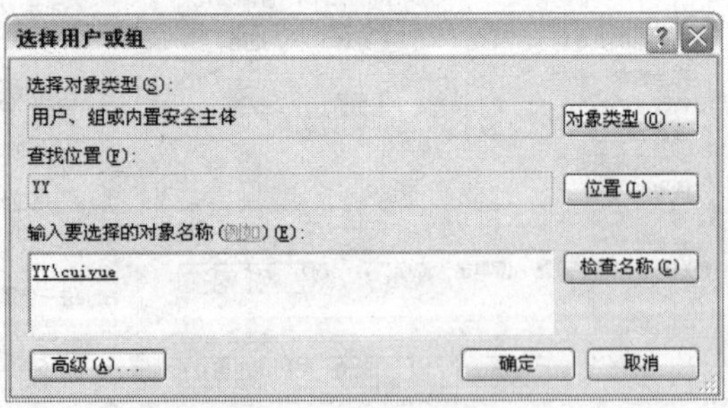

（b）选择用户

图 3-2-16 “选择用户或组”对话框

（7）单击“确定”按钮，返回“新建文件夹属性”对话框中的“安全”选项卡，为新用户 cuiyue 分配相应的权限，如图 3-2-17 所示。

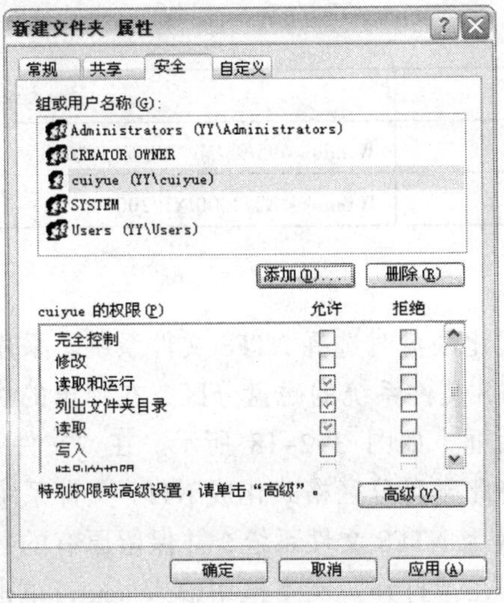

图 3-2-17　“安全”选项卡

相关知识

1. 常用的文件系统

文件系统是指文件命名、存储和组织的总体结构。Windows 支持三种文件系统，即 FAT、FAT 32 和 NTFS。可以在安装 Windows、格式化现有的分区或者安装新的硬盘时，选择相应的文件系统。在决定使用哪种文件系统之前，应当了解每个文件系统的优点和局限性。更改分区的现有文件系统可能非常耗费时间，因此最好选择适合长期需要的文件系统。

FAT 包括 FAT 16 和 FAT 32 两种分区格式。FAT 16 在 DOS 时代得到了广泛的应用，现在一般不常见。FAT 32 是 FAT 16 的升级版本，这种格式采用 32 位的文件分配表，对磁盘的管理能力大大增强，突破了 FAT 16 对每个分区的容量只有 2GB 的限制。运用 FAT 32 的分区格式后，用户可以将一个大硬盘定义成一个分区，而不必分为几个分区使用，大大方便了对硬盘的管理。FAT 32 还具有一个最大的优点，在一个不超过 8GB 的分区中，FAT 32 分区格式的每个簇容量都固定为 4KB，与 FAT 16 相比，可以大大地减少硬盘空间的浪费，提高了硬盘利用率。

NTFS 的分区格式是跟随 Windows NT 系统产生的，它显著的优点是在安全性和稳定性上极其出色，在使用中不易产生文件碎片，对硬盘的空间利用及软件的运行速度都有好处。它能对用户的操作进行记录，通过对用户权限进行非常严格的限制，使每个用户只能按照系统赋予的权限进行操作，充分保证了网络操作系统与数据的安全。Windows NT/2000/XP/2003 都支持这种硬盘分区格式（Windows NT 需要安装 Microsoft 提供的补丁才能支持）。但因为 DOS 和 Windows 98 是在 NTFS 格式之前推出的，所以并不能识别 NTFS 格式。下面具体介绍每个文件系统与各种操作系统的兼容性，如表 3-2-1 所示。

表 3-2-1　每个文件系统与各种操作系统的兼容性

文　件　系　统	可兼容的操作系统
FAT 16	DOS、Windows 95/98/Me/NT/2000/XP/2003

续表

文　件　系　统	可兼容的操作系统
FAT 32	Windows 95/98/Me/2000/XP/2003
NTFS	Windows NT/2000/XP/2003

2．获得 NTFS 文件系统

（1）格式化硬盘。在格式化硬盘时选择 NTFS 文件系统，采用此种方式，分区中的数据将全部丢失。右击需要转化 NTFS 文件系统的磁盘分区，在弹出的快捷菜单中选择“格式化”命令，打开格式化本地磁盘对话框，如图 3-2-18 所示。在“文件系统”下拉列表中选择 NTFS 选项，单击“开始”按钮，将此磁盘分区格式化成 NTFS 文件系统。

（2）将 FAT 文件系统转换为 NTFS 文件系统，并保留原有的数据。选择“开始”→“运行”命令，打开“运行”对话框。在“打开”文本框中输入 cmd，单击“确定”按钮，打开命令提示符窗口。在命令提示符下输入 convert f:/fs:ntfs，如图 3-2-19 所示。按【Enter】键确认，其中 f 是指驱动器号（其后要紧跟冒号）。这时就会将 FAT 格式转换成 NTFS 文件系统。

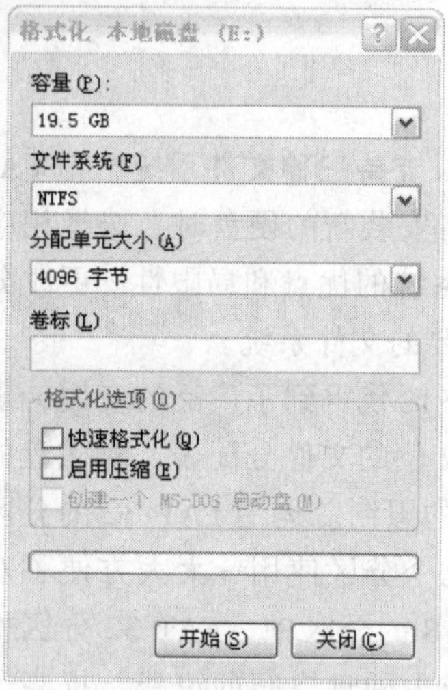

图 3-2-18　格式化本地磁盘对话框

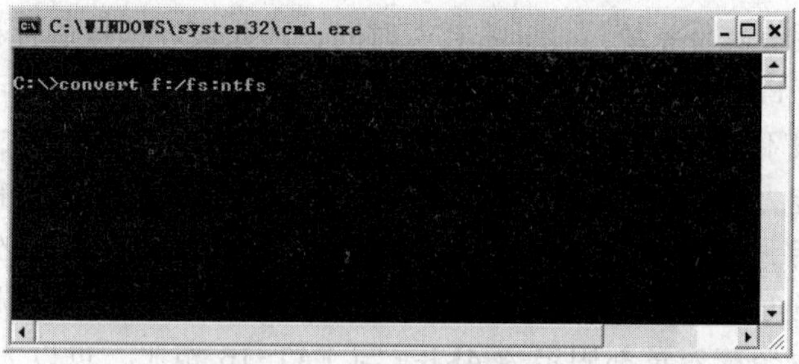

图 3-2-19　convert 命令格式

（3）使用第三方软件转换，例如，分区大师软件等。

3．NTFS 权限的含义及特点

（1）NTFS 权限的含义：由于 FAT 和 FAT 32 文件系统下不能提供文件级别的安全性，因此 Microsoft 公司在 NTFS 文件系统中引入了权限的概念。在每个文件或文件夹的属性对话框中都增加了一个“安全”选项卡，如图 3-2-20 所示。其中包含访问控制列表（ACL）和访问控制项（ACE）选项，访问控制列表中列出了与当前文件或文件夹权限有关的用户和组，当选中某个组或用户后，访问控制项中列出与该用户和组相关的权限。

（2）NTFS 权限的特点：

① 可以对单个文件或文件夹设置权限。

② 更好的可伸缩性使扩展为大驱动器成为可能。NTFS 的最大分区或卷比 FAT 的最大分区

或卷大得多，当卷或分区大小增加时，NTFS 的性能并不会降低，而 FAT 的性能则会降低。

③ 压缩功能，包括压缩或解压缩驱动器、文件夹或特定文件的功能，但是无法同时压缩和加密某个文件。

④ 文件加密，该功能极大地增强了安全性，但是无法同时压缩和加密某个文件。

⑤ 磁盘配额，可用来监视和控制单个用户使用的磁盘空间量。

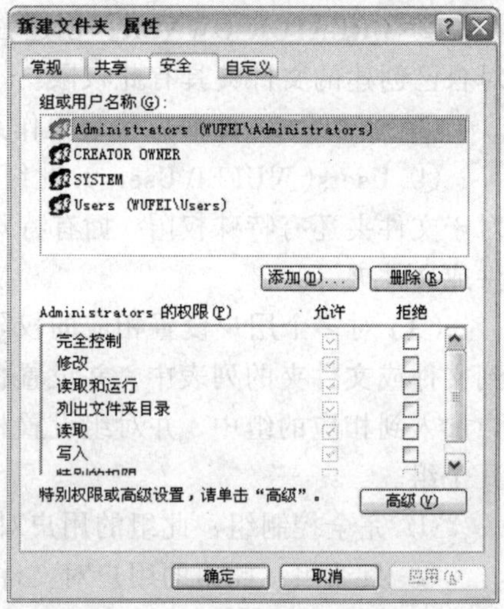

图 3-2-20 "安全"选项卡

4. 常用的权限

（1）NTFS 文件系统常见的权限：NTFS 文件系统提供了以下几种常见的权限。

① 完全控制：它具有所有的 NTFS 文件夹权限。

② 修改：它除了具有"写入"与"读取和运行"权限外，还具有删除、重命名子文件夹的权限。

③ 读取和运行：它具有与"列出文件夹目录"几乎相同的权限，但在权限的继承方面有所不同，"读取和运行"是文件与文件夹同时继承，而"列出文件夹目录"只具有文件夹的继承性。

④ 列出文件夹目录：它可以列出文件夹的内容，此权限只针对文件夹存在。

⑤ 读取：此权限可以查看文件夹内的文件名称及子文件夹的属性。

⑥ 写入：它可以在文件夹里写入文件与文件夹，并更改文件的属性。

⑦ 特别的权限：还有一些其他不常用的权限，例如删除权限、更改权限等。

上面这些 NTFS 权限可以单独设置，也可以同时选择几种权限。每个新创建的文件或文件夹都有一个默认权限，文件夹的默认权限设置如图 3-2-21 所示，文件的默认权限如图 3-2-22 所示。

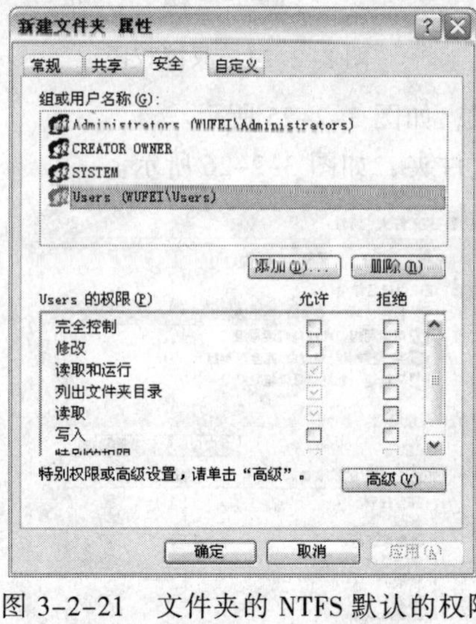

图 3-2-21 文件夹的 NTFS 默认的权限

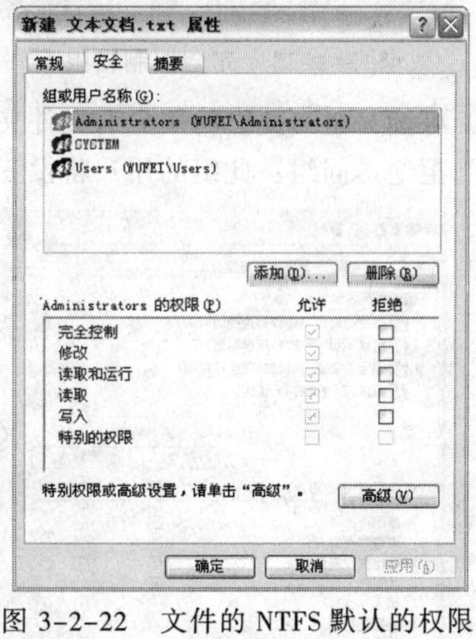

图 3-2-22 文件的 NTFS 默认的权限

（2）文件或文件夹默认 NTFS 权限的详细说明：

① Administrators（WUFEI\Administrators）：内置管理员组，对所有的文件和文件夹都有完全控制的权限。

② CREATOR OWNER：创建者组具有的特殊权限，特殊权限内容是完全控制权限，但只对自己创建的文件夹具有此权限。

③ SYSTEM：此账户代表操作系统本身，默认权限是完全控制。

④ Users(WUFEI\ Users)：此组代表此计算机上所有的用户，默认的权限是“读取和运行”，对于文件夹还有特殊权限。拥有特殊权限时可以创建文件或文件夹，并可以修改自己创建的文件或文件夹。

（3）对多个用户设置相应的权限：如果对个别用户设置权限，只要将用户使用的账户添加到文件或文件夹的列表中，并设置相应的权限即可。如果对多个用户设置权限，可以将多个用户加入到相应的组中，并对组设置相应的权限，然后结合组来进行管理，一般情况下创建以下几个组。

① 完全控制组：此组的用户对文件夹拥有所有的权限，如图 3-2-23 所示。

② 只读组：此组的用户对文件夹拥有读取权限，如图 3-2-24 所示。

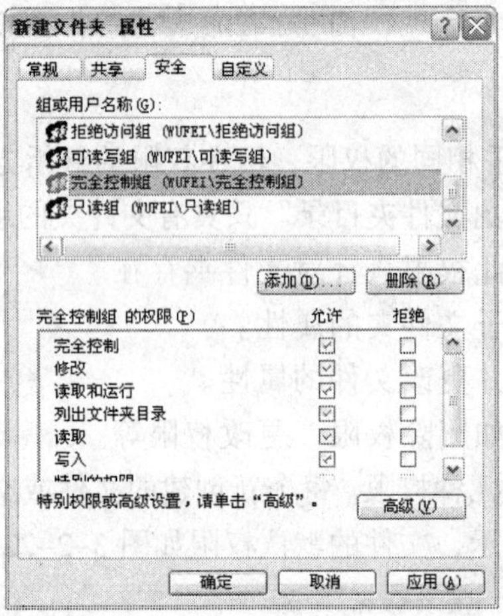

图 3-2-23 完全控制权限

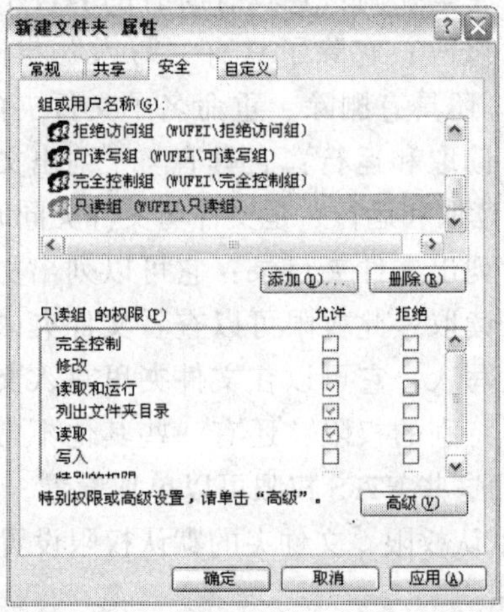

图 3-2-24 只读权限

③ 可读写组：此组的用户对文件夹拥有读写权限，如图 3-2-25 所示。

④ 拒绝访问组：此组的用户将没有权限访问此文件夹，如图 3-2-26 所示。

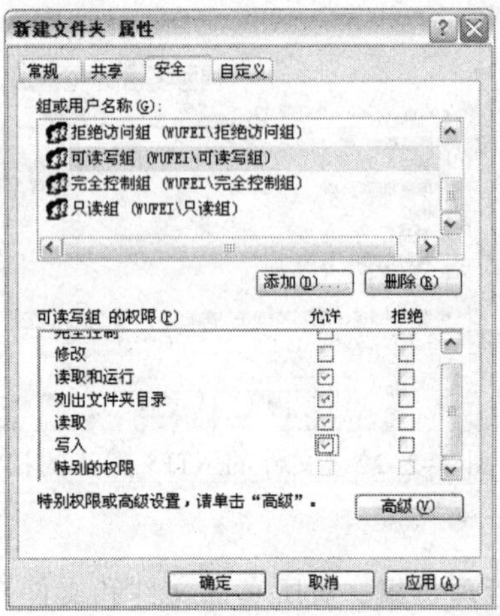

图 3-2-25 可读写权限

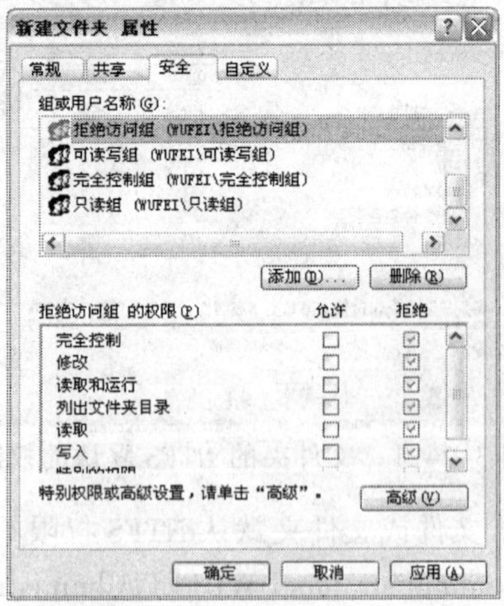

图 3-2-26 拒绝访问权限

5．权限的组合

组创建完成后，可以根据用户不同的需求将用户加入到不同的组中，也可以将一个用户同时加入到多个组。例如，将用户加入到只读组和可读写组，用户将具有这两个组的权限。但是如果将用户加入到拒绝访问组，不管此用户是否加入了其他的组，此用户都将被拒绝访问。因此一定要特别注意加入拒绝组的用户，因为拒绝的权限高于其他权限。

综上所述，当一个用户属于多个组的时候，这个用户会得到各个组的累加权限，一旦有一个组被拒绝访问，此用户也会被拒绝访问。

6．权限的继承

新建的文件或文件夹会自动继承上一级目录或驱动器的 NTFS 权限，这样的好处是免去了设置默认权限的步骤。但是从上一级继承下来的权限是无效的，不能直接修改，如图 3-2-27 所示，只能在此基础上添加一些其他的权限。

对于一些个别的文件夹可能需要设置单独的权限，而不需要从上一级继承权限，因此可以将继承权限删除，然后手动设置 NTFS 权限。取消 NTFS 权限的继承特性的步骤如下：

（1）右击需要取消 NTFS 继承性的文件夹，在弹出的快捷菜单中选择“属性”命令，打开“file 属性”对话框。单击“安全”标签，切换到“安全”选项卡，如图 3-2-28 所示。

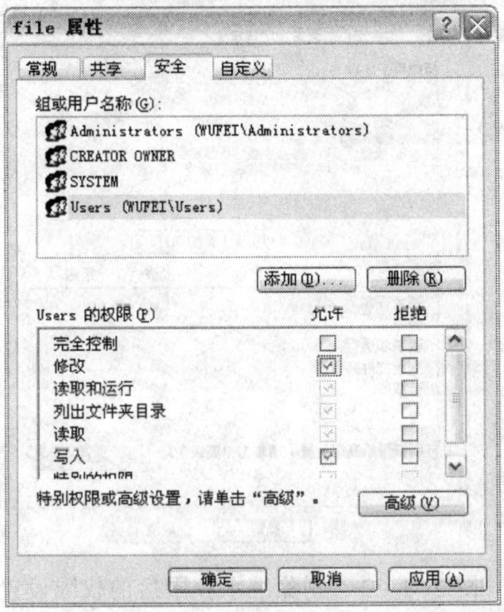

图 3-2-27　在继承权限的基础上添加其他权限

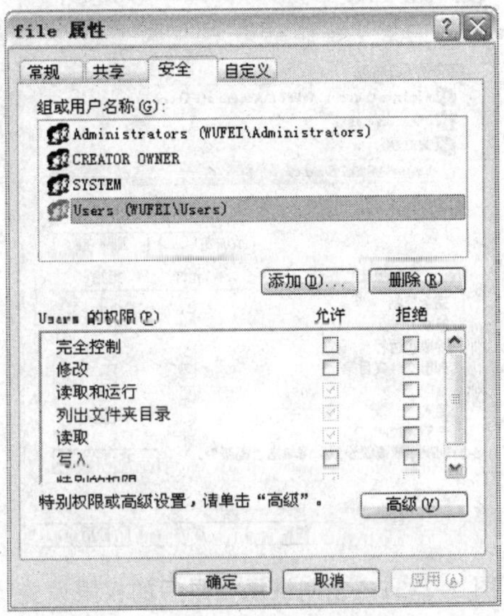

图 3-2-28　“安全”选项卡

（2）单击“高级”按钮，打开“file 的高级安全设置”对话框。

（3）单击“权限”标签，切换到“权限”选项卡，如图 3-2-29 所示。

（4）取消选中“允许父项的继承权限传播到该对象和所有子对象。包括那些在此明确定义的项目”复选框。然后系统会提示以前从上一级继承下来的权限是保留还是全部删除，如果保留权限就单击“复制”按钮；如果不保留权限则单击“删除”按钮；如果取消设置，可以单击“取消”按钮，如图 3-2-30 所示。

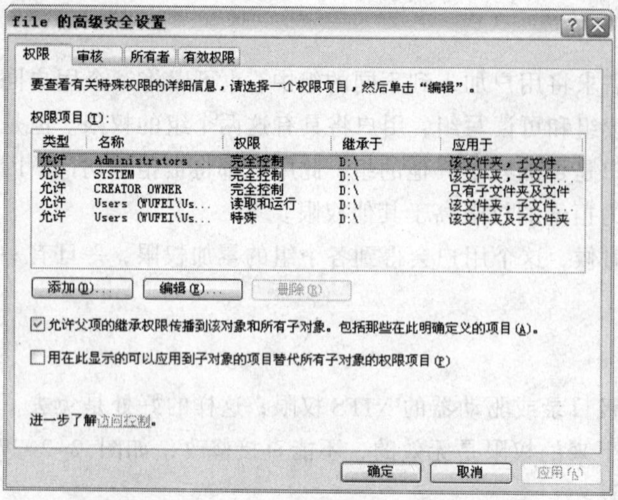

图 3-2-29 “file 的高级安全设置”对话框

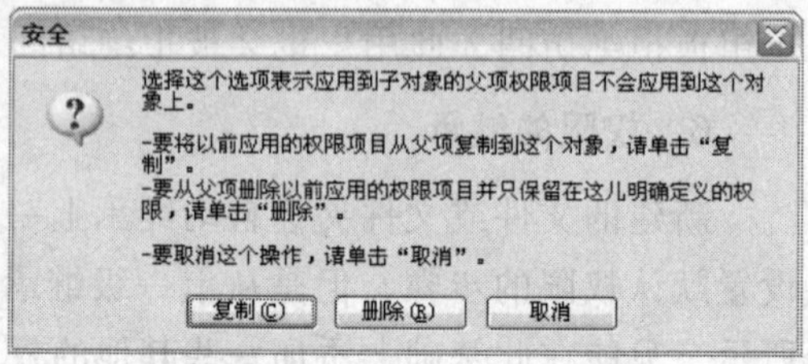

图 3-2-30 “安全”对话框

（5）如果单击“复制”按钮，以前的权限会全部保留下来，并可以根据需要进行更改，如图 3-2-31 所示。如果单击“删除”按钮，则所有继承的权限将会被删除，可以自行添加相应的用户或组，并设置相应的权限，如图 3-2-32 所示。

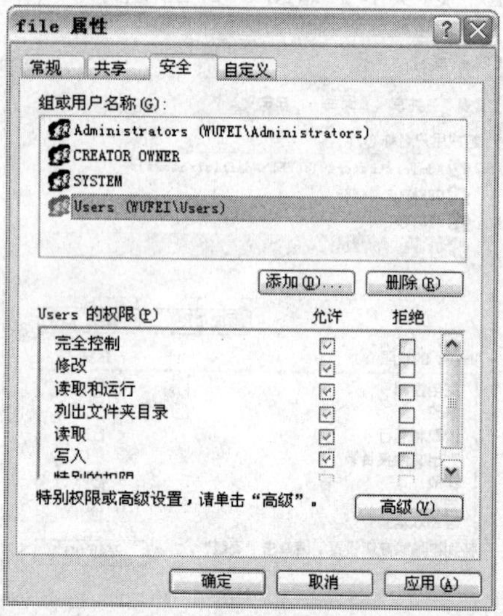

图 3-2-31 复制继承权限后的权限设置

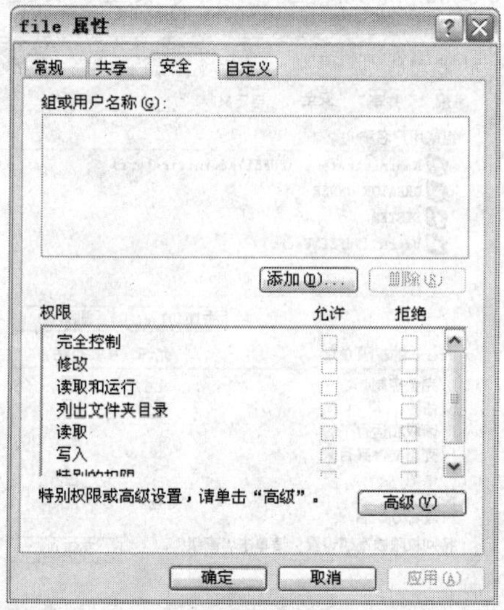

图 3-2-32 删除继承权限后的权限设置

有时文件夹下面大量的子文件夹或者文件设置了和父文件夹不同的权限，可以利用 NTFS 权限的继承性来统一这些子文件夹和文件的权限。强制子文件夹和文件继承 NTFS 权限的步骤如下：

（1）右击需要强制子文件夹和文件继承 NTFS 权限的文件夹，在弹出的快捷菜单中选择“属性”命令，打开“file 属性”对话框。单击“安全”标签，切换到“安全”选项卡，如图 3-2-33 所示。

（2）单击“高级”按钮，打开“file 的高级安全设置”对话框。

（3）选中“用在此显示的可以应用到子对象的项目替代所有子对象的权限项目”复选框，如图 3-2-34 所示。

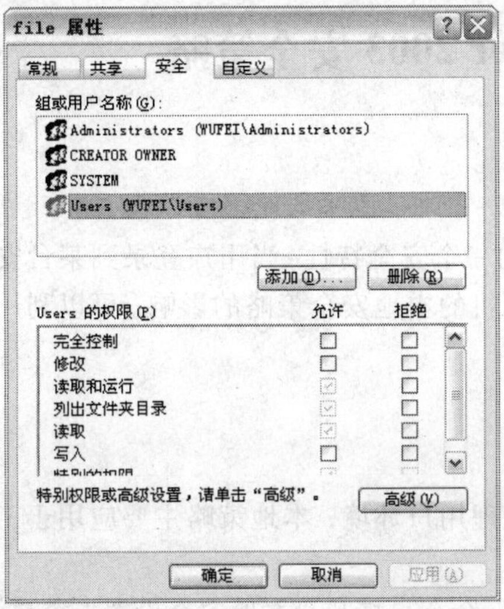

图 3-2-33　“安全”选项卡

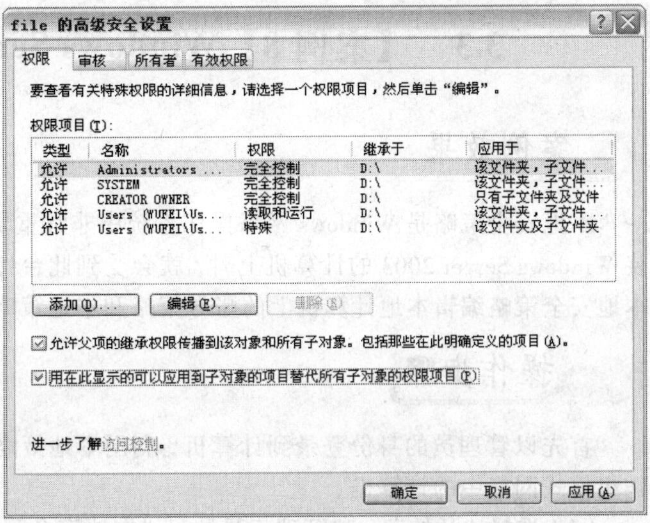

图 3-2-34　强制子文件夹或文件继承 NTFS 权限

（4）单击“确定”按钮后，系统会将当前文件夹的权限强制继承到下级文件夹或文件。

7. 文件复制或移动时对权限的影响

当文件或文件夹从某文件夹复制到另一个文件夹时，由于文件的复制，等于是产生另一个新文件，因此新文件或文件夹会继承目的地的权限。

当文件或文件夹从某文件夹移动到另一个文件夹时，分为两种情况。

① 如果移动到同一磁盘分区的另一个文件夹内，则仍然保持原来的权限。

② 如果移动到另一个磁盘分区的某个文件夹内，则该文件将继承目的地的权限。

如果将 NTFS 磁盘分区的文件或文件夹移动或者复制到 FAT/FAT 32 磁盘分区下，会将 NTFS 磁盘分区下的安全设置全部取消。

思考与练习

一、选择题

1. （　　）命令可以将 FAT 文件系统转换为 NTFS 文件系统。

   A. fattontfs.exe　　B. disktools.exe　　C. convert.exe　　D. 以上都不对

2. 下列（　　）是特殊权限。

   A. 读取和运行　　B. 写入　　C. 读取　　D. 取得所有权

3. 下列情况中，（　　）的文件或文件夹的 NTFS 权限会保留下来。

   A. 复制到同分区的不同目录中　　B. 移动到同分区的不同目录中

   C. 复制到不同分区的目录中　　D. 移动到不同分区的目录中

二、操作题

1. 使用 convert.exe 命令将 FAT 文件系统转换为 NTFS 文件系统。
2. 更改文件夹的 NTFS 权限。

3.3 【案例 8】Windows Server 2003 安全策略

案例效果

本地安全策略是 Windows 网络操作系统中非常重要的一个安全特性，当用户登录到某台安装 Windows Server 2003 的计算机上时，就会受到此台计算机的本地安全策略的影响。可以利用本地安全策略编辑本地计算机上的账号策略和本地策略。

操作步骤

首先以管理员的身份登录到计算机，利用本地策略管理用户环境，本地策略主要应用于工作组模式网络中的计算机。

（1）选择“开始”→“管理工具”→“本地安全策略”命令，打开“本地安全设置”窗口，如图 3-3-1 所示。

或者选择“开始”→“运行”命令，打开“运行”对话框。在“打开”文本框中输入 secpol.msc，同样可以打开“本地安全设置”窗口。

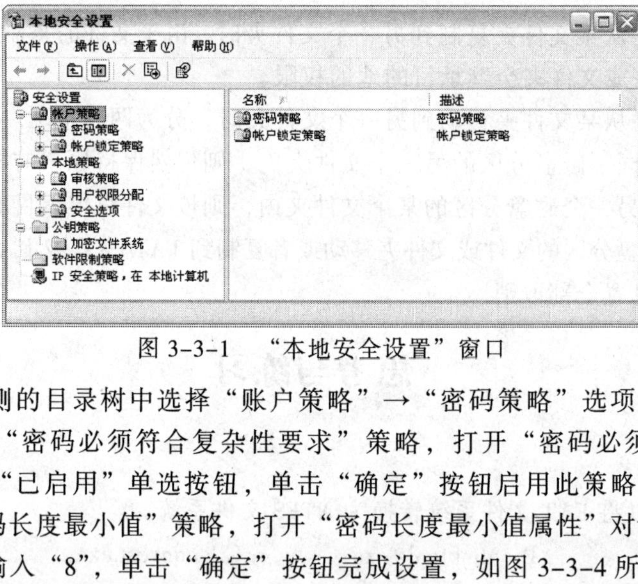

图 3-3-1 “本地安全设置”窗口

（2）在窗口左侧的目录树中选择“账户策略”→“密码策略”选项，如图 3-3-2 所示。在右侧窗格中双击“密码必须符合复杂性要求”策略，打开“密码必须符合复杂性要求属性”对话框，选中“已启用”单选按钮，单击“确定”按钮启用此策略，如图 3-3-3 所示。

（3）双击“密码长度最小值”策略，打开“密码长度最小值属性”对话框，在“密码必须至少是”微调框中输入“8”，单击“确定”按钮完成设置，如图 3-3-4 所示。

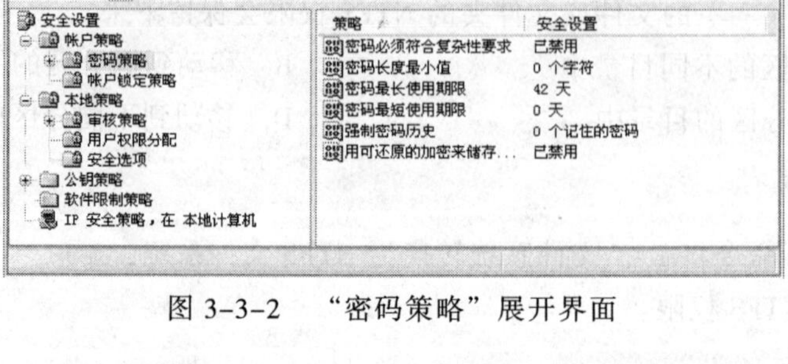

图 3-3-2 “密码策略”展开界面

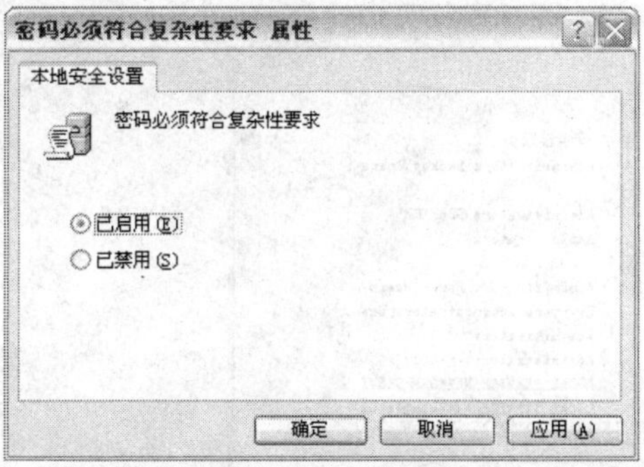

图 3-3-3　“密码必须符合复杂性要求属性”对话框

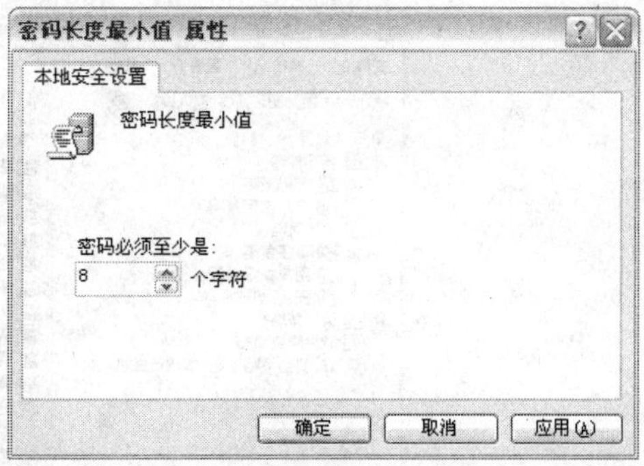

图 3-3-4　“密码长度最小值属性”对话框

（4）还可以继续设置“密码策略”的其他策略，例如“密码最长使用期限”、“密码最短使用期限”和“强制密码历史”等，完成后的设置如图 3-3-5 所示。

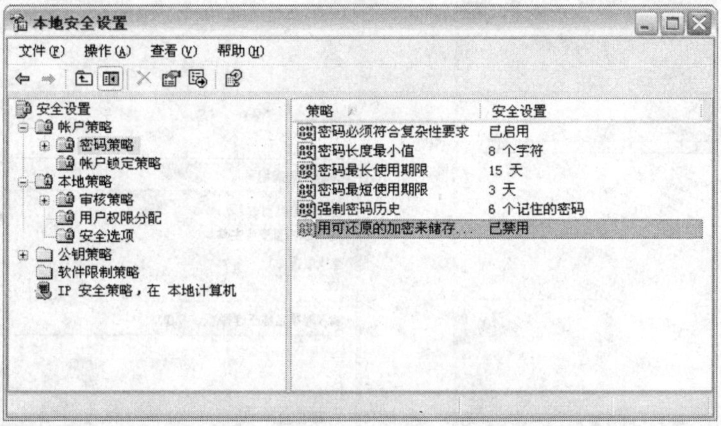

图 3-3-5　完成设置后的“密码策略”展开界面

（5）在窗口左侧的目录树中选择“账户策略”→“账户锁定策略”选项，如图 3-3-6 所示。双击“账户锁定阈值”策略，打开“账户锁定阈值属性”对话框，设置 3 次无效登录后锁定账户，如图 3-3-7 所示。同时设定“账户锁定时间”和“复位账户锁定计数器”。

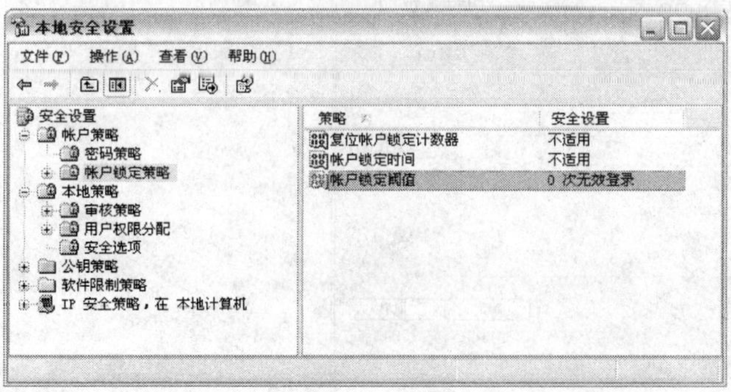

图 3-3-6　“账户锁定策略”展开界面

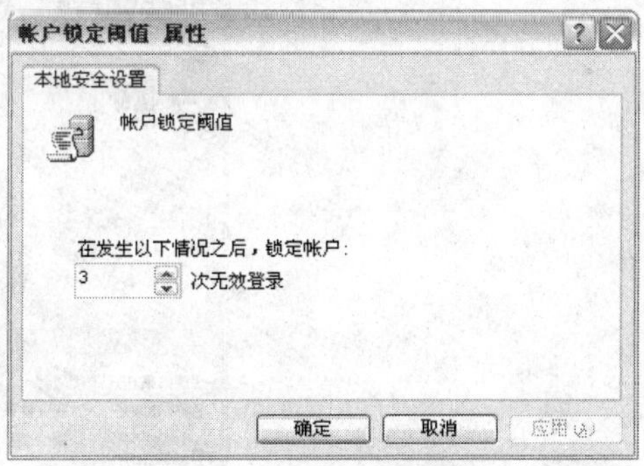

图 3-3-7　“账户锁定阈值属性”对话框

（6）在窗口左侧的目录树中选择“本地策略”→“用户权限分配”选项，如图 3-3-8 所示。双击“关闭系统”策略，打开“关闭系统属性”对话框，如图 3-3-9 所示。

（7）单击“添加用户或组”按钮，打开“选择用户或组”对话框，如图 3-3-10 所示。

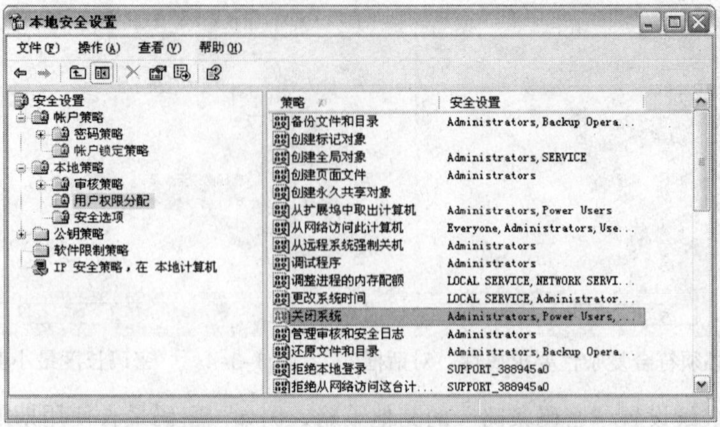

图 3-3-8 “用户权限分配”展开界面

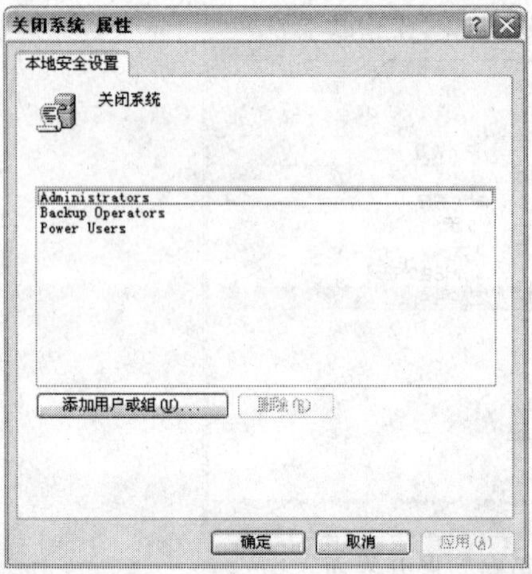

图 3-3-9 “关闭系统属性”对话框

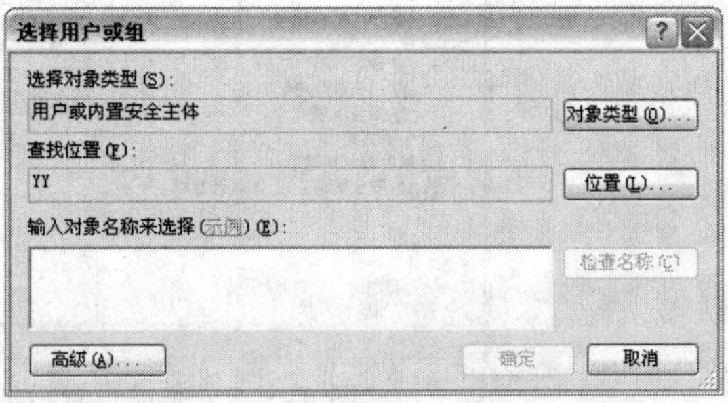

图 3-3-10 “选择用户或组”对话框

（8）单击“高级”按钮展开该对话框，单击“立即查找”按钮，如图 3-3-11 所示。

图 3-3-11 查找并添加用户对话框

（9）在“搜索结果”列表框中单击需要添加的用户，单击“确定”按钮，返回“选择用户或组”对话框，如图 3-3-12 所示。

（10）单击“确定”按钮，返回“关闭系统属性”对话框，完成用户的添加，如图 3-3-13 所示。

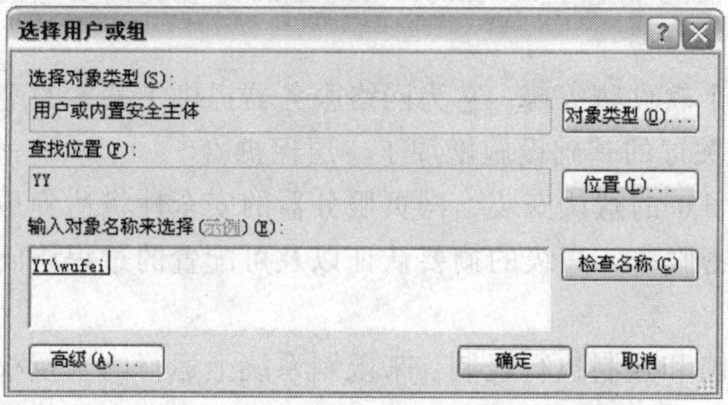

图 3-3-12　“选择用户或组”对话框

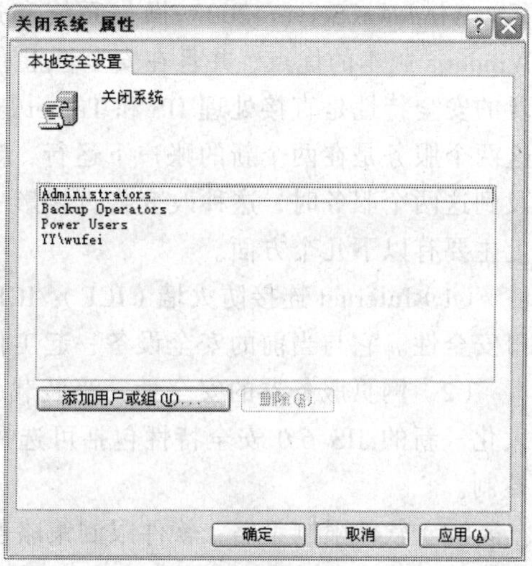

图 3-3-13　“关闭系统属性”对话框

（11）在窗口左侧的目录树中选择“本地策略”→“安全选项”选项，如图 3-3-14 所示。双击“交互式登录：不显示上次的用户名”策略，打开“交互式登录：不显示上次的用户名属性”对话框，选中“已启用”单选按钮，单击“确定”按钮启用此策略，如图 3-3-15 所示。

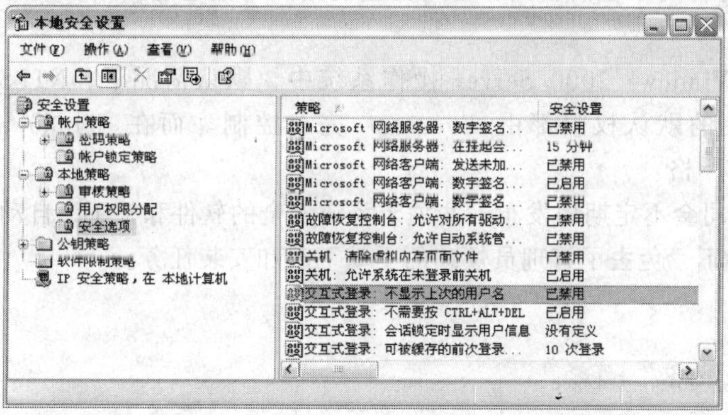

图 3-3-14　“安全选项”展开界面

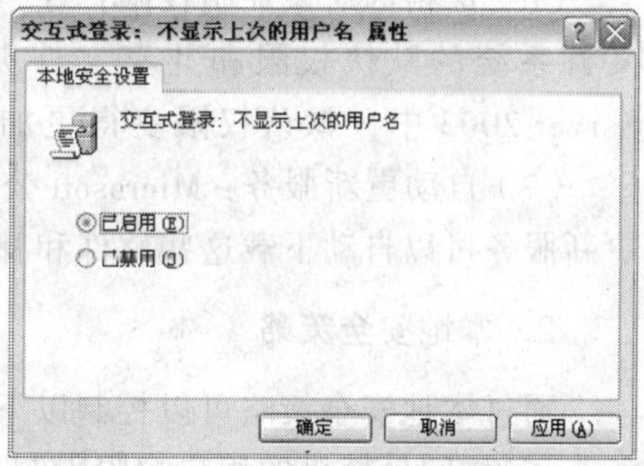

图 3-3-15　“交互式登录：不显示上次的用户名属性”对话框

相关知识

1. 系统的安全特性

安全就是保护计算机系统中的硬件资源与软件资源不被未经授权的非法用户盗取和利用。

安全是当今 IT 相关新闻的一个重要话题。经常出现的系统漏洞、安全补丁和蠕虫病毒是每个使用计算机的用户耳熟能详的名词。由于几乎每台计算机系统都可以连接到另外的计算机或者连接到 Internet，因此确保这些计算机的安全对于减少入侵、数据窃取或丢失、误用，甚至对第三方的责任而言是至关重要的。

Windows Server 2003 操作系统和过去的 Windows 操作系统相比，它不仅继承了过去 Windows 版本的优点，并且在安全性上有了很大的提高。在 Windows Server 2003 中，两个最重要的安全特性是直接处理 IIS 和 Telnet 服务器。IIS 和 Telnet 在默认的情况下都没有安装，并且这两个服务是在两个新的账户下运行，新账户的权限比正常系统账户的权限要低。如果黑客危及到这两个服务时，这种改变将直接影响服务器的安全性。Windows Server 2003 在提高安全性上主要有以下几个方面。

（1）Internet 连接防火墙（ICF）：ICF 是一个软件防火墙，它为网络服务器提供了基本的端口安全性。它与当前的安全设备一起工作，为关键的基础设施增加了一层保护。

（2）网页服务器的安全性：当装载了 IIS 6.0 的默认安装，网页服务器的安全性将达到最大化。新的 IIS 6.0 安全特性包括可选择的加密服务、高级的摘要认证以及可配置的过程访问控制。

（3）软件限制策略：软件限制策略使用策略和强制执行机制，来限制系统上运行的未授权的可执行程序。这些限制是一些额外的手段，以防止用户执行那些不是该公司标准用户软件套件中的程序。

（4）增强的 EFS：加密文件服务（EFS）的改进允许管理员和用户提供给多个用户访问多组加密文件的可能，还提供了额外的文件存储保护和最大数量的用户容量。

（5）增强的安全策略：Windows Server 2003 在密码策略方面有所增强，例如 Active Directory 账户默认时必须使用至少 7 位并且符合复杂性的密码，密码为空的用户不能通过网络访问计算机。

（6）严格的对象控制权限：在 Windows 2000 Server 操作系统中，默认情况下，NTFS 文件系统的默认权限和共享文件夹的默认权限都由 Everyone 完全控制。而在 Windows Server 2003 中，默认权限变得更加严格。

（7）自动更新服务：Microsoft 公司会不定期地发布一些关于系统安全的软件和补丁，自动更新服务可以自动下载这些软件和补丁，免去了管理员烦琐的手动下载和安装任务。

2. 本地安全策略

通过本地安全策略可以控制以下策略。

① 访问计算机的用户权限限制。

② 授权用户登录本地计算机时可以使用的资源和一些特殊权限。

③ 是否在事件日志中记录用户或组的操作。

④ 控制用户使用的密码策略和账户锁定策略。

选择“开始”→“管理工具”→“本地安全策略”命令，打开“本地安全设置”窗口，如图 3-3-16 所示。在其中可以进行本地安全策略的一些设定，这里主要介绍常用的安全策略的设置。

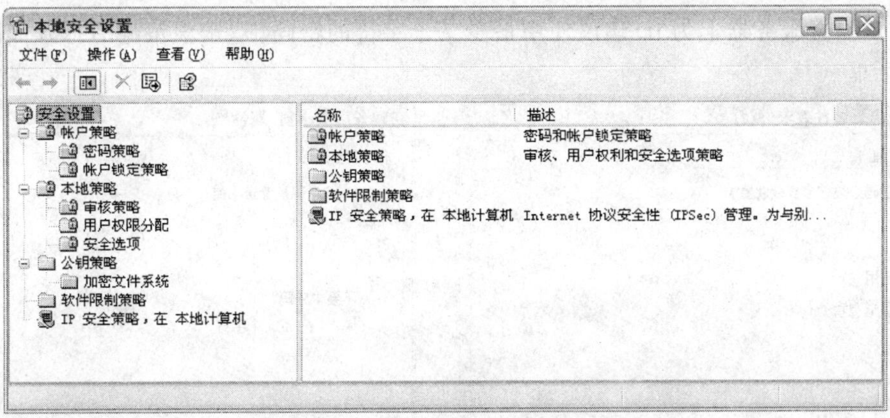

图 3-3-16　“本地安全设置”窗口

3. 本地账户策略

账户的安全性是所有安全策略中最重要的，大部分的安全性问题是由于账户名和密码过于简单。账户策略可以通过设置密码策略和账户锁定策略来提高账户密码的安全级别。虽然账户策略在本地计算机上定义，却可以影响用户账户与计算机或域交互作用的方式。账户策略主要包含密码策略和账户锁定策略两个子集，如图 3-3-17 所示。

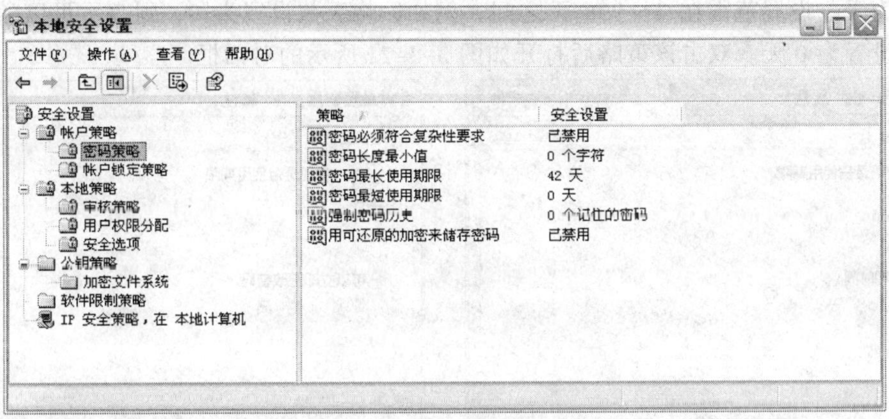

图 3-3-17　“密码策略”展开界面

（1）密码策略：密码策略用于本地用户账户，确定密码设置，例如强制执行和有效期限等。密码策略包含以下设置。

① 密码必须符合复杂性要求：该安全设置确定密码是否符合复杂性要求。启用该策略后，密码必须符合复杂性的要求，复杂性是指密码必须包含来自以下四个类别中的三个的字符，即英文大写字母（A～Z），英文小写字母（a～z），10 个基本数字（0～9）和特殊符号（如!、$、#、%）。双击该策略后打开如图 3-3-18 所示的对话框。默认情况下，在域控制器上已启用，而在独立服务器上已禁用。例如，启用此策略，更改或创建密码时，会强制执行复杂性要求。

② 密码长度最小值：该安全设置确定用户账户的密码可以包含的最少字符个数。如果数值设置为 0，代表密码可以为空，但会导致严重的安全问题。默认情况下，在域控制器上密码

长度为7，在独立服务器上为0，建议使用最少7个字符的密码。双击该策略后打开如图3-3-19所示的对话框。

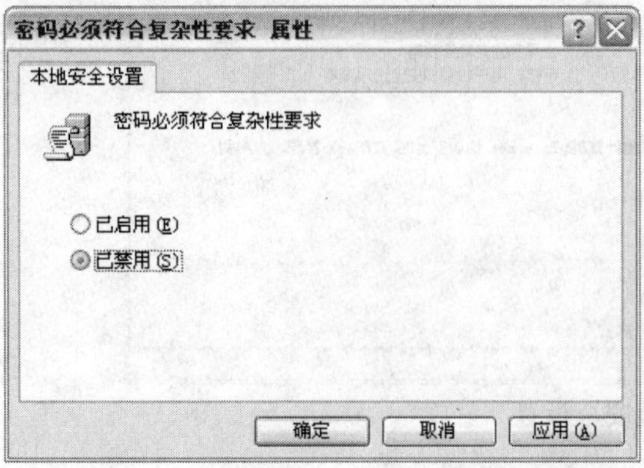

图3-3-18 “密码必须符合复杂性要求属性”对话框

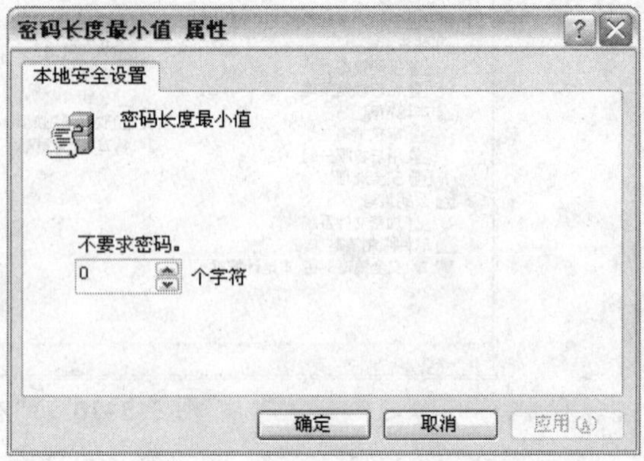

图3-3-19 “密码长度最小值属性”对话框

③ 密码最长使用期限：该安全设置确定系统要求用户更改密码之前可以使用该密码的最长时间，单位为天。设置范围在1～999天之间，例如，将天数设置为0，则表示密码永不过期。默认设置为42天。双击该策略后打开如图3-3-20所示的对话框。

④ 密码最短使用期限：该安全策略设置确定用户可以更改密码之前必须使用该密码的时间，单位为天。设置范围在1～998天之间，例如，将天数设置为0，则表示可以随时更改密码。默认设置为0天。双击该策略后打开如图3-3-21所示的对话框。

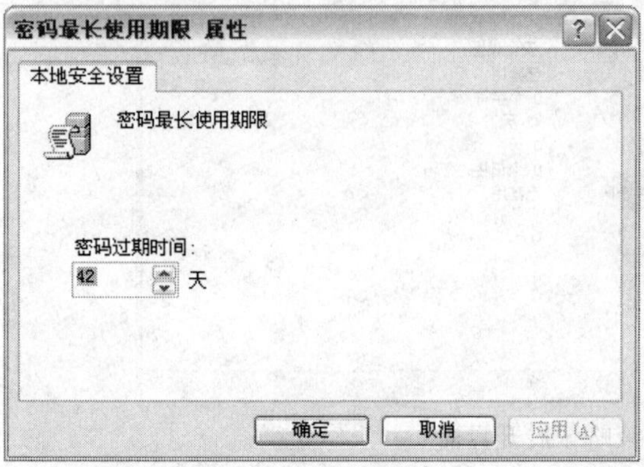

图3-3-20 “密码最长使用期限属性”对话框

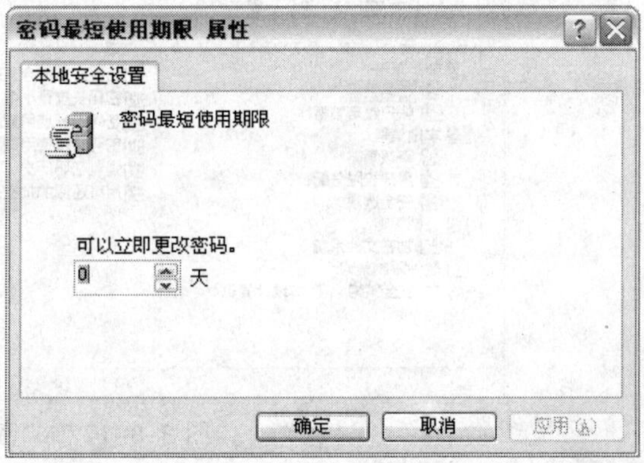

图3-3-21 “密码最短使用期限属性”对话框

⑤ 强制密码历史：该安全设置是指多少个最近使用过的密码不允许再使用，设置范围在0～24之间。该策略通过确保旧密码不能继续使用，从而使管理员能够增强安全性。默认设置为0，表示可以随意使用过去的旧密码。双击该策略后打开如图3-3-22所示的对话框。

⑥ 用可还原的加密来储存密码：该安全设置确定操作系统是否使用可还原的加密来储存密码。如果应用程序使用了要求知道用户密码才能进行身份验证的协议，则该策略可对它提供支持。使用可还原的加密储存密码和储存明文版本密码本质上是相同的。因此，除非应用程序有比保护密码信息更重要的要求，否则不必启用该策略。默认设置为已禁用。双击该策略后打开如图3-3-23所示的对话框。

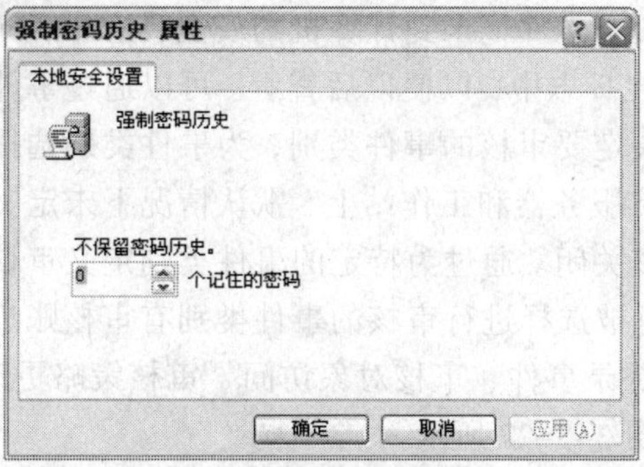

图 3-3-22　“强制密码历史属性”对话框

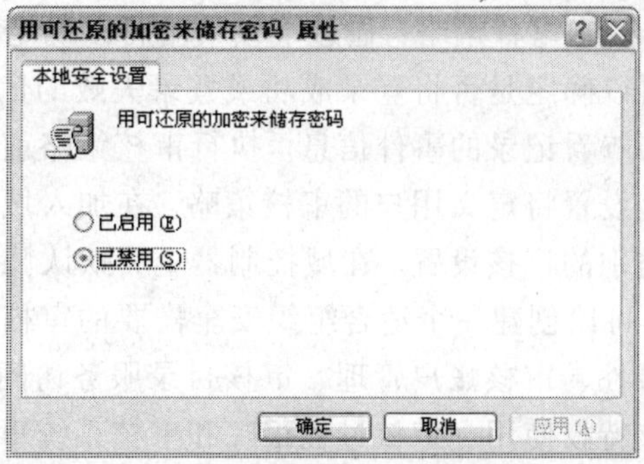

图 3-3-23　“用可还原的加密来储存密码属性”对话框

（2）账户锁定策略：账户锁定策略用于本地用户账户，确定某个账户被系统锁定的情况和时间长短等。账户锁定策略包含以下设置。

① 复位账户锁定计数器：该安全设置是指用户由于输入错误密码开始计数时，计数器保持的时间。当时间过后，计数器将复位为 0。设置的范围为 1～99 999 分钟，只有当指定了账户锁定阈值时，该策略设置才有意义。如果定义了账户锁定阈值，则该复位时间必须小于或等于账户锁定时间。双击该策略后打开如图 3-3-24 所示的对话框。

② 账户锁定时间：该安全设置是指当用户账户被锁定后，多少分钟后自动解锁。设置的范围为 0～99 999 分钟。如果将账户锁定时间设置为 0，表示必须由管理员手动解锁。只有当指定了账户锁定阈值时，该策略设置才有意义。双击该策略后打开如图 3-3-25 所示的对话框。

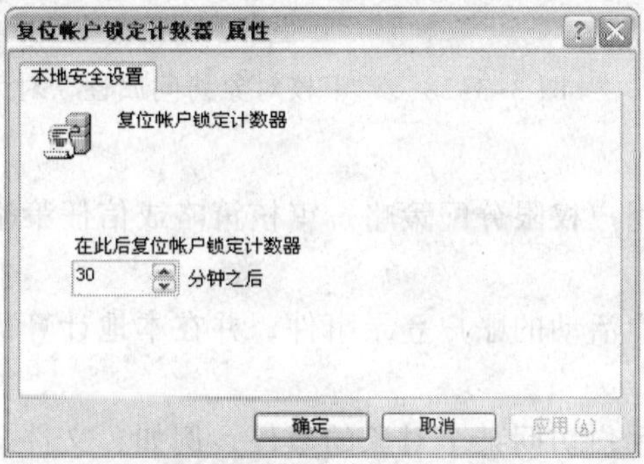

图 3-3-24　“复位账户锁定计数器属性”对话框

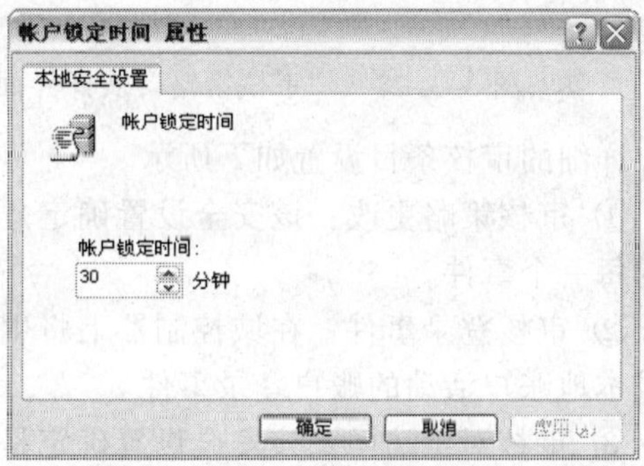

图 3-3-25　“账户锁定时间属性”对话框

③ 账户锁定阈值：该安全设置是指用户输入几次错误的密码后，将用户账户锁定。设置的范围为 0～999 之间。如果将此值设为 0，则表示不锁定账户。默认设置为 0。双击该策略后打开如图 3-3-26 所示的对话框。

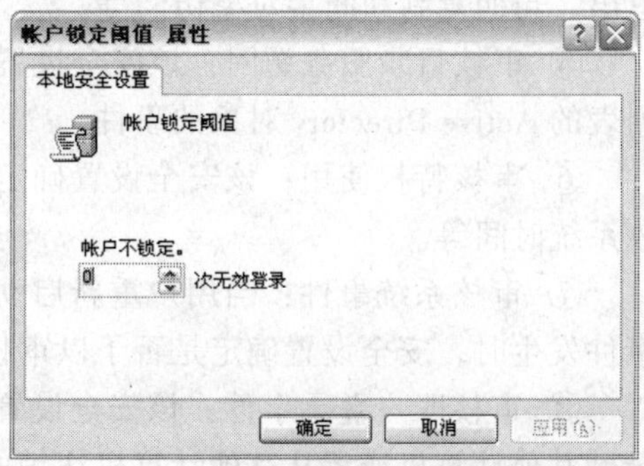

图 3-3-26　“账户锁定阈值属性”对话框

4．本地策略

本地策略可以控制是否记录用户在本地的操作事件，可以设置用户一些特殊的权限以及和系统相关的安全选项。本地策略包含审核策略、用户权限分配和安全选项三个子集。

（1）审核策略：通过审核策略可以确定是否将安全事件记录到计算机的安全日志中，同时也可以确定是否将登录成功或登录失败的信息记录在日志中，以便以后查看。可以通过事件查看器查看记录的事件信息。执行审核策略前，必须决定要审核的事件类别，为事件类别选择的审核设置将定义用户的审核策略。在加入域中的成员服务器和工作站上，默认情况下未定义事件类别的审核设置。在域控制器上，默认情况下审核关闭。通过为特定的事件类别定义审核设置，可以创建一个适合组织安全需要的审核策略。可被选择进行审核的事件类别有审核账户登录事件、审核账户管理、审核目录服务访问、审核登录事件、审核对象访问、审核策略更改、审核特权使用、审核过程跟踪和审核系统事件，如图 3-3-27 所示。

执行审核策略前，首先要决定选择哪种审核策略。对于每种可以进行审核的事件，需要在配置过程中确定是否跟踪成功或失败尝试，例如设置审核对象访问。双击审核对象访问后，打开“审核对象访问属性”对话框，如图 3-3-28 所示。在其中选择需审核的“成功”或“失败”复选框。

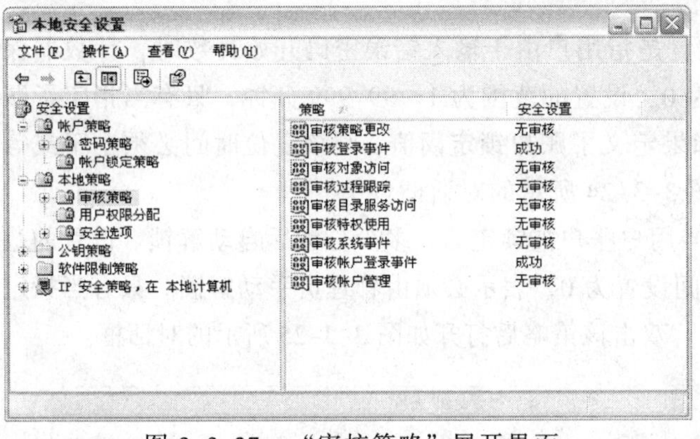

图 3-3-27 “审核策略”展开界面

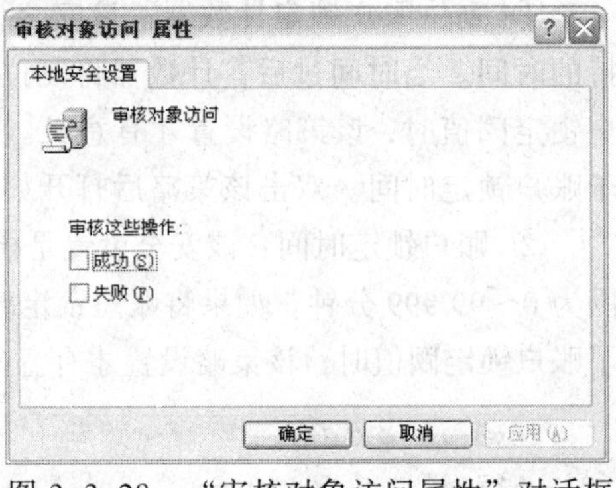

图 3-3-28 “审核对象访问属性”对话框

详细的审核条目设置如下所示。

① 审核策略更改：该安全设置确定是否审核用户权限分配策略、审核策略或信任策略更改的每一个事件。

② 审核登录事件：在域控制器上将生成域账户活动的账户登录事件，并在本地计算机上生成本地账户活动的账户登录事件。

③ 审核对象访问：该安全设置确定是否审核用户访问某个对象的事件，例如，文件、文件夹、注册表项、打印机等。

④ 审核过程跟踪：该安全设置确定是否审核事件的详细跟踪信息，例如程序激活、进程退出、句柄复制和间接对象访问等。

⑤ 审核目录服务访问：该安全设置确定是否审核用户访问那些指定自己的系统访问控制列表的 Active Directory 对象的事件。

⑥ 审核特权使用：该安全设置确定是否审核用户实施其用户权利的每一个实例，例如更改系统时间等。

⑦ 审核系统事件：当用户重新启动或关闭计算机时或者对系统安全或安全日志有影响的事件发生时，安全设置确定是否予以审核。

⑧ 审核账户登录事件：该安全设置确定是否审核在这台计算机用于验证账户时，用户登录到其他计算机或者从其他计算机注销的每个事件。

⑨ 审核账户管理：该安全设置确定是否审核计算机上的每一个账户管理事件。账户管理事件包括创建、更改或删除用户账户或组；重命名、禁用或启用用户账户；设置或更改密码。

(2) 用户权限分配：用户权限分配确定具有登录计算机的权利或特权的用户或组，为某些用户或组授予一些特殊权限，例如，关闭系统、拒绝本地登录、更改系统时间及拒绝从网络访问这台计算机等，如图 3-3-29 所示。

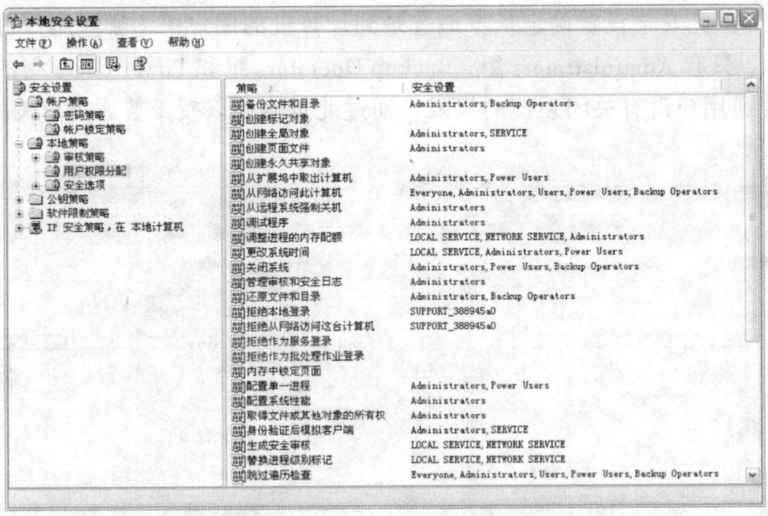

图 3-3-29 “用户权限分配”展开界面

以下列出了一些常用的“用户权限分配”策略选项。

① 从网络访问此计算机：此用户权利确定允许哪些用户或组可通过网络连接到计算机。默认情况下任何用户均可以从网络访问计算机，根据需要可以撤销某组账户从网络访问的权限，如图 3-3-30 所示。

② 更改系统时间：此用户权利确定哪些用户或组可以更改计算机内部时钟的时间和日期，拥有此用户权利的用户可影响事件日志的外观。如果系统时间被更改，则记录的事件将反映新的时间而不是事件发生的实际时间。默认情况下，只有 Administrators 和 Power Users 组的成员具有更改系统时间的权限，普通用户没有更改系统时间的权限，通过此策略可以授予普通用户更改系统时间的权限，如图 3-3-31 所示。

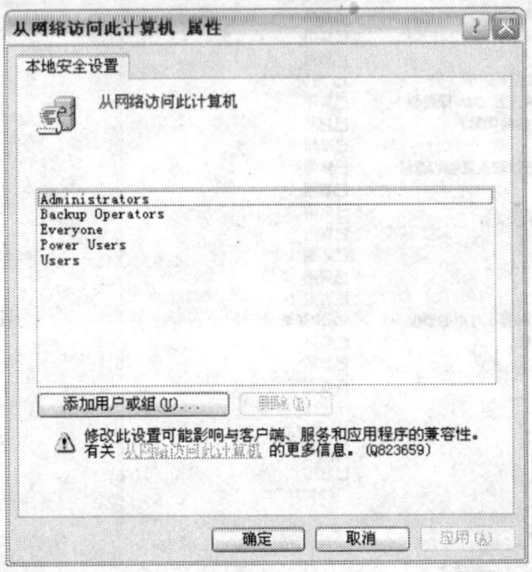

图 3-3-30 “从网络访问此计算机属性”对话框

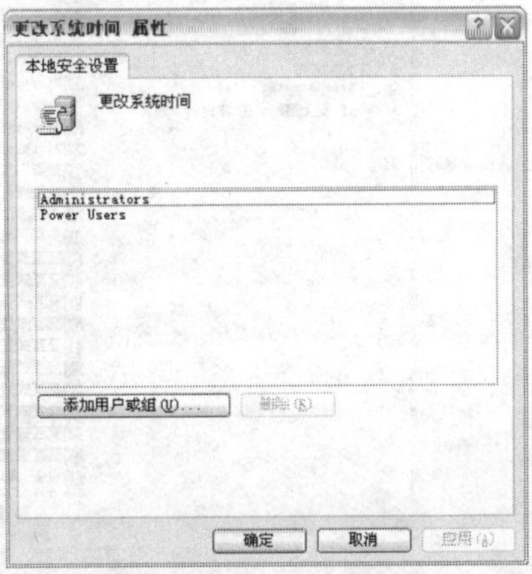

图 3-3-31 “更改系统时间属性”对话框

③ 拒绝从网络访问这台计算机：此安全设置确定阻止哪些用户通过网络访问计算机。有些用户只在本地使用，不允许通过网络访问此计算机，可以通过此策略进行限制。

④ 允许在本地登录：此登录权限确定哪些用户可交互地登录到该计算机。按【Ctrl+Alt+Del】组合键，启动登录，该操作需要用户拥有此登录权限。默认情况下，Administrators 组、Backup Operators 组、Power Users 组和 Users 组的用户有登录的权限，如图 3-3-32 所示。

⑤ 关闭系统：此安全设置确定从本地登录到计算机的用户中，哪些用户可以关闭操作系统。默认情况下，只有 Administrators 组、Backup Operators 组和 Power Users 组的成员具有关闭系统的权限，普通用户没有关闭系统的权限，通过此策略可以授予普通用户关闭系统的权限，如图 3-3-33 所示。

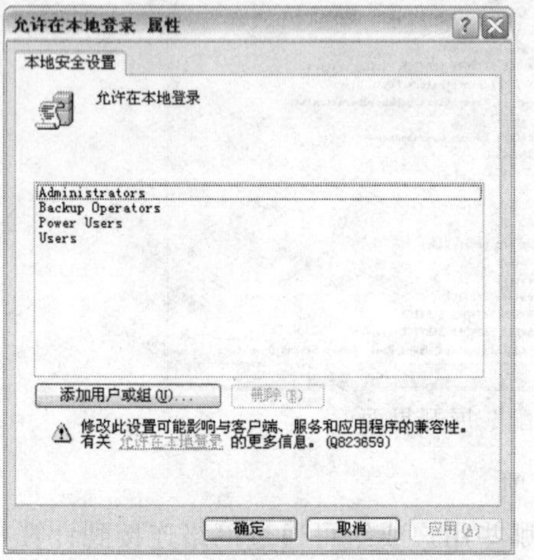

图 3-3-32 “允许在本地登录属性”对话框

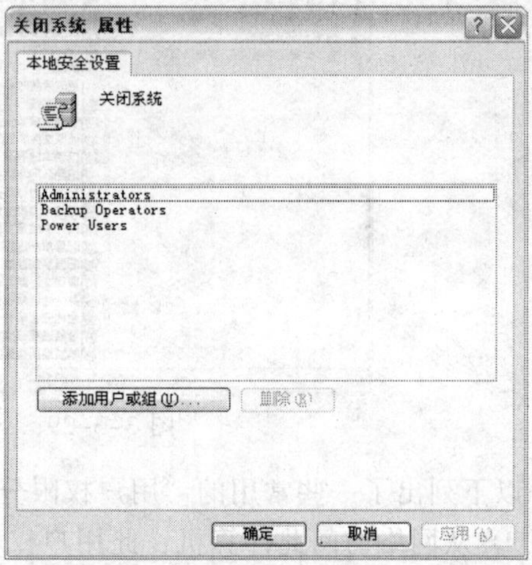

图 3-3-33 “关闭系统属性”对话框

（3）安全选项：安全选项是指启用或禁用计算机的安全设置，例如不显示上次的登录名、软盘驱动器和光盘的访问、驱动程序的安装以及登录提示等，如图 3-3-34 所示。

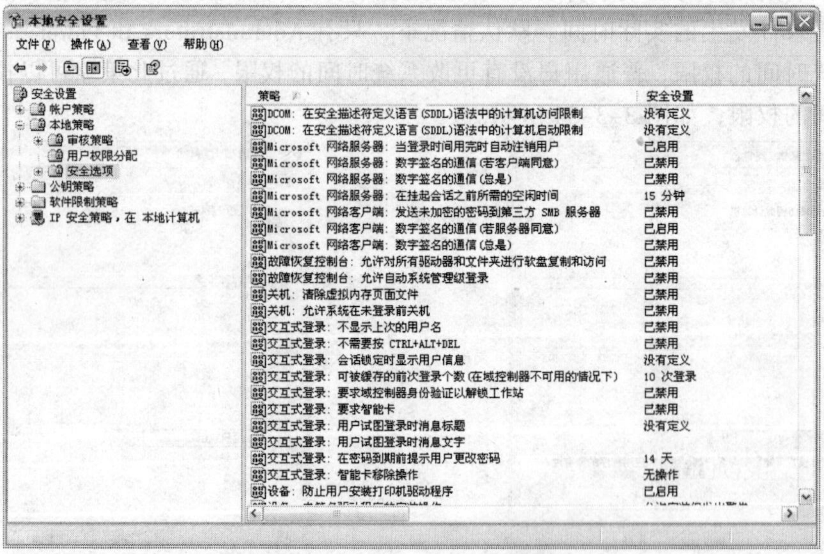

图 3-3-34 “安全选项”界面

以下列出了一些常用的“安全选项”策略选项。

① 不显示上次的用户名：该安全设置确定是否将最近一次登录到计算机的用户名显示在 Windows 登录画面中。如果启用该策略，则最近一次成功登录的用户的名称将不显示在“登录到 Windows”对话框中。如果禁用该策略，则会显示最近一次登录的用户的名称。默认情况下，此策略已禁用，如图 3-3-35 所示。

② 不需要按【Ctrl+Alt+Del】组合键：该安全设置确定用户登录之前是否需要按【Ctrl+Alt+Del】组合键。如果在计算机上启用该策略，则不要求用户按【Ctrl+Alt+Del】组合键即可登录。但是如果不要求按【Ctrl+Alt+Del】组合键，则用户很容易遭受企图截取用户密码的攻击。在用户登录之前要求按【Ctrl+Alt+Del】组合键，可以保证用户在输入自己的密码时通过受信任的路径进行通信。如果禁用该策略，则任何用户在登录到 Windows 之前都必须按【Ctrl+Alt+Del】组合键。默认情况下，此策略已禁用，如图 3-3-36 所示。

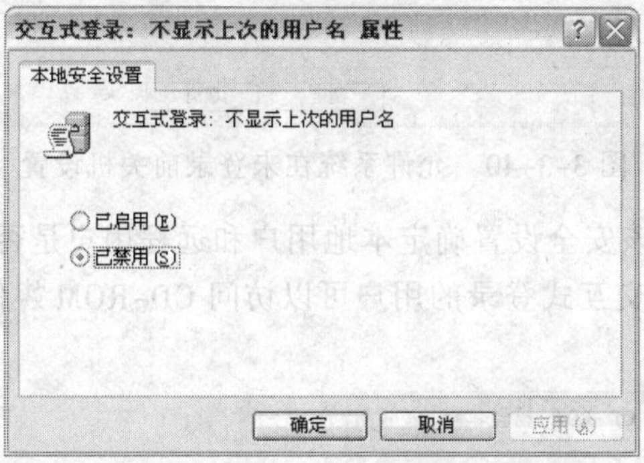

图 3-3-35　不显示上次的用户名设置

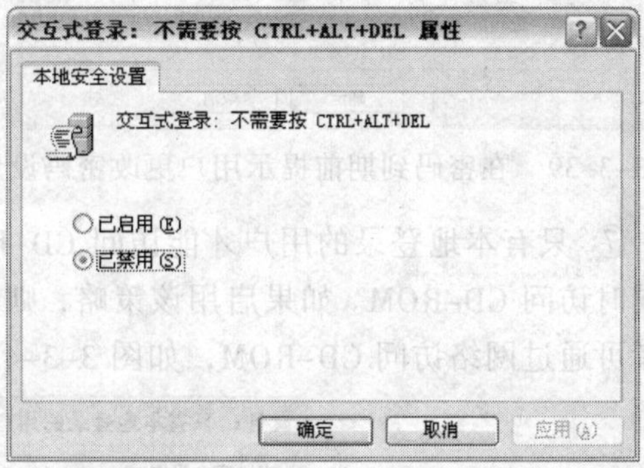

图 3-3-36　不需要按【Ctrl+Alt+Del】组合键设置

③ 用户试图登录时消息标题：该安全设置是指用户试图登录时消息文字所在窗口的标题栏中显示标题说明。可根据用户需要添加登录消息标题，如图 3-3-37 所示。

④ 用户试图登录时消息文字：该安全设置指定用户登录时显示的文本消息，例如警告用户不得以任何方式滥用公司信息或者警告用户其操作可能会受到审核等。可根据用户需要添加登录时的消息文字，如图 3-3-38 所示。

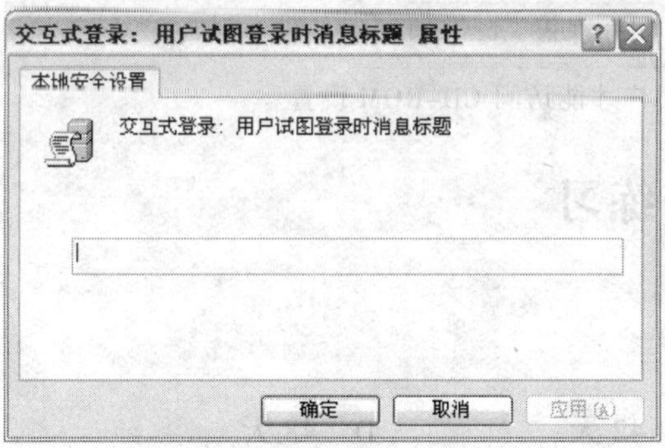

图 3-3-37　用户试图登录时消息标题设置

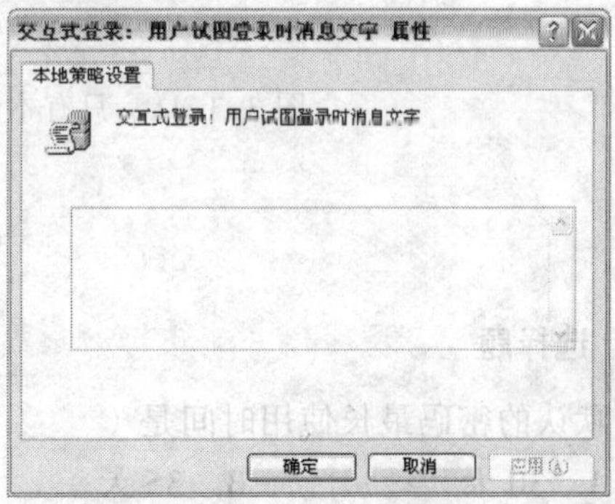

图 3-3-38　用户试图登录时消息文字设置

⑤ 在密码到期前提示用户更改密码：该安全设置确定提前多长时间（单位为天）警告用户其密码将过期。通过这种提前警告，用户可以有时间创建足够安全、可靠的密码。默认设置为 14 天，如图 3-3-39 所示。

⑥ 允许系统在未登录前关机：该安全设置确定是否无需登录到 Windows 即可关闭计算机。如果启用此策略，Windows 登录屏幕上的“关机”选项可用。如果禁用此策略，则 Windows 登录屏幕上不会显示关闭计算机的选项。用户必须能成功登录到计算机并具有关闭系统的用户权限，才可以关闭系统。如果有时需要在未登录前关机，则可以将此策略启用，如图 3-3-40 所示。

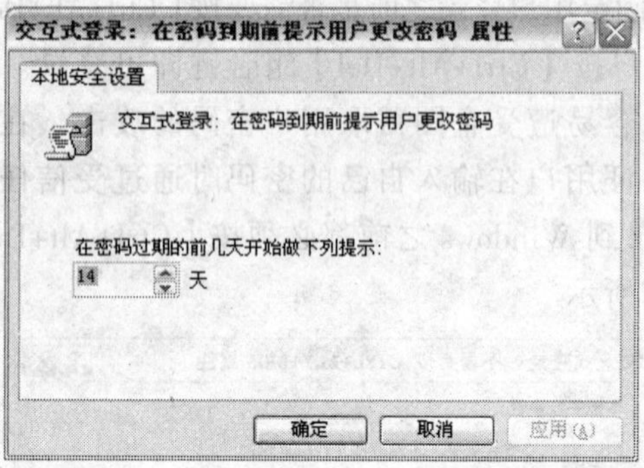

图 3-3-39 在密码到期前提示用户更改密码设置

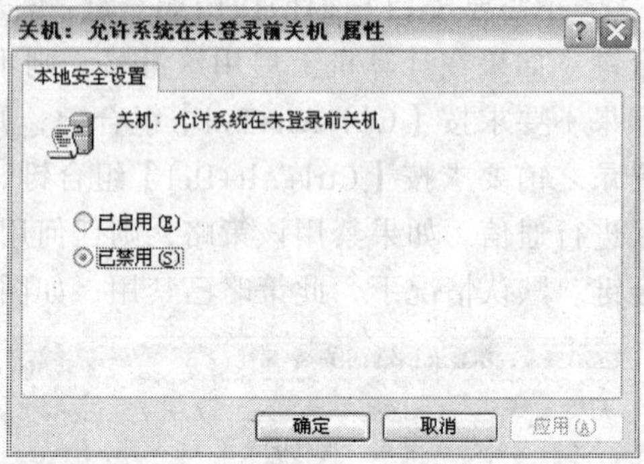

图 3-3-40 允许系统在未登录前关机设置

⑦ 只有本地登录的用户才能访问 CD-ROM：该安全设置确定本地用户和远程用户是否可以同时访问 CD-ROM。如果启用该策略，则仅允许交互式登录的用户可以访问 CD-ROM 媒体，或者可通过网络访问 CD-ROM，如图 3-3-41 所示。

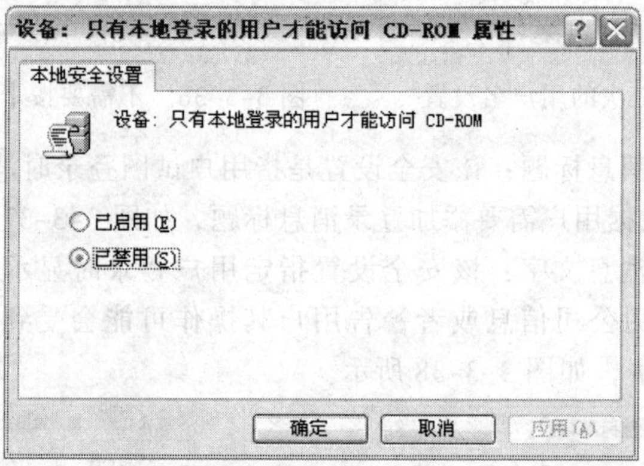

图 3-3-41 只有本地登录的用户才能访问 CD-ROM 设置

思考与练习

一、选择题

1. 默认的密码最长使用时间是（　　）。

   A. 30 天　　B. 35 天　　C. 42 天　　D. 48 天

2. 安全密码的长度最短应该是（　　）。

   A. 3 位　　B. 5 位　　C. 7 位　　D. 9 位

3. 如果想实现登录时不显示上次的登录名，应该在（　　）中设置。

   A. 用户权利指派　　B. 安全选项　　C. 用户策略　　D. 审核策略

4. 关于账户锁定的描述正确的是（　　）。
   A. 当账户锁定后，将永远无法使用
   B. 账户锁定时间为 0，则必须由管理员解锁，否则一直无法使用
   C. 如果账户锁定时间为 30 分钟，那么 30 分钟后账户将自动解锁
   D. 管理员账户也会被解锁
5. 默认的本地安全策略中，密码的设置必须满足复杂性吗？（　　）
   A. 是　　　　B. 否

二、操作题

应用本地安全策略管理用户环境，并通过账户策略和本地策略管理计算机。

3.4 【案例 9】使用灾难恢复工具保护系统和数据的安全

案例效果

计算机在工作时会遇到各种意外情况，例如，硬盘损坏、病毒感染和误操作等，这些都可能导致数据的丢失，甚至导致操作系统的彻底崩溃。为了在出现意外情况时尽量减少数据的损失并尽快恢复数据，就需要提前准备好相应的措施，做好灾难恢复的计划，例如，操作系统和用户数据的备份等。

操作步骤

1. 使用 ntbackup.exe 工具进行数据备份

（1）选择“开始”→“运行”命令，打开“运行”对话框。在“打开”文本框中输入 ntbackup，如图 3-4-1 所示。

（2）单击“确定”按钮后打开“备份或还原向导”对话框，如图 3-4-2 所示。

图 3-4-1　“运行”对话框

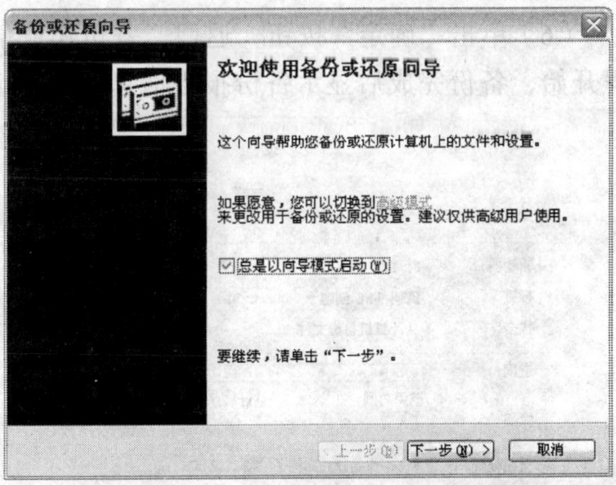

图 3-4-2　“备份或还原向导”对话框

（3）单击“高级模式”超链接，打开备份工具对话框，切换到“备份”选项卡，选择需要备份的数据和备份数据的存储路径，如图 3-4-3 所示。

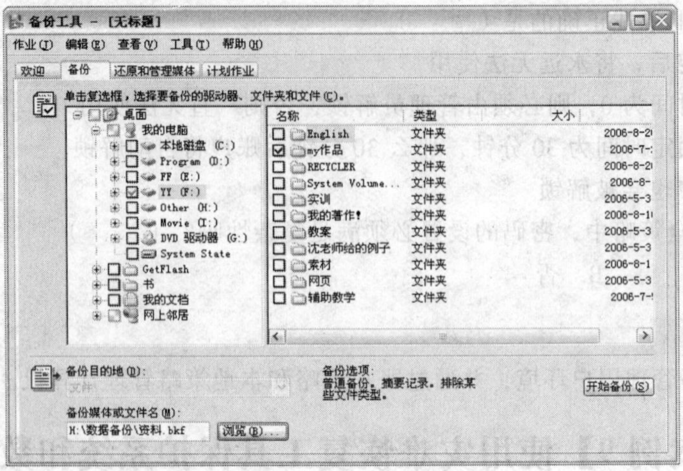

图 3-4-3 “备份”选项卡

（4）单击“开始备份”按钮，打开“备份作业信息”对话框，如图 3-4-4 所示。

（5）在“备份作业信息”对话框中单击“高级”按钮，打开“高级备份选项”对话框，在“备份类型”下拉列表中选择备份类型，如图 3-4-5 所示。

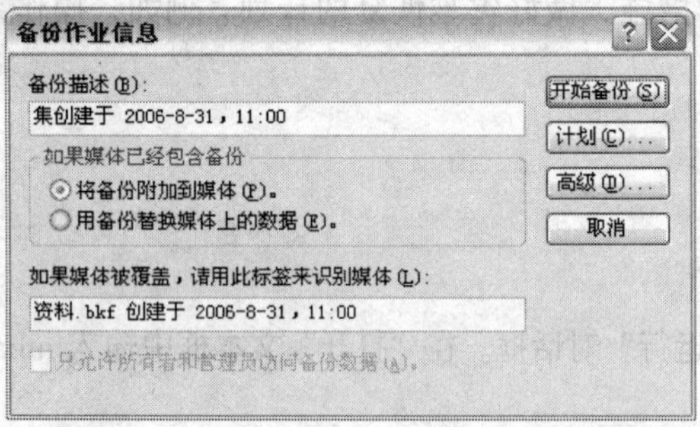

图 3-4-4 “备份作业信息”对话框

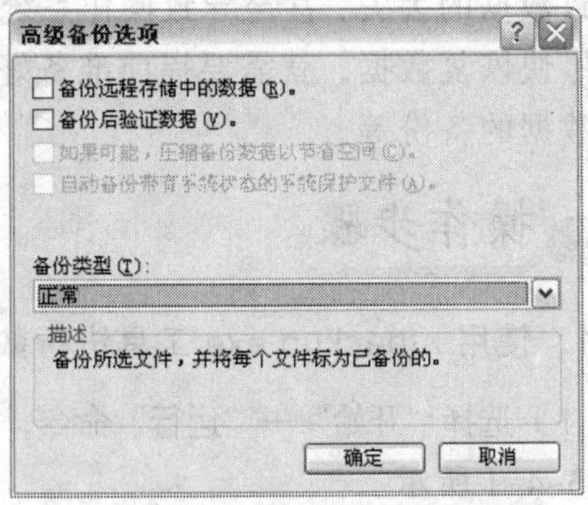

图 3-4-5 “高级备份选项”对话框

（6）单击“确定”按钮，返回“备份作业信息”对话框，单击“开始备份”按钮，备份过程开始，备份完成后显示备份报告信息，如图 3-4-6 所示。

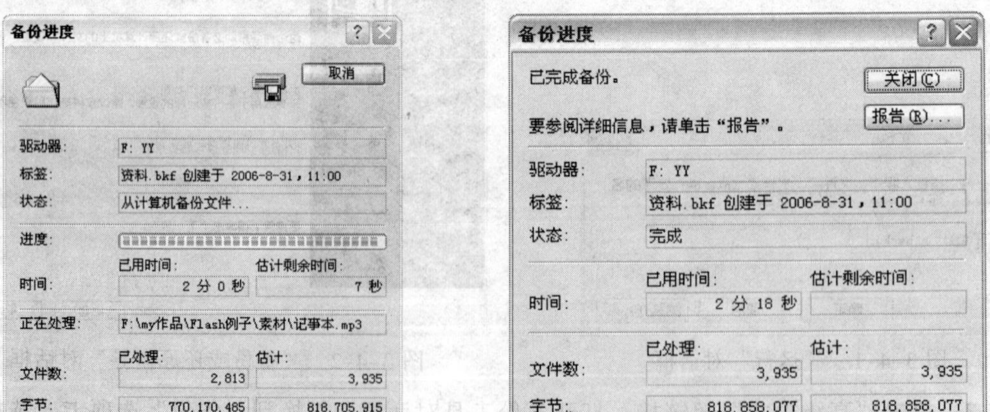

图 3-4-6 “备份进度”对话框

（7）完成备份后的设备图标如图 3-4-7 所示。

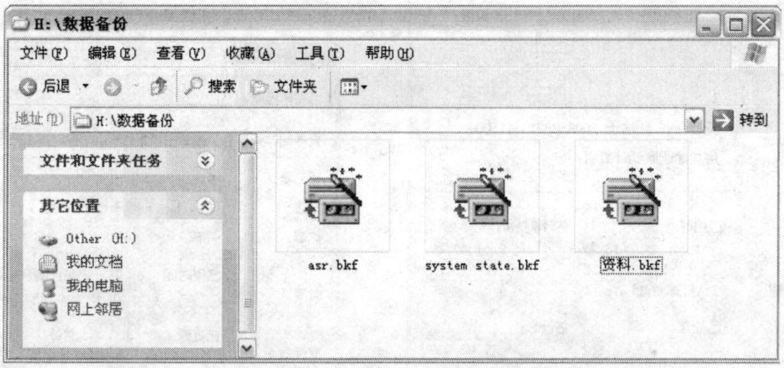

图 3-4-7　备份后的设备图标

2. 使用 ntbackup.exe 工具进行数据还原

（1）打开备份工具对话框，单击“还原和管理媒体”标签，切换到“还原和管理媒体”选项卡，选中需要还原的文件或文件夹，如图 3-4-8 所示。

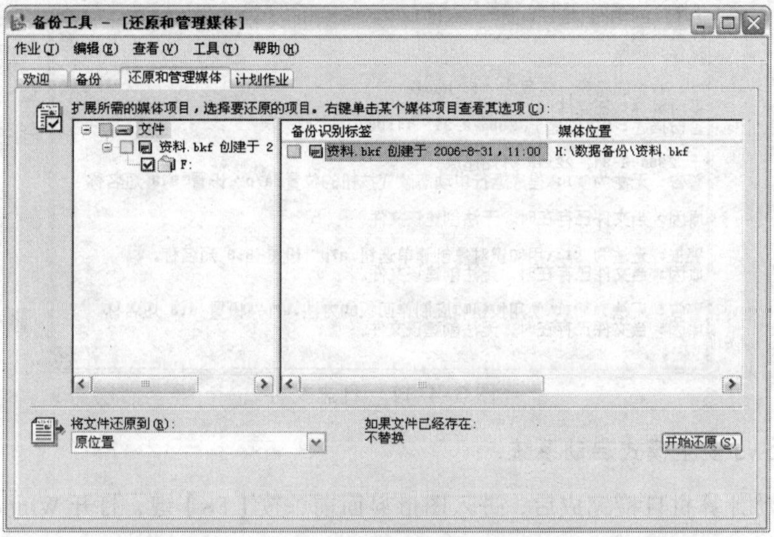

图 3-4-8　“还原和管理媒体”选项卡

（2）单击“开始还原”按钮，打开“确认还原”对话框，如图 3-4-9 所示。

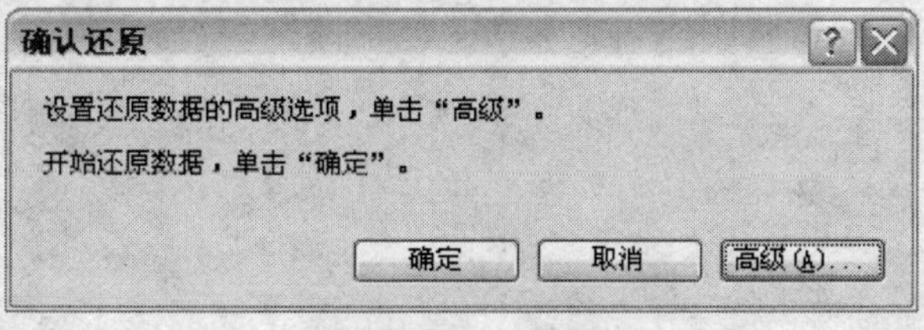

图 3-4-9　“确认还原”对话框

（3）单击“确定”按钮，打开“还原进度”对话框，还原进行时和还原完成后如图 3-4-10 所示。

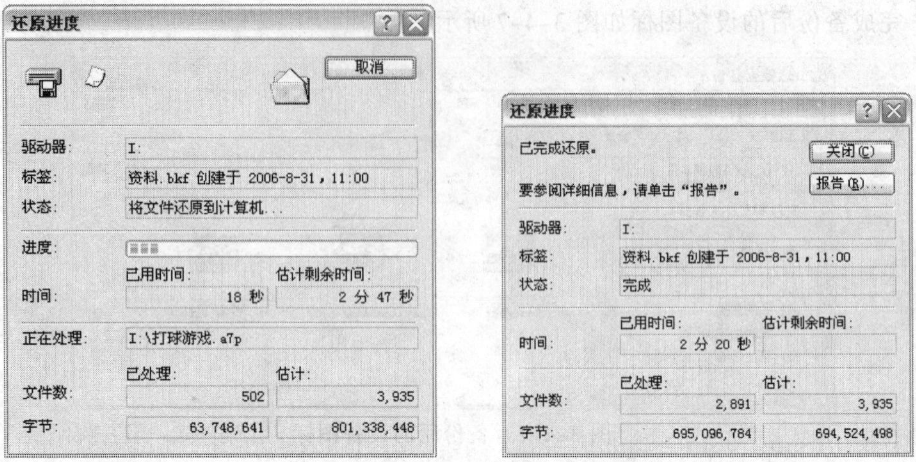

图 3-4-10 “还原进度”对话框

（4）单击“还原进度”对话框中的“报告”按钮，打开日志文件，如图 3-4-11 所示。

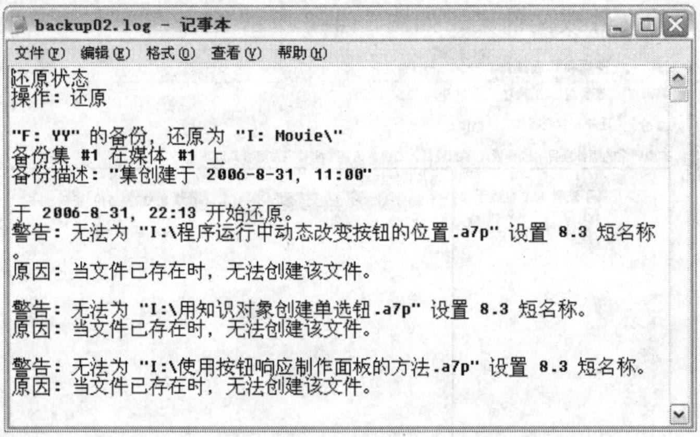

图 3-4-11 日志文件

3. Windows 安全模式启动系统

（1）在启动计算机自检完成后，进入图形界面前，按【F8】键，打开 Windows 高级选项菜单，如图 3-4-12 所示。

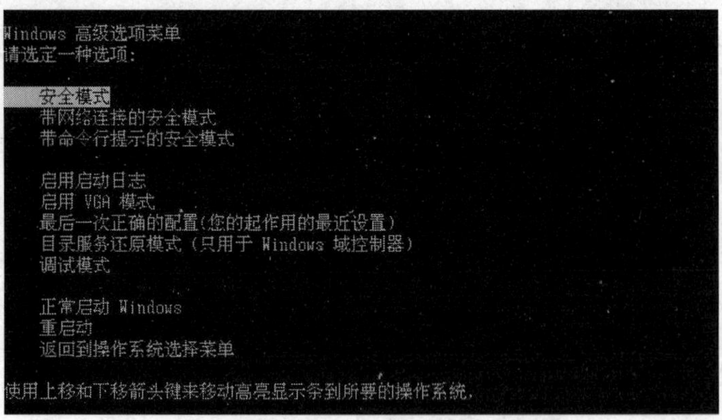

图 3-4-12 安全模式高级选项菜单

（2）在此窗口中利用方向键选择启动模式，然后按【Enter】键，操作系统即可进入相应的模式。用户也可以选择“正常启动 Windows”或“重启动”项。

4. 恢复控制台的安装和使用

（1）将 Windows Server 2003 安装光盘放入光驱。

（2）选择“开始”→“运行”命令，打开“运行”对话框。在“打开”文本框中输入“d:\i386\winnt32 /cmdcons”，此时光驱盘符为 d，如图 3-4-13 所示。

（3）单击“确定”按钮后，系统提示安装需要的磁盘空间等信息，如图 3-4-14 所示。

图 3-4-13　“运行”对话框

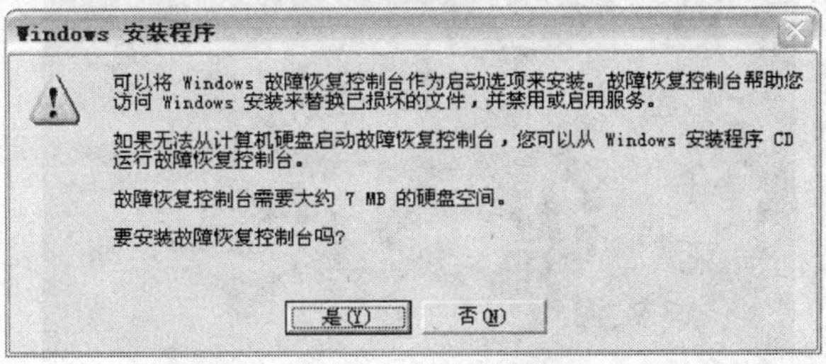

图 3-4-14　“Windows 安装程序”对话框

（4）单击“是”按钮，开始安装，此时安装程序会在线检测 Microsoft 公司站点，进行动态更新，如图 3-4-15 所示。

（5）单击“下一步”按钮后开始复制文件，如图 3-4-16 所示。

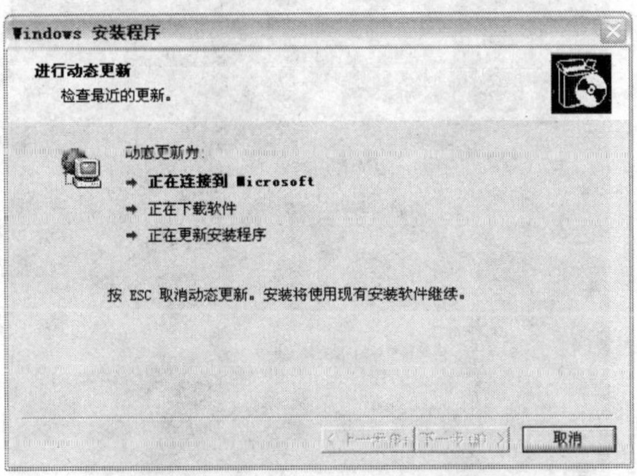

图 3-4-15　动态更新对话框

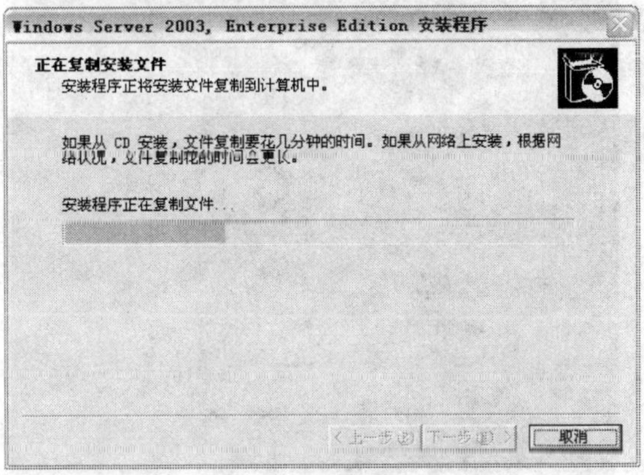

图 3-4-16　复制文件对话框

（6）文件复制完成后完成控制台的安装，如图 3-4-17 所示。

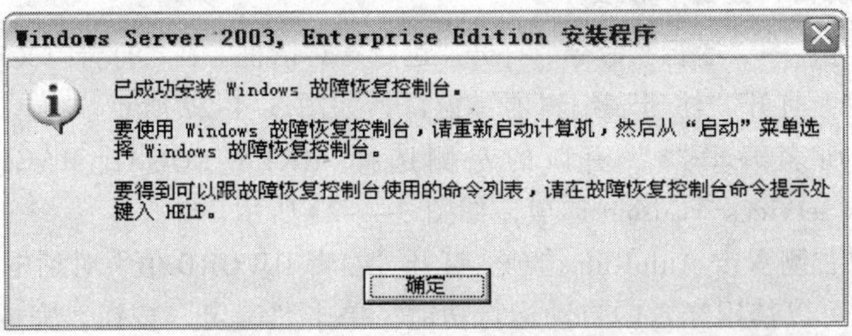

图 3-4-17　安装完成对话框

(7)重新启动计算机，在启动菜单中选择 Microsoft Windows Recovery Console 选项，如图 3-4-18 所示，然后按【Enter】键。

(8)如果磁盘中安装了多个操作系统，系统会提示进入哪一个操作系统，并输入系统管理员的密码，如图 3-4-19 所示。

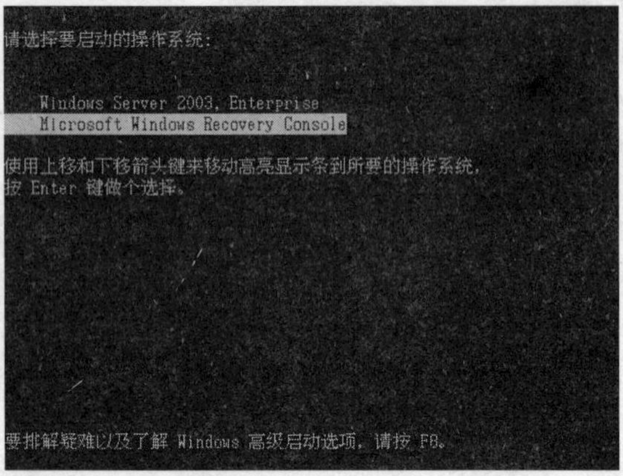

图 3-4-18 选择 Microsoft Windows Recovery Console 选项

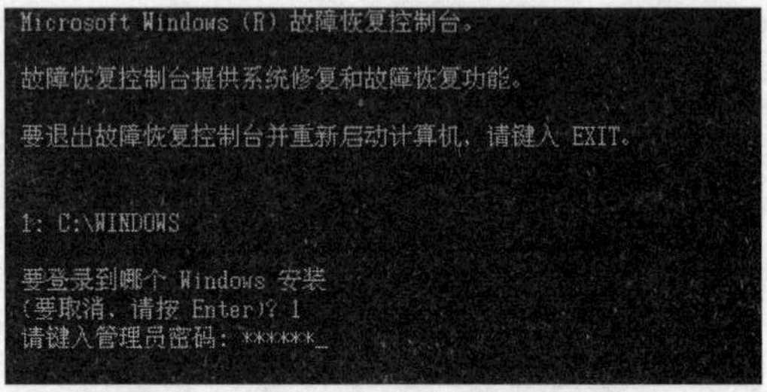

图 3-4-19 系统提示进入哪一个操作系统

(9)出现提示符后可以输入控制台下的命令，例如使用 help 命令显示控制台的所有命令，如图 3-4-20 所示。

(10)使用 listsvc 命令列出计算机上可用的服务和驱动程序，如图 3-4-21 所示。

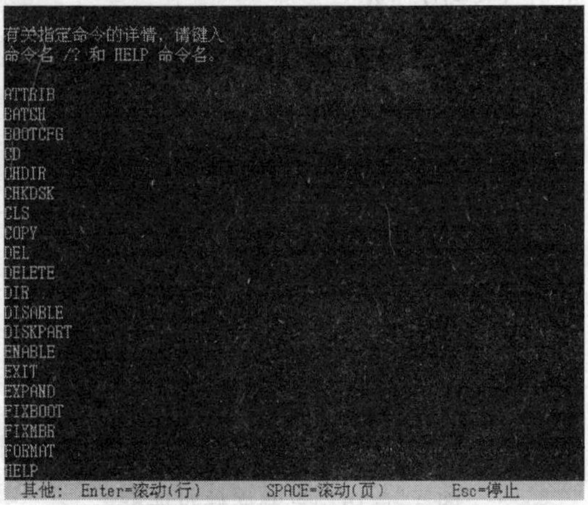

图 3-4-20 控制台下使用 help 命令

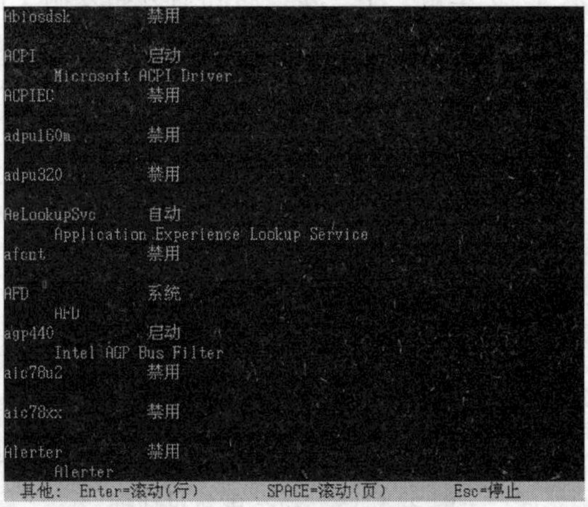

图 3-4-21 控制台下使用 listsvc 命令

5. 注册表的编辑、备份和恢复

(1)选择"开始"→"运行"命令，打开"运行"对话框。在"打开"文本框中输入 regedit，单击"确定"按钮，打开"注册表编辑器"窗口，如图 3-4-22 所示。

(2)在"注册表编辑器"窗口的左侧选择 HKEY_LOCAL_MACHINE→SYSTEM→CurrentControlSet→Services→Cdrom 选项，如图 3-4-23 所示。

(3)在窗口的右侧双击 AutoRun 选项，打开"编辑 DWORD 值"对话框，并在"数值数据"文本框中输入 0，可以禁用光盘的自动运行功能。单击"确定"按钮，完成注册表的修改，如图 3-4-24 所示。

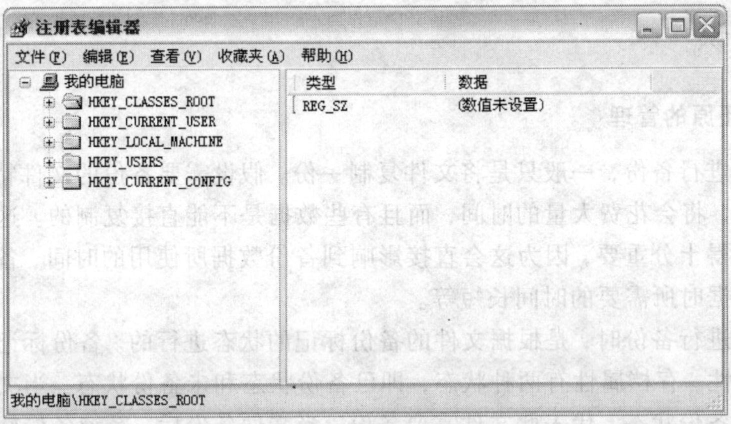

图 3-4-22　“注册表编辑器”窗口

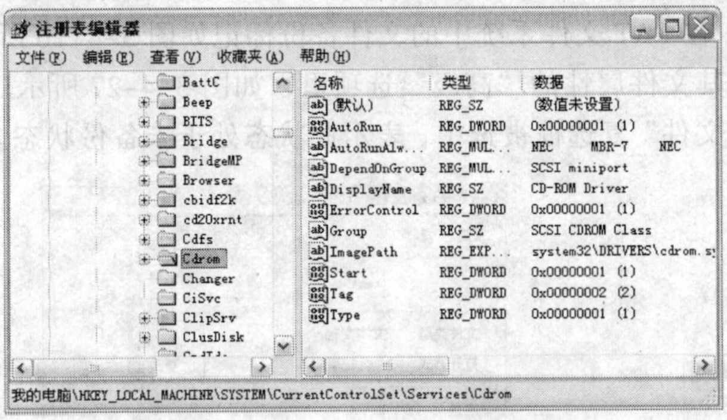

图 3-4-23　Cdrom 展开界面

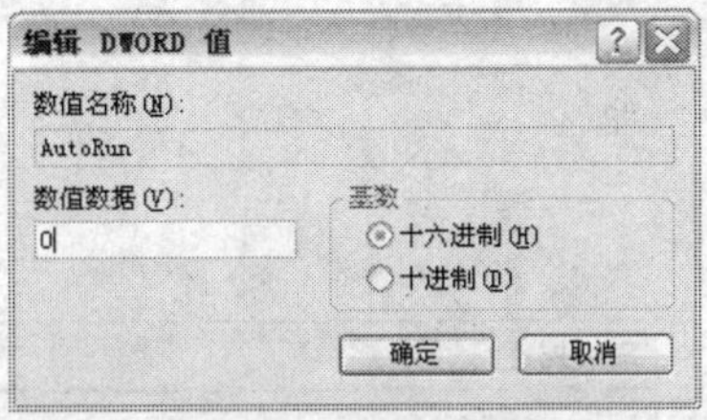

图 3-4-24　“编辑 DWORD 值”对话框

（4）在“注册表编辑器”窗口中选择“文件”→“导出”命令，打开“导出注册表文件”对话框，输入相应的文件名后单击“保存”按钮即可，如图 3-4-25 所示。

图 3-4-25　“导出注册表文件”对话框

相关知识

1. 备份和还原的管理

以往对文件进行备份，一般只是将文件复制一份。假设需要备份的文件特别大，如果还用直接复制的方法，将会花费大量的时间，而且有些数据是不能直接复制的。这时选择一个最佳的备份类型就显得十分重要，因为这会直接影响到备份数据所使用的时间、备份设备数量的多少及将来恢复数据时所需要的时间长短等。

系统对文件进行备份时，是根据文件的备份标记的状态进行的。备份标记是文件的一个属性，又称存档属性。存档属性有两种状态，即已备份状态和未备份状态。当文件创建或修改后就会自动处于未备份状态，代表此文件需要备份。当文件备份后，系统备份软件可以将备份过的文件设置为已备份状态，代表此文件已经备份过。在 Windows 的备份工具中，也有备份类型在备份后会保持备份标记的原有状态不变。在 FAT 文件系统中的文件备份标记如图 3-4-26 所示，NTFS 文件系统中的文件的备份标记在其文件属性的“高级”选项里，如图 3-4-27 所示。如果在文件属性中的“存档”或“可以存档文件”复选框被选中，表示此状态处于未备份状态。

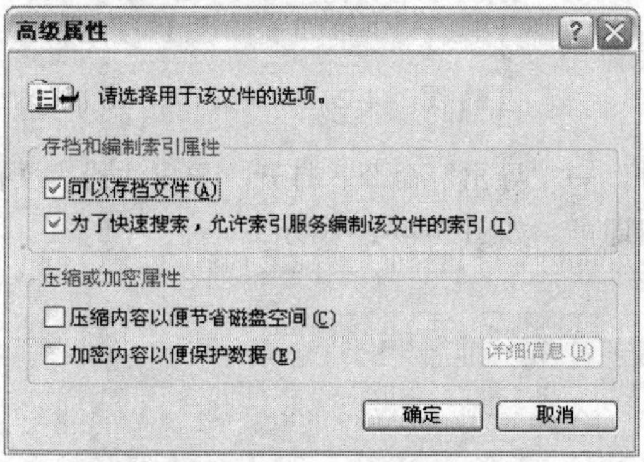

图 3-4-26 “高级属性”对话框

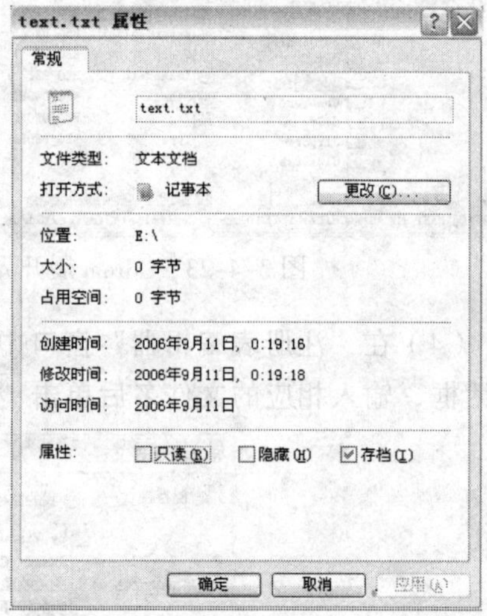

图 3-4-27 NTFS 文件系统中文件备份标记

Windows Server 2003 的备份类型主要有以下 5 种。

（1）正常备份（normal backup）：正常备份用于复制所有选定的文件，并且在备份后标记每个文件，并将其备份标记为已备份状态，存档属性将被清除。使用正常备份，用户只需备份文件或磁带的最新副本就可以还原所有文件。通常，在首次创建备份集时执行一次正常备份。

（2）副本备份（copy backup）：副本备份可以复制所有选定的文件，但不将这些文件标记为已经备份，并不清除存档属性。副本备份完成后不会修改备份标记的状态，所以不会影响其他备份方式的执行。用户可以在某个常规备份和增量备份或差异备份的计划中执行副本备份，一旦数据出现问题，可以快速恢复为副本备份时的状态。另外，如果在常规备份和增量备份或差异备份的计划中需对数据进行永久性存档，也可以利用副本备份。

（3）增量备份（incremental backup）：增量备份仅备份自上次正常或增量备份以来创建或

者更改的文件。它将文件标记为已经备份，存档属性将被清除。如果用户将正常备份和增量备份结合使用，至少需要具有最后一次的正常备份集和所有增量备份集合来还原数据。增量备份每次只会备份过去没有备份过的内容，所以备份速度很快，但恢复数据较为麻烦。

（4）差异备份（differential backup）：差异备份用于备份自上次正常或增量备份以来所创建或者更改的文件，也就是备份那些标记为“未备份”的文件。它不将文件标记为已经备份，不清除存档属性，而是保持备份标记的原有状态。如果用户执行正常备份和差异备份的组合，则在数据恢复时需要最后一次常规备份和最后一次差异备份来恢复数据。

（5）每日备份（daily backup）：每日备份用于复制执行每日备份的当天更改过的所有选定文件。备份的文件将不会标记为已经备份，不清除存档属性，而是保持备份标记的原有状态。

在备份的过程中，经常把几种备份组合应用。组合使用正常备份和增量备份来备份数据时，虽然需要最少的存储空间，并且是最快的备份方法，然而在恢复数据文件时比较麻烦，因为备份可能存储在几个磁盘或磁带上，恢复数据时需要所有的增量备份和第一次常规备份。组合使用正常备份和差异备份来备份数据时更加耗时，尤其当数据经常更改时，但是它更容易还原数据，恢复数据时只需要最后一次差异备份和第一次常规备份即可还原数据。

2. Windows 恢复控制台

当操作系统出现故障时，用户可以使用安全模式进入系统进行修复。但是如果安全模式和其他启动选项都不起作用时，可以考虑使用故障修复控制台。只有高级用户才建议使用此方法，因为控制台中都是以命令的形式进行操作的，同时需要 Administrator 账号的密码才能使用故障恢复控制台。

使用故障恢复控制台可以启用和禁用服务，格式化驱动器，在本地驱动器上读/写数据（包括使用 NTFS 格式化驱动器），并执行许多其他管理任务。如果需要通过从软盘或 CD-ROM 复制一个文件到硬盘来修复系统，或者需要对一个阻止计算机正常启动的服务进行重新配置，故障恢复控制台将特别有用。

进入故障恢复控制台后，用户可以通过控制台的命令进行各种操作。可以利用 help 命令列出所有的命令信息，也可以在每个命令后加上“/?”，列出当前命令的详细使用方法。在控制台中使用的命令如表 3-4-1 所示。

表 3-4-1　控制台中使用的命令

命　令	功　能
attrib	更改文件或目录的属性
batch	执行文本文件中的指定命令
bootcfg	引导文件（boot.ini）的配置和恢复
chDir（cd）	显示当前目录名称，或者更改当前的目录
chkdsk	检查磁盘并显示状态报告
cls	清除屏幕
copy	将单个文件复制到其他位置
delete（del）	删除一个或多个文件
dir	显示目录中的文件和子目录列表

续表

命 令	功 能
disable	禁用系统服务或者设备驱动程序
Diskpart	管理硬盘分区
Enable	开始或者启用系统服务或设备驱动程序
exit	退出故障恢复控制台并重新启动计算机
fixboot	将新的分区引导扇区写到系统分区
fixmbr	修复引导扇区分区的主引导记录
format	格式化磁盘
help	显示在故障恢复控制台使用的命令列表
listsvc	列出计算机上可用的服务和驱动程序
logon	登录到 Windows 操作系统安装
mkdir（md）	创建目录
more（type）	显示文本文件
rename（ren）	重新命名单个文件
rmdir（rd）	删除目录
set	显示和设置环境变量
systemroot	将当前目录设置为当前登录的系统的 systemroot 目录

3. Windows 安全模式

如果计算机不能启动，可以从安全模式启动。在安全模式中，Windows 使用默认设置（VGA 监视器、Microsoft 鼠标驱动程序、无网络连接和启动 Windows 所需的最少设备驱动程序）。例如，如果安装新的软件后计算机无法启动，可以在安全模式下以最少的服务启动，然后改变计算机的设置，或者删除引起问题的新安装的软件。

（1）安全模式选项：安全模式只使用基本文件和驱动程序（鼠标、监视器、键盘、大容量存储器、基本视频、默认系统服务以及无网络连接）启动。如果采用安全模式不能成功启动计算机，则可能需要使用故障恢复控制台来修复系统。

① 带网络连接的安全模式，只使用基本文件和驱动程序以及网络连接启动。

② 带命令行提示的安全模式，只使用基本的文件和驱动程序启动。登录后，屏幕出现命令提示符，而不是 Windows 桌面、“开始” 菜单和任务栏。

③ 启用启动日志，启动时将由系统加载（或没有加载）的所有驱动程序和服务记录到文件。该文件称为 ntbtlog.txt，它位于%systemroot%目录中。安全模式、带网络连接的安全模式和带命令提示符的安全模式，会将一个加载的所有驱动程序和服务的列表添加到启动日志。启动日志对于确定系统启动问题的准确原因很有用。

④ 启用 VGA 模式，使用当前安装的视频驱动程序以最低的分辨率启动计算机。当在安全模式（安全模式、网络安全模式或命令提示符的安全模式）下启动时，总是使用基本的视频驱动程序。

⑤ 最后一次正确的配置（您的起作用的最近设置），使用 Windows 上一次登录时所保存的

注册表信息和驱动程序来启动。自上次成功登录以来所做的任何驱动程序设置或其他系统设置更改都将丢失。只在配置不正确时使用。

⑥ 目录服务还原模式（只用于 Windows 域控制器），这是针对服务器操作系统的，并只用于恢复域控制器上的 SYSVOL 目录和 Active Directory 目录服务。

⑦ 调试模式，启动时通过串行电缆将调试信息发送到另一台计算机。必须将串行电缆连接到波特率设置为 115 200 的 COM1 端口。

（2）Msconfig 程序的应用：Msconfig.exe 是系统自带的系统配置实用程序，用户可以利用此工具判断和诊断操作系统的配置问题。用户必须作为管理员或 Administrators 组的成员登录才能使用系统配置实用程序。选择“开始”→“运行”命令，打开“运行”对话框。在“打开”文本框中输入 msconfig，单击“确定”按钮，打开“系统配置实用程序”对话框，如图 3-4-28 所示。“系统配置实用程序”对话框由 6 个选项卡组成。

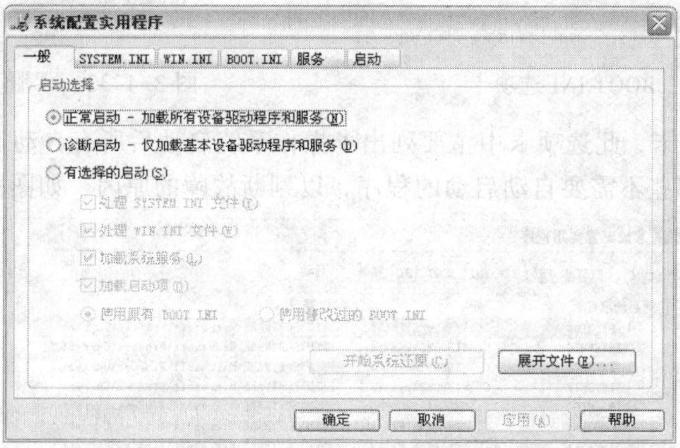

图 3-4-28　“系统配置实用程序”对话框

①“一般”选项卡，可以选择操作系统的启动类型是正常启动、诊断启动还是有选择的启动。用户如果选择“有选择的启动”，可以选择具体对哪些服务启动或禁用。

② SYSTEM.INI 选项卡和 WIN.INI 选项卡，这两个选项卡中设置了与操作系统有关的配置信息，例如，字体、驱动程序等。用户可以选择或取消相关的选项，以判断操作系统的故障所在，如图 3-4-29 和图 3-4-30 所示。

图 3-4-29　SYSTEM.INI 选项卡

图 3-4-30　WIN.INI 选项卡

③ BOOT.INI 选项卡，主要和操作系统启动菜单列表有关，用户在此选项卡中可以设置默认启动的操作系统和超时时间，并可以设置一些启动的参数，如图 3-4-31 所示。

④“服务”选项卡，此选项卡中列出了当前操作系统中的所有服务，用户可以通过复选框来选择服务的启动或停止，如图 3-4-32 所示。

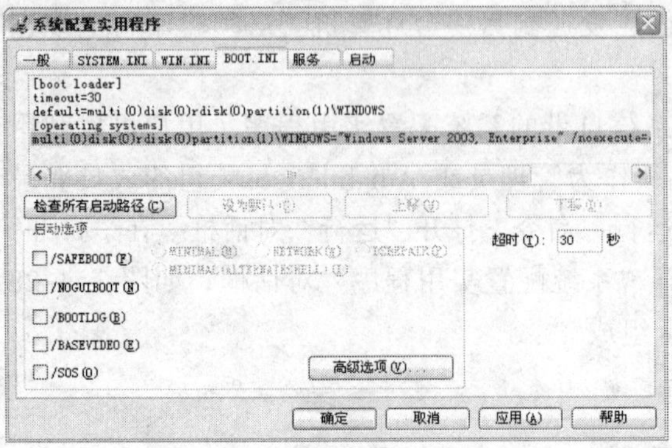

图 3-4-31 BOOT.INI 选项卡

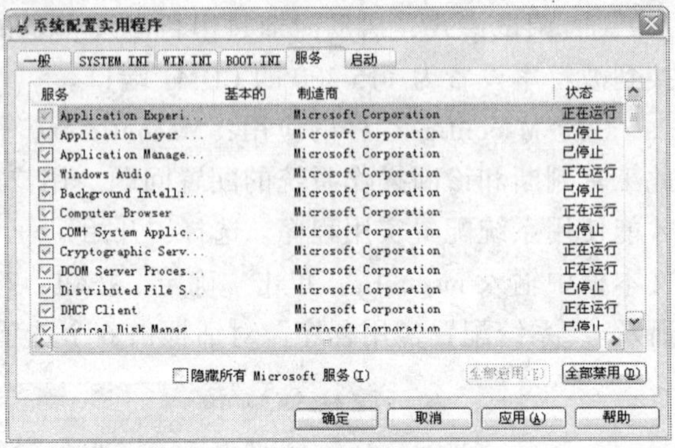

图 3-4-32 “服务”选项卡

⑤“启动”选项卡，此选项卡中主要列出了操作系统启动后所有自动运行的程序，用户可以通过复选框取消那些不需要自动启动的程序，以判断故障的原因，如图 3-4-33 所示。

图 3-4-33 “启动”选项卡

4. 管理注册表

“注册表编辑器”是用来查看和更改系统注册表设置的高级工具，其中包含计算机运行方式的信息。Windows 将其配置信息保存在组织成树状格式的数据库（即注册表）中。注册表是一个层级式的数据库，数据库中存储了当前操作系统中的配置信息。注册表共分为五个部分，如表 3-4-2 所示。

表 3-4-2 注册表的组成

组　　成	内　　容
HKEY_LOCAL_MACHINE	包含关于本地计算机系统的信息，包括硬件和操作系统数据，如总线类型、系统内存、设备驱动程序和启动控制数据
HKEY_CLASSES_ROOT	包含用于各种 OLE 技术和文件类关联数据的信息

续表

组　　成	内　　容
HKEY_CURRENT_USER	包含当前以交互方式（与远程方式相反）登录的用户的用户配置文件，包括环境变量、桌面设置、网络连接、打印机和程序首选项
HKEY_USERS	包含关于动态加载的用户配置文件和默认的配置文件的信息
HKEY_CURRENT_CONFIG	包含在启动时由本地计算机系统使用的硬件配置文件的相关信息。该信息用于进行一些设置，如要加载的设备驱动程序、显示时要使用的分辨率

思考与练习

一、选择题

1. 文档的（　　）属性和备份有关。

   A. 系统　　B. 只读　　C. 隐藏　　D. 存档

2. （　　）方式在备份时，不会备份上次备份过的内容。

   A. 常规备份　　B. 增量备份　　C. 差异备份　　D. 副本备份

3. 备份文件又称为备份媒体，它的扩展名是（　　）。

   A. .bak　　B. .bkf　　C. .wbk　　D. 没有扩展名

4. 安装故障恢复控制台的命令参数是（　　）。

   A. Winnt32 /installcons　　B. Winnt32 /cmdcons

   C. Winnt32 /setupcons　　D. Winnt32 /setcons

二、操作题

1. 对系统数据进行备份和恢复。
2. 利用安全模式、故障恢复控制台和注册表来维护系统信息。

第 4 章　企业网络资源共享

4.1　【案例 10】管理共享文件夹

案例效果

通过对本案例的学习，了解在网络中实现信息共享的相关知识，掌握在操作系统中实现信息资源共享以及共享权限设置与管理的实际操作。

操作步骤

1. 创建共享文件夹

（1）以具有管理共享权限的用户登录计算机。

（2）选中需要共享的文件夹，例如新建一个名称为“新建文件夹”的空白文件夹。右击该“新建文件夹”图标，在弹出的快捷菜单中选择“属性”命令，打开“新建文件夹属性”对话框，如图 4-1-1 所示。

（3）单击“共享”标签，切换到“共享”选项卡，如图 4-1-2 所示。

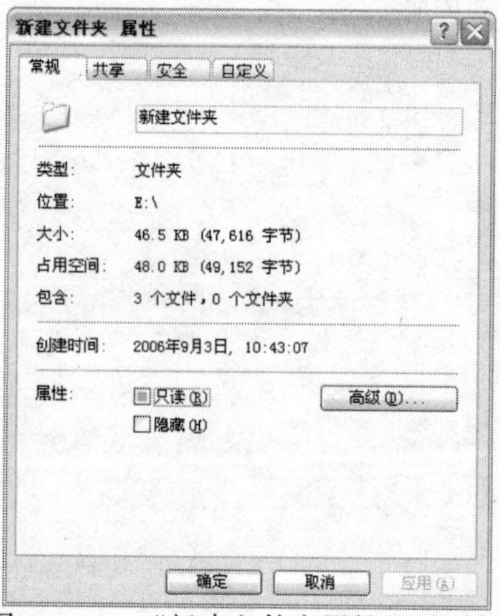

图 4-1-1　“新建文件夹属性”对话框

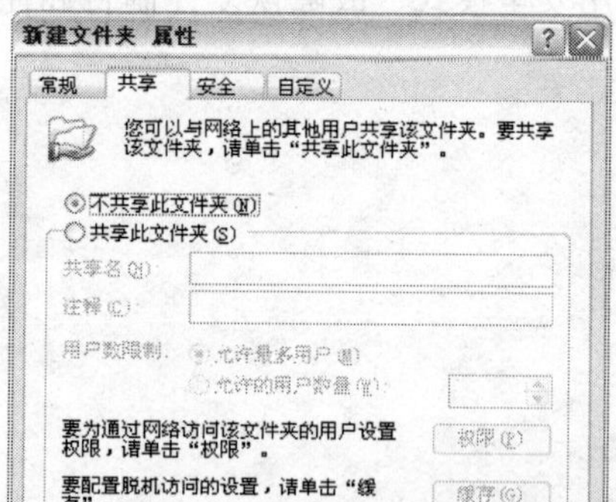

图 4-1-2　“共享”选项卡

（4）选中“共享此文件夹”单选按钮，输入相应的共享名和注释等信息，设置最多 10 个用户可以同时访问此共享文件夹，如图 4-1-3 所示。

（5）单击“确定”按钮，完成共享文件夹的设置。

2．停止共享文件夹

对于不再使用共享方式的文件夹可以将其停止共享。常用方法主要有以下两种。

（1）方法一：利用“新建文件夹”的属性对话框停止共享。

① 以具有停止共享权限的用户登录计算机。

② 选中需要停止共享的文件夹，右击“新建文件夹”图标，在弹出的快捷菜单中选择“属性”命令，打开“新建文件夹属性”对话框，如图 4-1-4 所示。

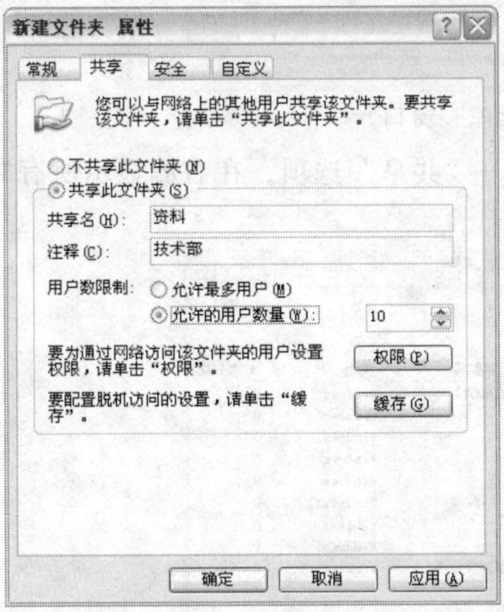

图 4-1-3　设置共享义件夹

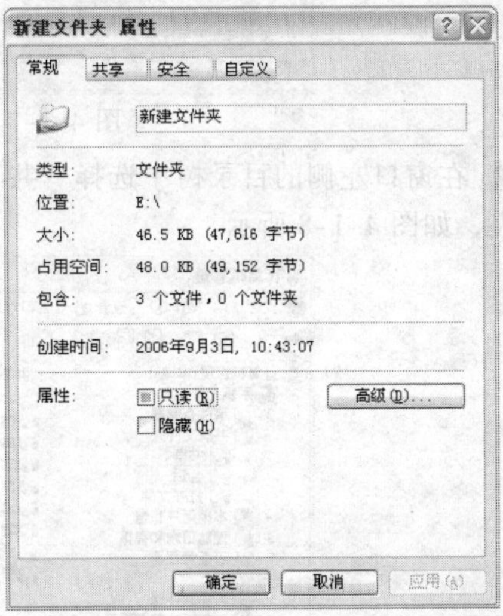

图 4-1 4　“新建文件夹属性”对话框

③ 单击“共享”标签，切换到“共享”选项卡，如图 4-1-5 所示。

④ 选中“不共享此文件夹”单选按钮，如图 4-1-6 所示，单击“确定”按钮，即可停止共享。

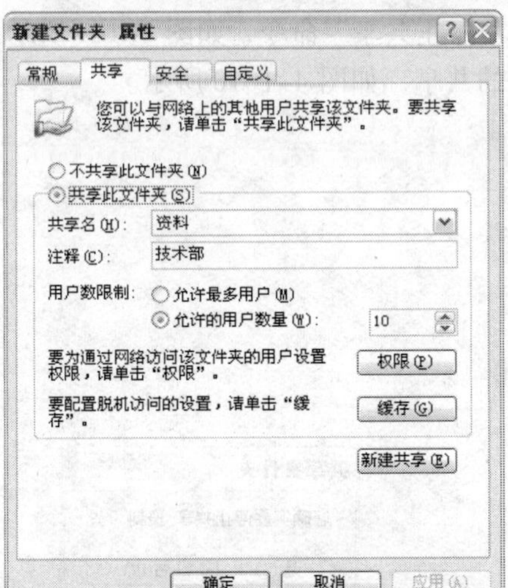

图 4-1-5　“共享”选项卡

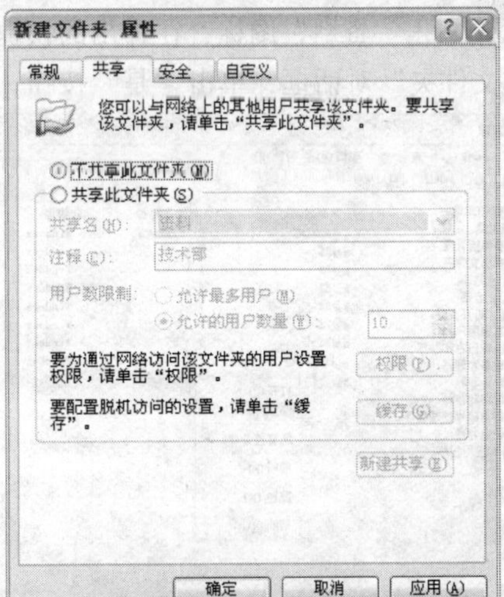

图 4-1-6　停止文件夹共享对话框

（2）方法二：利用“计算机管理”工具窗口删除。

① 右击“我的电脑”图标，在弹出的快捷菜单中选择“管理”命令，打开“计算机管理”窗口，如图 4-1-7 所示。

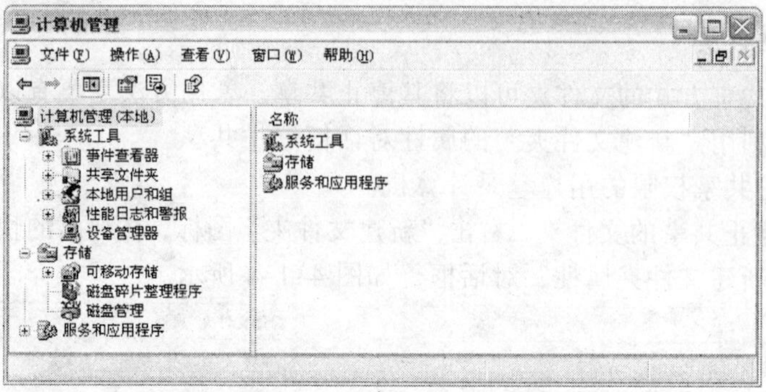

图 4-1-7 “计算机管理”窗口

② 在窗口左侧的目录树中选择“共享文件夹”→“共享”选项，在右侧显示所有共享的文件夹，如图 4-1-8 所示。

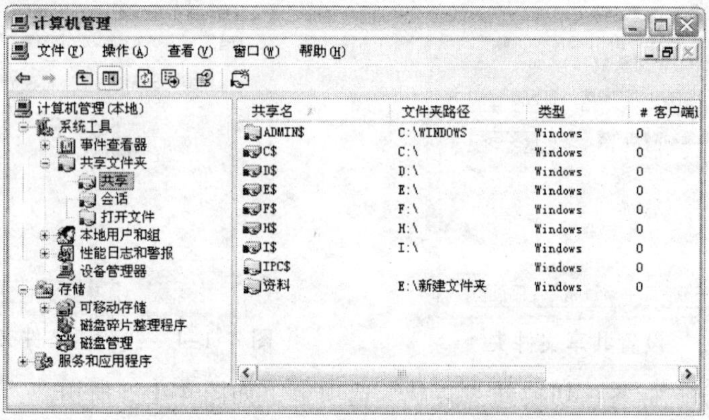

图 4-1-8 “共享”展开界面

③ 右击“资料”图标，在弹出的快捷菜单中选择“停止共享”命令，如图 4-1-9 所示。打开“共享文件夹”对话框，单击“是”按钮，停止文件夹的共享，如图 4-1-10 所示。

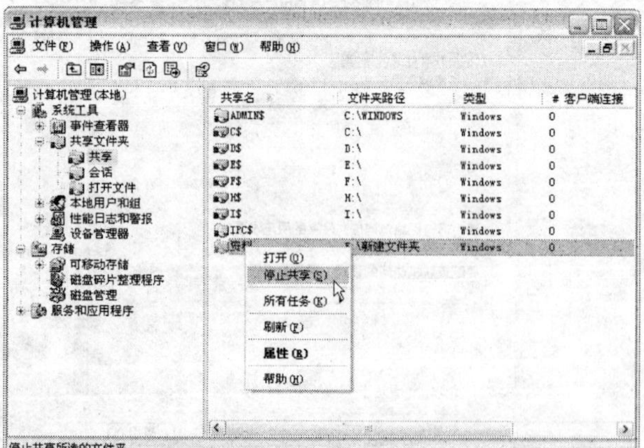

图 4-1-9 停止共享文件夹菜单

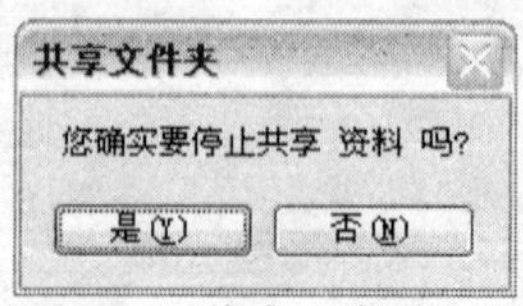

图 4-1-10 “共享文件夹”对话框

相关知识

文件资源是网络中经常使用的资源之一，Microsoft 公司的每个 Windows 操作系统都提供文件夹共享的功能，而服务器操作系统 Windows Server 2003 同样可以很方便地创建和管理共享文件夹。

1. 创建共享文件夹

要想创建和管理共享文件夹，必须以 Administrators 组、Server Operators 组或 Power Users 组成员的身份登录。只有这 3 个组的成员用户登录计算机后，在文件夹的属性对话框中才会有“共享”选项卡，如图 4-1-11（a）所示。否则用户没有创建共享文件夹的权限，如图 4-1-11（b）所示。

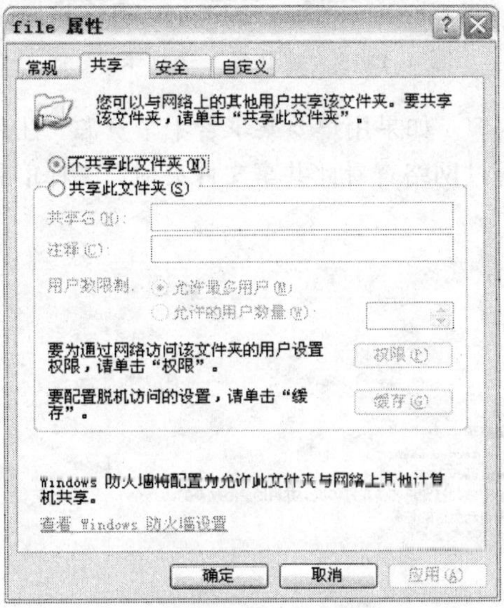

（a）“共享”选项卡

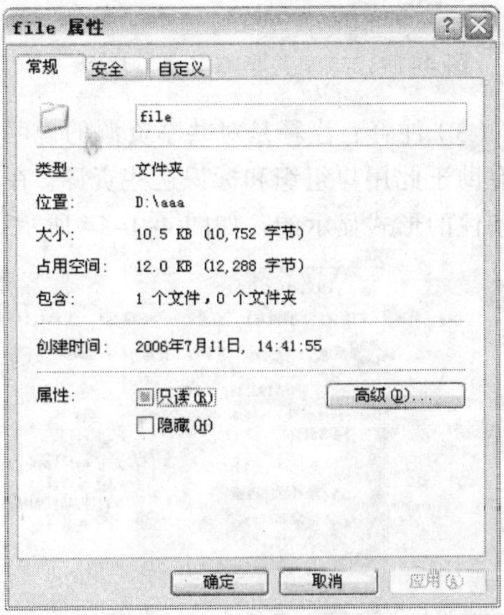

（b）“常规”选项卡

图 4-1-11　“file 属性”对话框

右击需要创建共享的文件夹，在弹出的快捷菜单中选择“共享和安全”命令，如图 4-1-12 所示，打开“file 属性”对话框。快捷菜单中如果没有“共享和安全”命令，说明此用户没有创建共享文件夹的权限。在“共享”选项卡中可以进行以下设置。

（1）停止和启用共享：文件夹在默认情况下是“不共享此文件夹”，如果想共享该文件夹，选中“共享此文件夹”单选按钮，如图 4-1-13 所示。如果要停止共享，选中“不共享此文件夹”单选按钮即可。

（2）共享名：共享名是用于共享资源的名称。共享名为必须输入的内容，请选择简短且具有说明性的名称，以便于用户识别。此名称可以和文件夹名称相同或不同，可以使用中文或英文名称，但每台计算机上的多个共享文件夹的共享名不能重复。

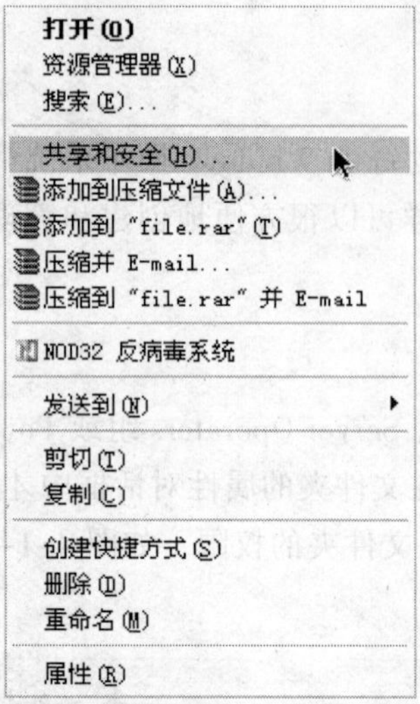

图 4-1-12 “共享和安全”命令

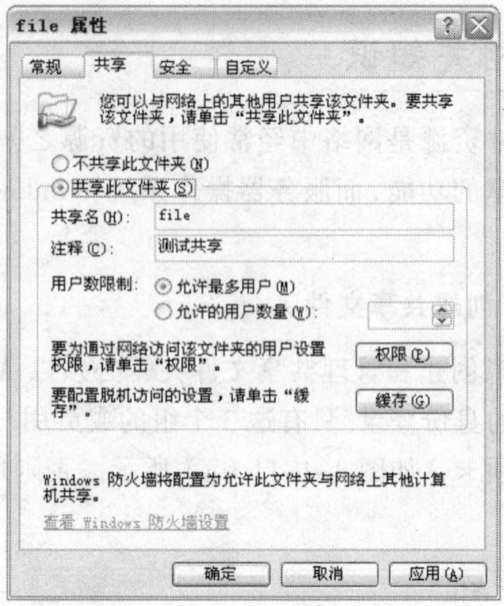

图 4-1-13 “共享”选项卡

（3）注释：注释是对共享资源的说明，为可选内容。如果用户要共享若干个资源，注释可能有助于此用户组织和标识这些资源。在其他用户通过网络查看此共享文件夹时，注释信息是以备注的形式显示的，如图 4-1-14 所示。

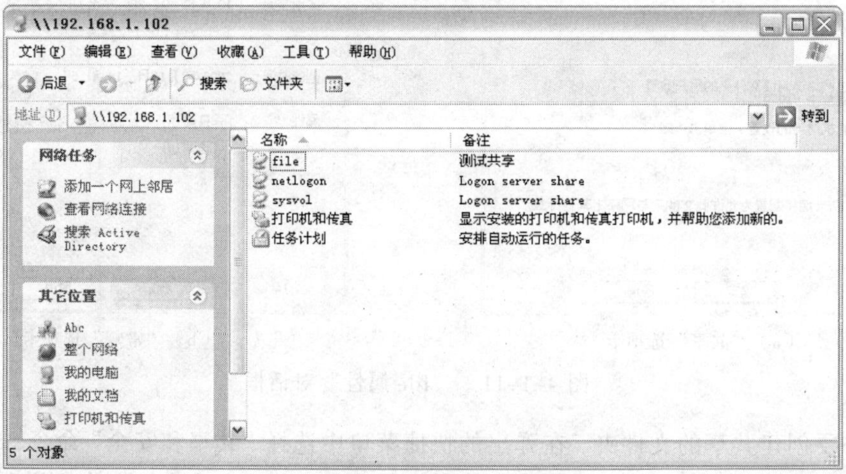

图 4-1-14 注释信息

（4）用户数限制：这里可以设置同时访问此文件夹的网络用户的数量，注意这里说的是同时访问此文件夹的人数，不是总共访问的人数。图 4-1-15 设置了最多 10 个用户可以同时访问此文件夹。默认是“允许最多用户”，最多用户是由此台计算机购买的授权决定的。

（5）权限：权限指定共享文件夹的共享权限。为确保只有授权用户可以访问文件夹中的信息，必须对已创建的文件夹进行权限设置。共享权限仅适用于通过网络访问资源的用户，不适用于那些能够访问存储资源的计算机上的资源的用户。默认 Everyone 对此文件夹有只读权限，如图 4-1-16 所示。

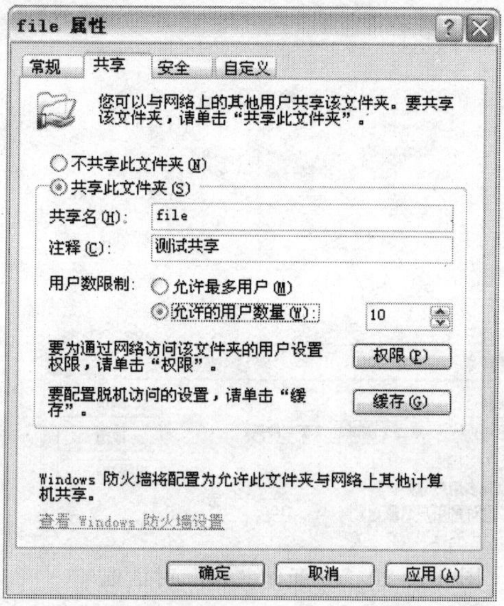

图 4-1-15　设置“用户数限制”

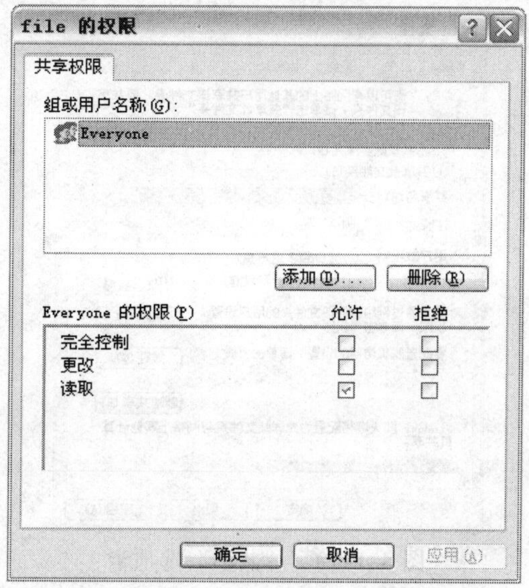

图 4-1-16　默认的“共享权限”

（6）缓存：缓存即“脱机设置”，指定希望以何种方式让用户在不与网络连接时能够使用共享文件夹中的内容。如果希望由用户控制哪些文件可以脱机使用，就可以接受默认设置。图 4-1-17 所示为默认的脱机设置。

文件夹共享设置完成后，在“共享”选项卡中单击“确定”按钮，完成文件夹的共享。这时会在此共享文件夹下出现手托住文件夹的图标，如图 4-1-18 所示。

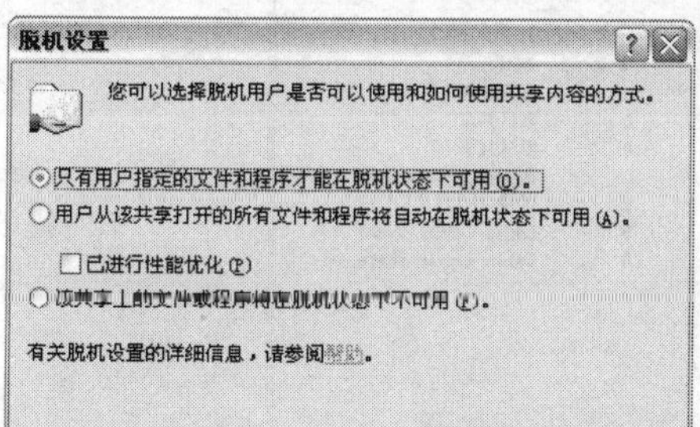

图 4-1-17　默认的“脱机设置”对话框

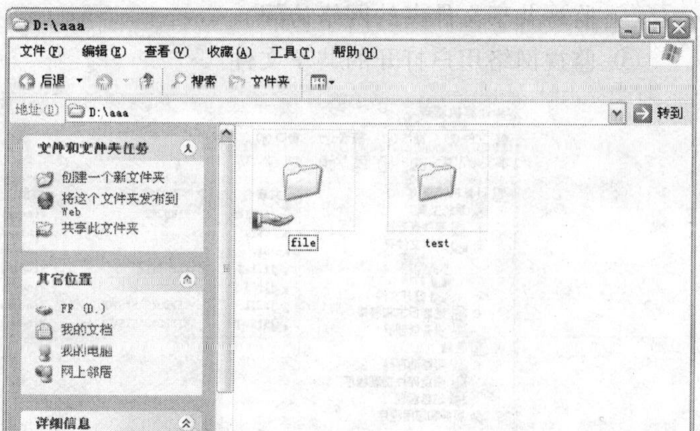

图 4-1-18　共享后的文件夹图标

当该文件夹创建完共享后，在共享属性对话框中会多出一个“新建共享”按钮，如图 4-1-19 所示。单击“新建共享”按钮，打开“新建共享”对话框，在“共享名”、“描述”及“用户数限制”栏中进行相应的设置，如图 4-1-20 所示。

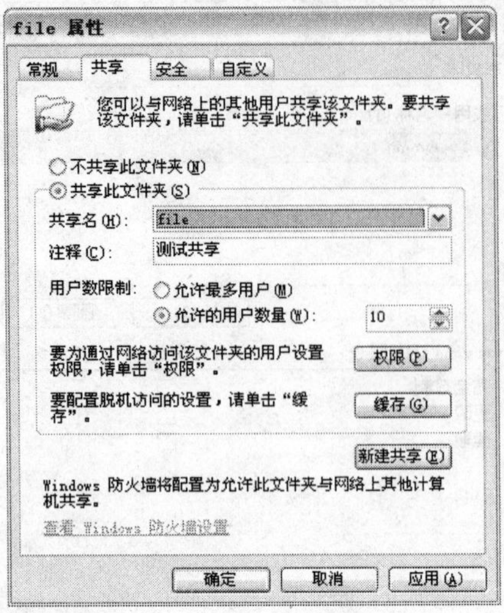

图 4-1-19　“共享”选项卡

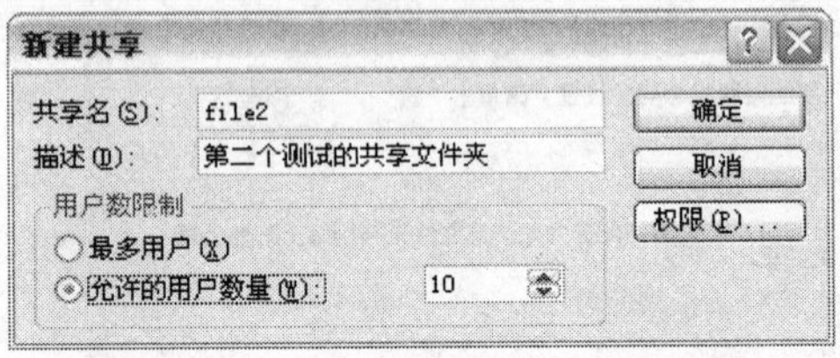

图 4-1-20　“新建共享”对话框

2. 管理共享文件夹

计算机中所有的共享文件夹可以通过“计算机管理”控制台中的“共享文件夹”管理工具进行管理，“共享文件夹”下的“共享”管理工具可以实现以下功能，如图 4-1-21 所示。

① 创建普通共享文件夹和隐含共享文件夹。

② 停止文件夹的共享。

③ 设置共享文件夹的权限及同时连接的用户数量。

④ 监视共享文件夹的网络访问。

⑤ 监视网络用户打开的共享文件。

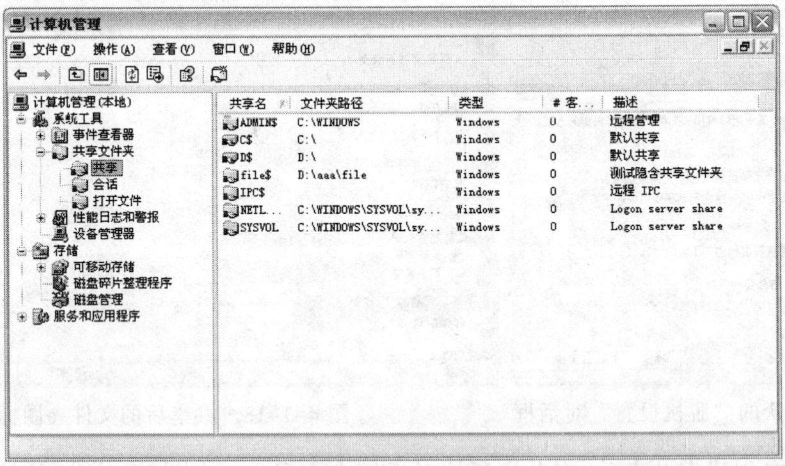

图 4-1-21　“计算机管理”中的“共享”管理工具窗口

在“共享文件夹”管理工具中不仅可以管理共享文件夹的创建和修改，还可以监视网络用户对共享文件夹的使用情况。

打开“共享文件夹”管理工具有两种方法。一种方法是右击“我的电脑”图标，在弹出的快捷菜单中选择“管理”命令，打开“计算机管理”窗口，在其中选择“共享文件夹”管理工具。

第二种方法是选择“开始”→“运行”命令，打开“运行”对话框。在“打开”文本框中输入 compmgmt.msc，打开“计算机管理”窗口。

在“会话”窗口中可以查看有多少个客户端连接到当前的计算机上，包括连接用户、IP 地址、操作系统的类型、打开文件的数量、连接时间、空闲时间以及是否为来宾等，如图 4-1-22 所示。在“打开文件”窗口中可以查看当前网络用户在共享中打开的文件，并且能够查看到访问者的用户名以及打开模式等，如图 4-1-23 所示。

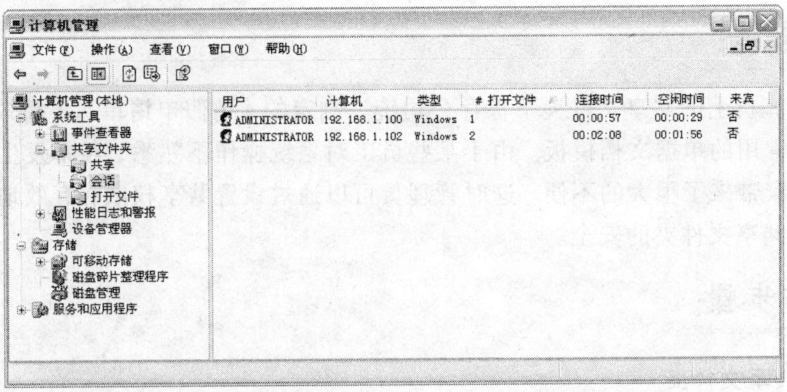

图 4-1-22　“计算机管理”中的“会话”管理工具窗口

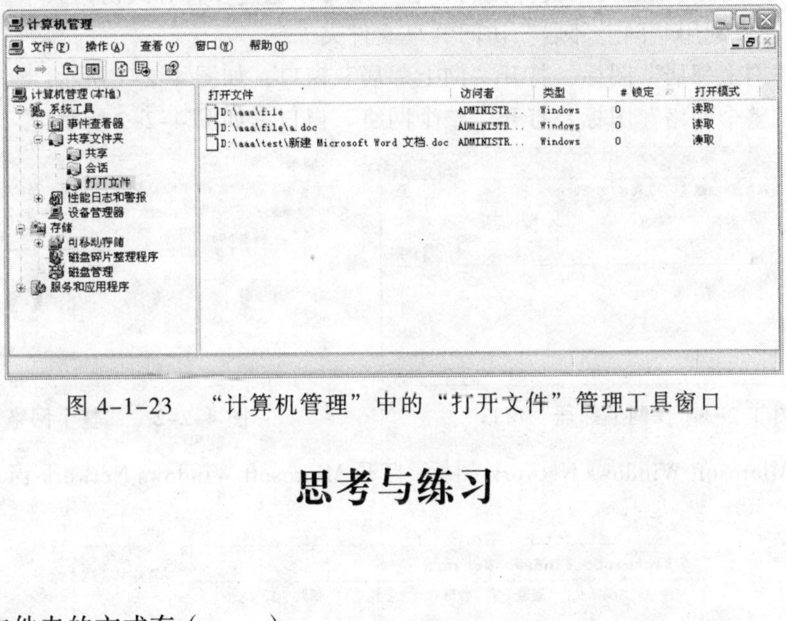

图 4-1-23　“计算机管理”中的“打开文件”管理工具窗口

思考与练习

一、选择题

1. 停止共享文件夹的方式有（　　）。

   A. 利用“新建文件夹”属性对话框　　B. 利用“设备管理器”工具窗口

   C. 利用“计算机管理”工具窗口　　D. 利用“我的电脑”属性对话框

2. 要想创建和管理共享文件夹，必须以（　　）组成员的身份登录。

   A. Administrators　　B. USER　　C. Server Operators　　D. Power Users

3. 设置共享文件夹时，共享名是否必须输入（　　）。

   A. 是　　B. 否

二、操作题

1. 创建共享文件夹并设置相应的属性信息。
2. 使用属性对话框和“计算机管理”工具窗口停止共享文件夹。

4.2 【案例 11】共享权限设置

案例效果

在公共计算机上的共享文件夹下保存公司统一制定的《请假申请单》、《绩效考核表》、《出差汇报单》等常用的单据文档模板。由于某些员工对系统操作不熟悉，经常发生修改文档模板的情况，给大家带来了很大的不便。这时管理员可以通过设置共享权限，有效地限制各个用户的权限，保证共享文件夹的安全。

操作步骤

1. 连接共享文件夹

当在文件服务器上创建共享文件夹后，客户端可以通过多种方式访问共享文件夹。

（1）方法一：利用“网上邻居”访问共享文件夹。

① 双击“网上邻居”图标，打开“网上邻居”窗口，如图 4-2-1 所示。

② 双击“整个网络”图标，打开“整个网络”窗口，如图 4-2-2 所示。

图 4-2-1 “网上邻居”窗口

图 4-2-2 “整个网络”窗口

③ 双击 Microsoft Windows Network 图标，打开 Microsoft Windows Network 窗口，如图 4-2-3 所示。

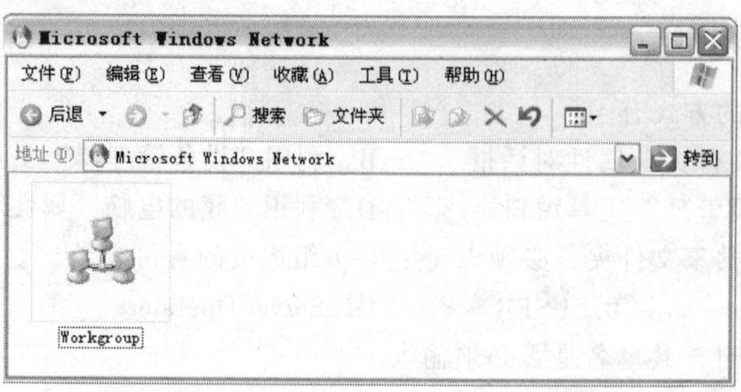

图 4-2-3 Microsoft Windows Network 窗口

④ 双击 Workgroup 图标，在打开的窗口中双击相应的计算机，打开“连接到 YY”对话框，输入具有访问权限的用户名和密码，如图 4-2-4 所示。

⑤ 单击“确定”按钮后，即可访问到此计算机上的共享文件夹，如图 4-2-5 所示。

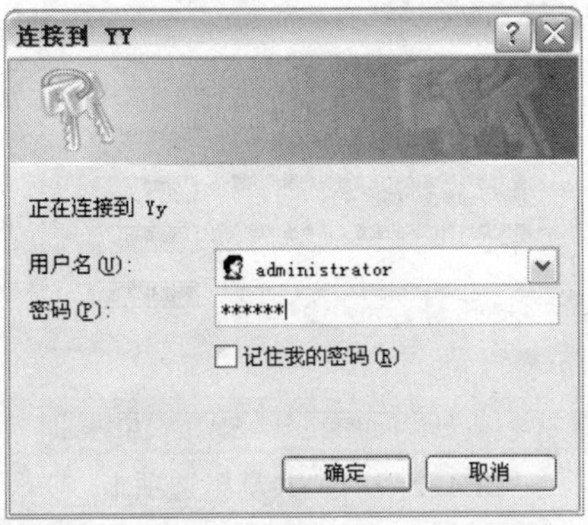

图 4-2-4　“连接到 YY”对话框

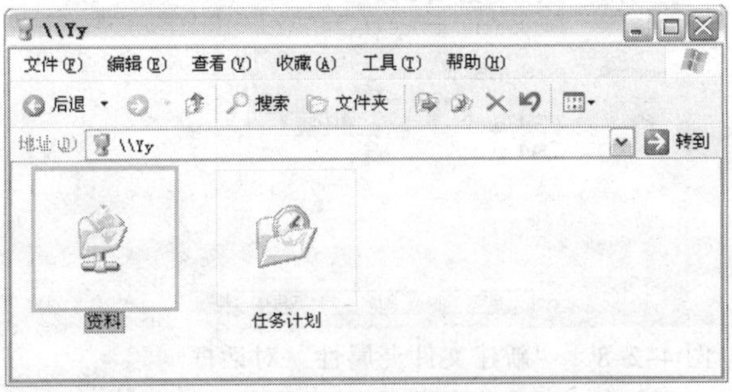

图 4-2-5　共享文件夹窗口

（2）方法二：利用 UNC 路径访问共享文件夹。

① 选择“开始”→“运行”命令，打开“运行”对话框。在“打开”文本框中输入\\192.168.1.101，如图 4-2-6 所示。

② 单击“确定”按钮，打开“连接到 YY”对话框，输入具有访问权限的用户名和密码，单击“确定”按钮，即可访问到指定的共享文件夹，如图 4-2-7 所示。

图 4-2-6　“运行”对话框

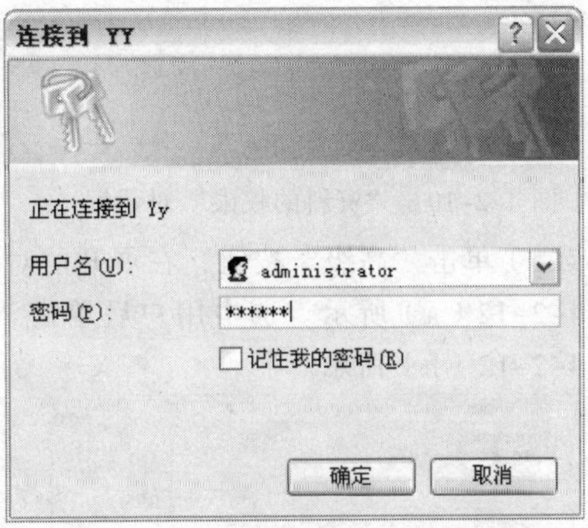

图 4-2-7　“连接到 YY”对话框

2. 共享权限

（1）选中需要设置共享权限的文件夹，右击“新建文件夹”图标，在弹出的快捷菜单中选择“属性”命令，打开“新建文件夹属性”对话框，如图 4-2-8 所示。

（2）单击“共享”标签，切换到“共享”选项卡，如图 4-2-9 所示。

（3）单击“权限”按钮，打开“资料的权限”对话框，默认 Everyone 具有读取权限，如图 4-2-10 所示。

（4）单击“添加”按钮，打开“选择用户或组”对话框，如图 4-2-11 所示。

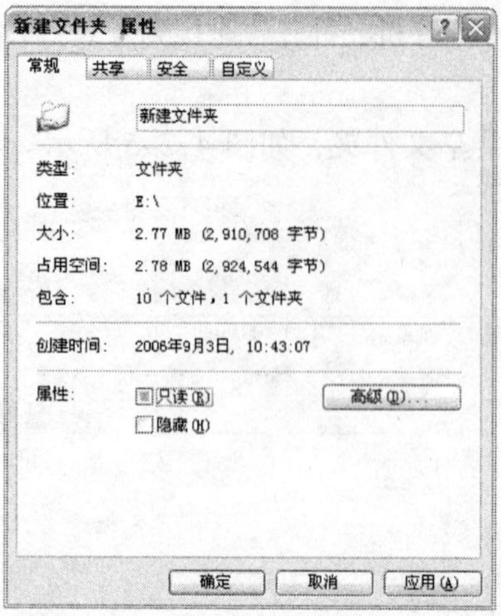

图 4-2-8 “新建文件夹属性”对话框

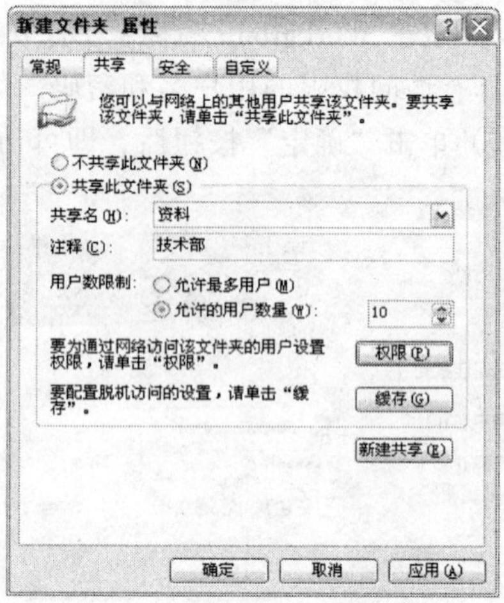

图 4-2-9 “共享”选项卡

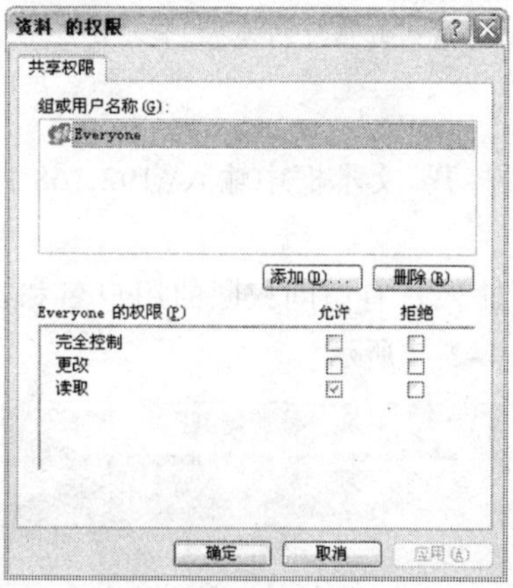

图 4-2-10 “资料的权限”对话框

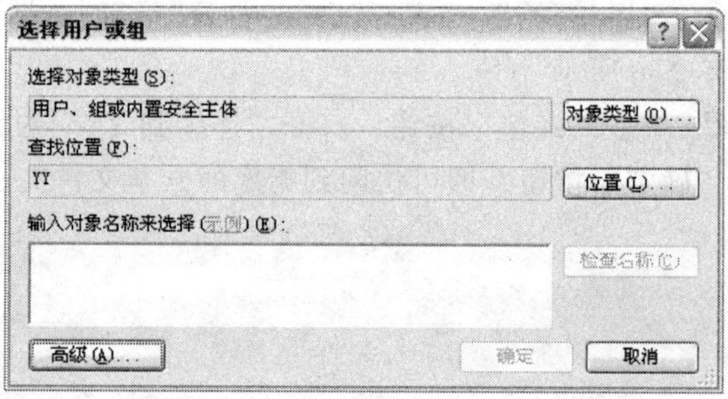

图 4-2-11 “选择用户或组”对话框

（5）单击“高级”按钮，在展开的对话框中查找用户列表，单击“立即查找”按钮，如图 4-2-12（a）所示。选中用户后单击“确定”按钮，返回“选择用户或组”对话框，如图 4-2-12（b）所示。

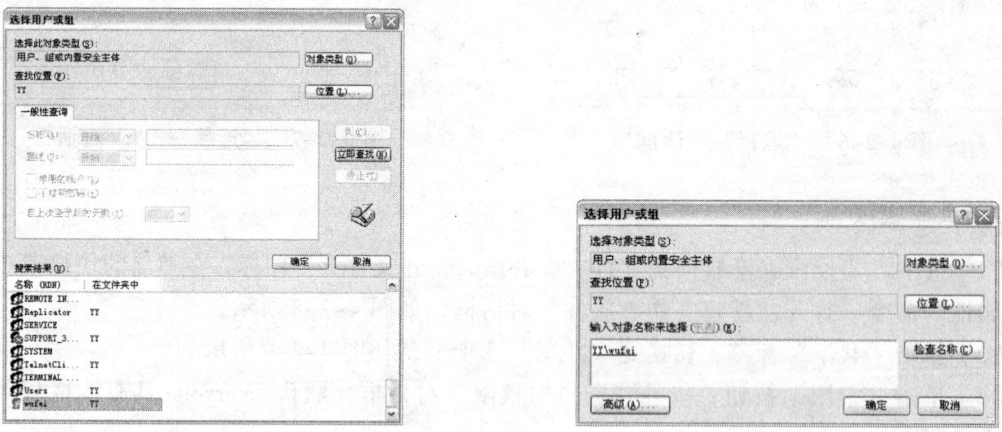

（a）搜索用户　　（b）添加用户

图 4-2-12 “选择用户或组”对话框

（6）单击“确定”按钮后，返回“资料的权限”对话框，设置用户 wufei 的权限为“更改”和“读取”，如图 4-2-13 所示。

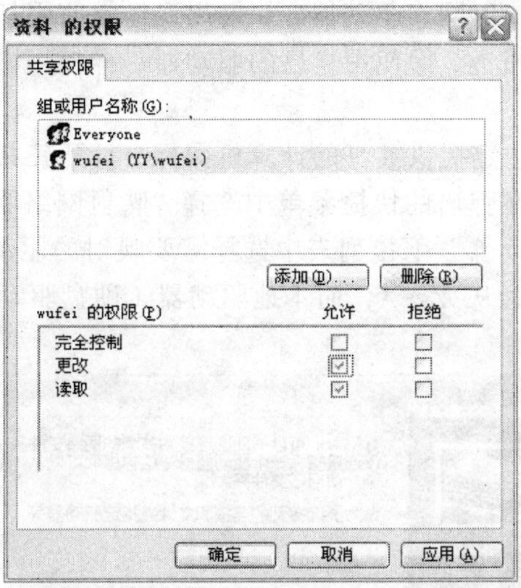

图 4-2-13　用户 wufei 的共享权限

（7）使用同样的方法来添加管理员 Administrator，设置权限为“完全控制”，如图 4-2-14（a）所示。添加组 jsb，将其设置为“拒绝”权限，如图 4-2-14（b）所示。

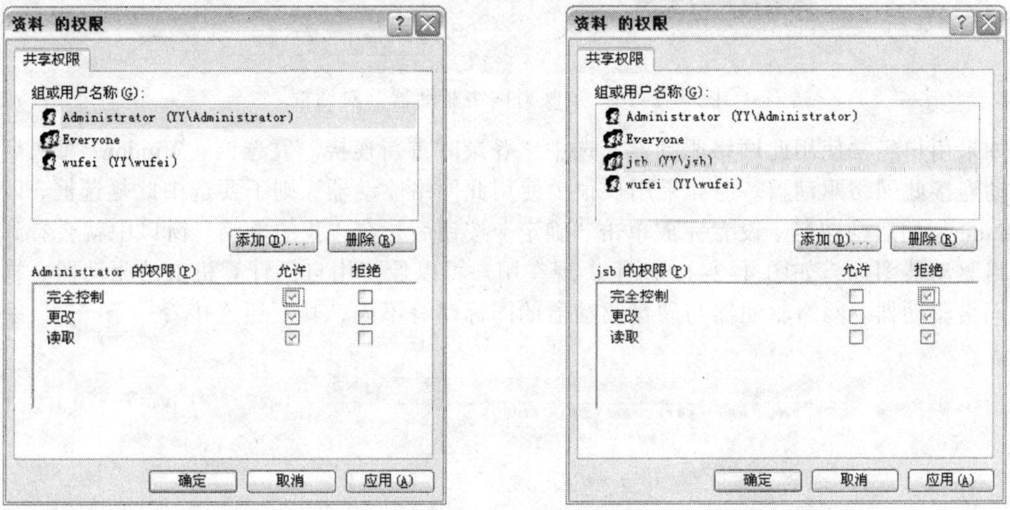

（a）设置允许权限　　（b）设置拒绝权限

图 4-2-14　“资料的权限”对话框

相关知识

1. 访问共享文件夹

当共享文件夹创建完成后，客户端可以通过“网上邻居”、“映射网络驱动器”和“UNC 路径”等方式访问共享文件夹。也可以在“资源管理器”或“我的电脑”窗口，甚至是 Internet

Explorer 浏览器的“地址”栏中输入相应的 UNC 路径，来访问网络中的共享文件夹。

通过“映射网络驱动器”访问共享文件夹，将网络共享驱动器（或文件夹）设置为自己计算机上的驱动器盘符，称为映射网络驱动器。如果用户经常使用某个网络驱动器（或文件夹），可以把它映射到自己的计算机上，像使用自己的驱动器一样使用网络驱动器。设置驱动器映射的操作步骤如下：

在“网上邻居”窗口中选定提供共享的计算机图标，打开其共享内容窗口，右击需要映射网络驱动器的共享文件夹，在弹出的快捷菜单中选择“映射网络驱动器”命令，打开“映射网络驱动器”对话框。在“驱动器”下拉列表中选择需要映射的驱动器号，如图 4-2-15 所示。网络驱动器指派的盘符顺序为从 Z～A，而本地驱动器（硬盘驱动器和可移动存储设备）指派的盘符顺序则为从 A～Z。

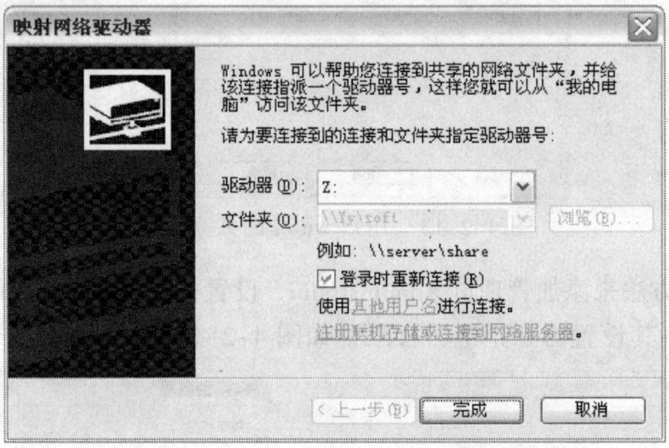

图 4-2-15 “映射网络驱动器”对话框

如果用户经常使用此网络驱动器，选中“登录时重新连接”复选框，Windows 每次启动时均自动连接此网络驱动器。但如果用户很少使用此网络驱动器，则不要选中此复选框，以免影响 Windows 的启动速度。设置完成单击“确定”按钮后，在“我的电脑”窗口中就会看到新增的网络驱动器图标，如图 4-2-16 所示，现在用户可以像使用自己计算机上的驱动器一样，使用该网络驱动器。网络驱动器与硬盘驱动器的图标略有不同，其下还连接着一条“一”字形的管道。

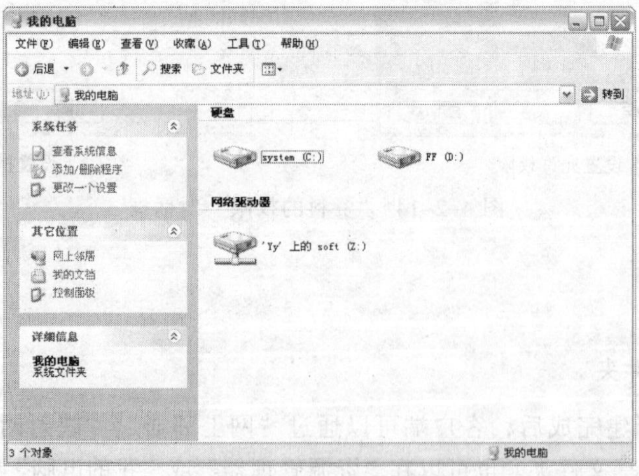

图 4-2-16 “我的电脑”窗口中的“网络驱动器”图标

用户也可以在“我的电脑”窗口中选择“工具”→“映射网络驱动器”命令，打开“映射网络驱动器”对话框，在“驱动器”下拉列表中选择需要映射的驱动器号，如图 4-2-17 所示。在“文件夹”组合框中输入共享资源的 UNC 路径，或者单击“浏览”按钮，打开“浏览文件夹”对话框，找到需要映射的网络共享文件夹，如图 4-2-18 所示。在“浏览文件夹”对话框中单击“确定”按钮，完成“映射网络驱动器”。

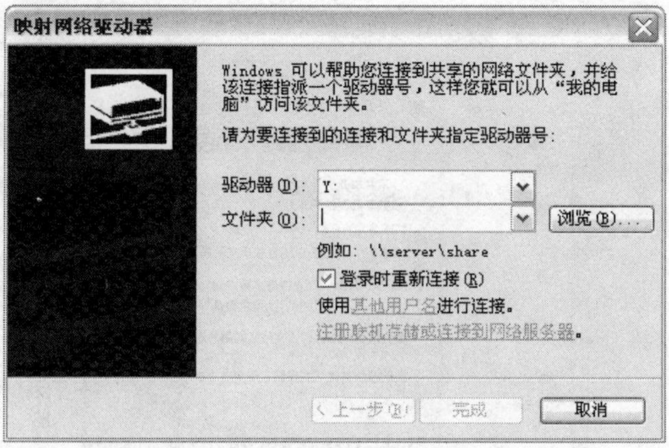

图 4-2-17　“映射网络驱动器”对话框

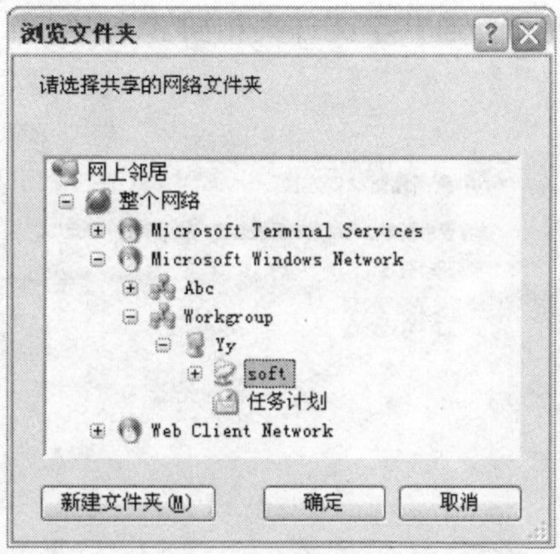

图 4-2-18　“浏览文件夹”对话框

如果不再使用网络驱动器盘符，一种方法是在“我的电脑”窗口中右击需断开的网络驱动器盘符，在弹出的快捷菜单中选择“断开”命令，将其删除，如图 4-2-19 所示。

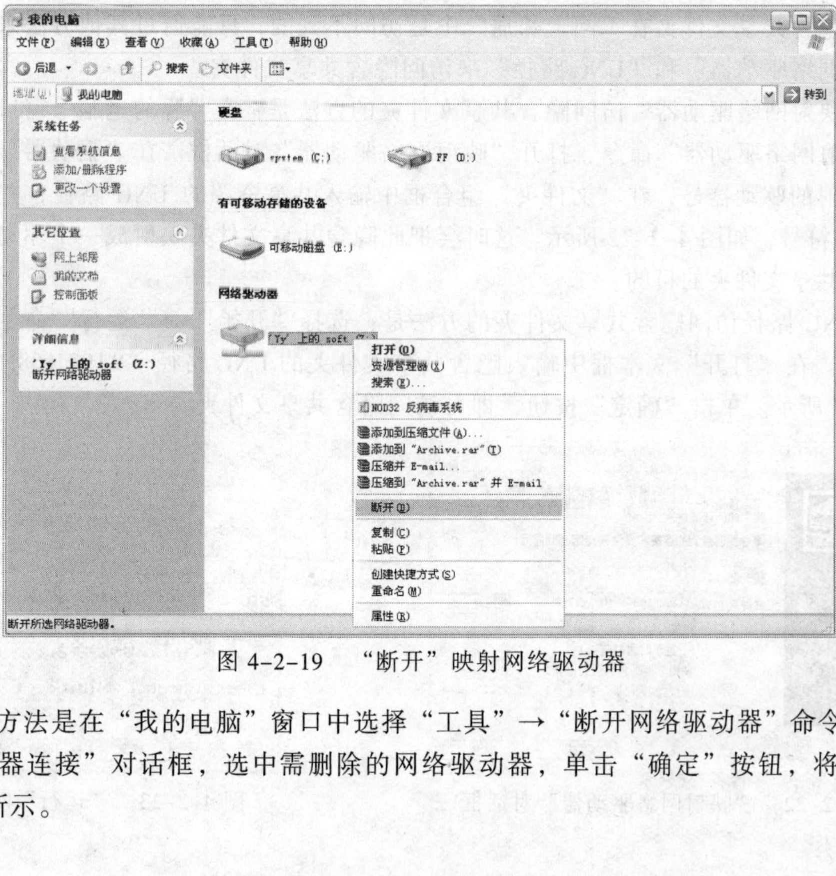

图 4-2-19　“断开”映射网络驱动器

另一种方法是在“我的电脑”窗口中选择“工具”→“断开网络驱动器”命令，打开“中断网络驱动器连接”对话框，选中需删除的网络驱动器，单击“确定”按钮，将其删除，如图 4-2-20 所示。

2. 创建及访问隐含共享文件夹

系统中提供了若干个隐含共享文件夹，但有时用户需要隐含某一个共享文件夹，使网络用户在“网上邻居”中访问不到此共享文件夹。用户可以根据自己的需求创建一些隐含的共享文件夹。创建隐含共享文件夹与创建普通的共享文件夹的方法基本相同，只是在所创建共享名的后面加上一个“$”符号，如图 4-2-21 所示。其他的如“注释”、“用户数限制”、“权限”等设置和普通共享文件夹相同。

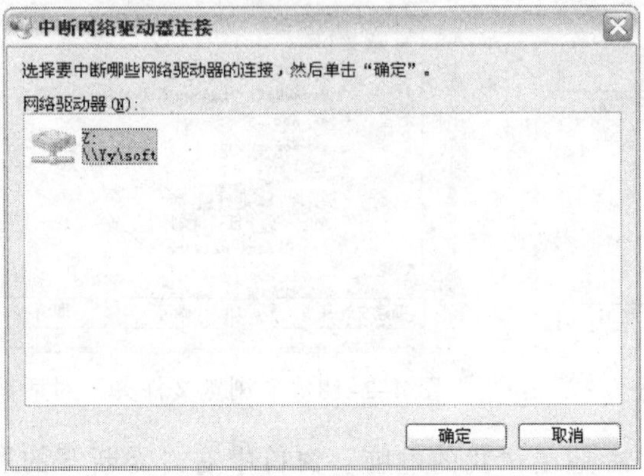

图 4-2-20 “中断网络驱动器连接”对话框

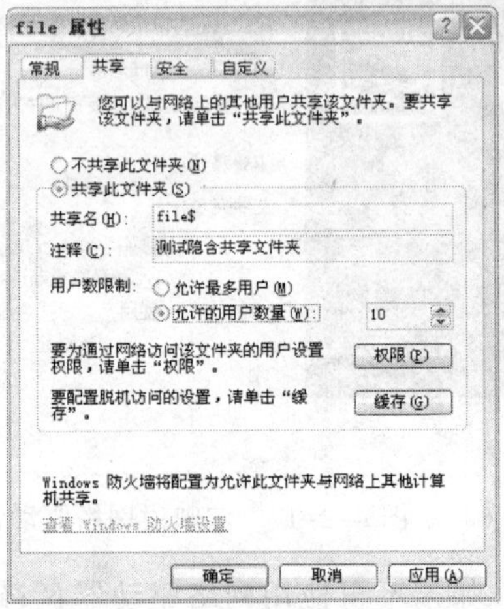

图 4-2-21 创建隐含的共享文件夹

创建的隐含共享文件夹在“网上邻居”中是访问不到的，只能通过其他方法来查看，例如通过“映射网络驱动器”和“UNC 路径”来访问隐含共享文件夹。

使用“映射网络驱动器”访问隐含共享文件夹的方法是：在“我的电脑”窗口中选择“工具”→“映射网络驱动器”命令，打开“映射网络驱动器”对话框。在“驱动器”下拉列表中选择需要映射的驱动器号，在“文件夹”组合框中输入共享资源的 UNC 路径，并在共享名后面加上“$”符号，如图 4-2-22 所示。这时会把此隐含共享文件夹映射成一个驱动器盘符，达到访问隐含共享文件夹的目的。

使用 UNC 路径访问隐含共享文件夹的方法是：选择“开始”→“运行”命令，打开“运行”对话框。在“打开”文本框中输入隐含共享文件夹的 UNC 路径“\\192.168.1.102\file$”，如图 4-2-23 所示。单击“确定”按钮，即可访问隐含共享文件夹。

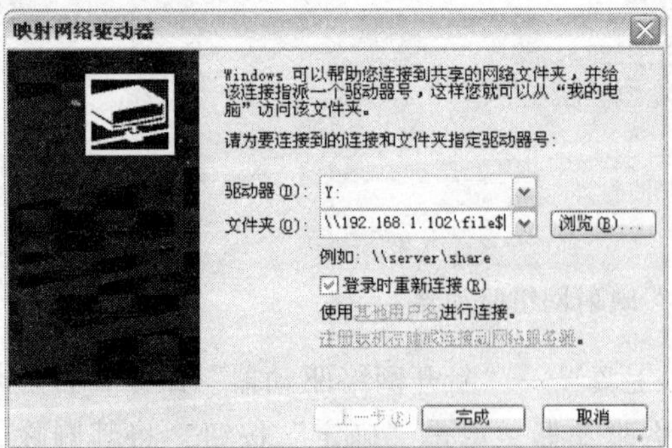

图 4-2-22 “映射网络驱动器”对话框

图 4-2-23 “运行”对话框

3. 共享文件夹权限信息

共享权限相对于 NTFS 权限要少一些，它只有读取、更改和完全控制 3 种权限。在 Windows Server 2003 中，当创建新的共享资源时，自动指派 Everyone 组为读取权限，这种权限是最受限制的权限，如图 4-2-24 所示。

可对共享文件夹或驱动器指派下列类型的访问权限。

（1）读取：指派给 Everyone 的默认权限，允许设置以下权限。

- 查看文件名和子文件夹名。
- 查看文件中的数据。
- 运行程序文件。

（2）更改：不是任何组的默认权限，“更改”权限除允许所有的“读取”权限外，还具有以下权限。

- 添加文件和子文件夹。
- 更改文件中的数据。
- 删除子文件夹和文件。

（3）完全控制：指派给本机上 Administrators 组的默认权限。“完全控制”权限除允许全部读取外，还具有更改权限（仅适用于 NTFS 文件和文件夹）。

可以在文件夹的权限对话框中通过“添加”和“删除”按钮更改用户或组的数量，并通过“允许”和“拒绝”复选框控制用户或组的权限，如图 4-2-25 所示。

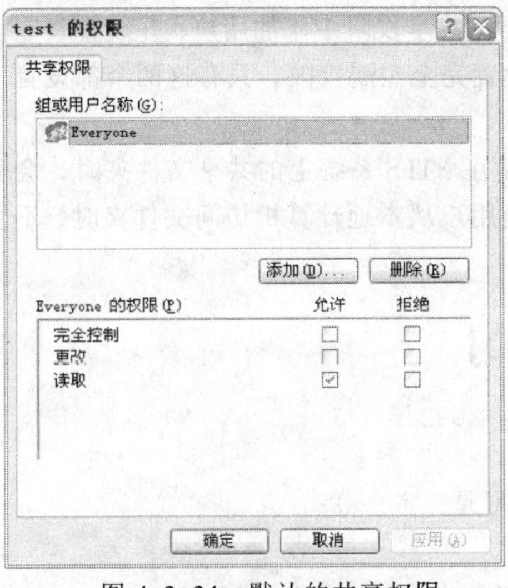

图 4-2-24 默认的共享权限

图 4-2-25 设置共享权限

4. 共享权限和 NTFS 权限的结合

共享权限只对通过网络访问的用户有效，所以有时需要与 NTFS 权限结合使用，才能严格地控制用户的访问。当一个共享文件夹设置了共享权限和 NTFS 权限后，就要受到两种权限的控制。设置两种权限的详细情况如表 4-2-1 所示。

表 4-2-1 共享权限和 NTFS 权限的组合

共享权限	NTFS 权限	有效权限
完全控制	完全控制	完全控制
	更改	更改
	只读	只读
	拒绝访问	拒绝访问
更改	完全控制	更改
	更改	更改
	只读	只读
	拒绝访问	拒绝访问
只读	完全控制	只读
	更改	只读
	只读	只读
	拒绝访问	拒绝访问
拒绝访问	完全控制	拒绝访问
	更改	拒绝访问
	只读	拒绝访问
	拒绝访问	拒绝访问

如果希望用户能够完全控制共享文件夹，首先要在共享权限中添加用户，并设置其完全控制权限。然后在 NTFS 权限中也要添加此用户，并设置完全控制权限。只有这两个都设置了相同的权限，用户才具有完全控制此共享文件夹的权限。

从表中可以看出，当用户从网络中访问一个存储在 NTFS 系统上的共享文件夹时，会受到两种权限的约束，而有效权限是最严格的权限。而当用户从本地计算机访问文件夹时，不受共享权限的约束，只受 NTFS 权限的约束。

思考与练习

一、选择题

1. 创建隐含共享文件夹时，应该添加的后缀特殊符号是（　　）。

   A. %　　B. &　　C. $　　D. *

2. 默认情况下，每个盘符都被隐含共享，（　　）组的成员能访问此共享。

   A. Administrators　　B. Power Users　　C. Server Operators　　D. Backup Operators

3. 在 Windows Server 2003 中共享文件夹的默认共享权限是（　　）。

   A. Users 只读　　B. Users 完全控制

   C. Everyone 只读　　D. Everyone 完全控制

4. （　　）访问共享文件夹的方式不能直接访问隐含共享文件夹。

   A. 网上邻居　　B. UNC 路径　　C. 映射驱动器　　D. IE 浏览器

二、操作题

1. 创建及访问隐含共享文件夹。
2. 通过“网上邻居”及 UNC 路径访问共享文件夹。
3. 设置文件夹的共享权限，保证共享文件夹的安全。

4.3　【案例 12】安装打印机及配置

案例效果

无论企业和组织的规模大小，打印共享、信息检索及数据存储都是使用频率最高的网络服务。Windows Server 2003 包括了许多增强的 Windows 2000 打印特性，这样就确保了企业级打印服务的可靠性、易管理性、安全性以及灵活性。Windows Server 2003 提供了功能强大的打印服务，利用 Windows Server 2003 提供的打印服务功能可以对打印机进行全面有效的管理。

操作步骤

1. 安装本地打印机

打印机在使用之前，必须将打印机和计算机相连接，并安装相应的驱动程序，具体安装步骤如下：

（1）在计算机关机的状态下利用打印电缆将打印机和计算机连接起来，然后启动计算机。

（2）选择“开始”→“打印机和传真”命令，打开“打印机和传真”窗口，如图 4-3-1 所示。

（3）双击“添加打印机”图标，打开“添加打印机向导”对话框，如图 4-3-2 所示。其中提示了关于 USB 接口、IEEE 1394 接口和红外线接口的打印机的一些注意事项等信息。

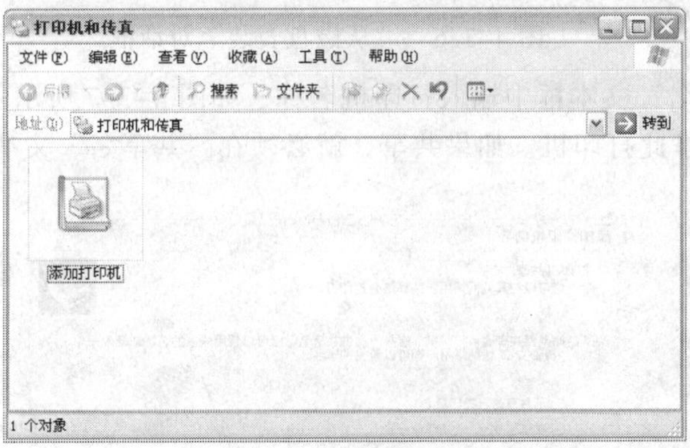

图 4-3-1　“打印机和传真”窗口

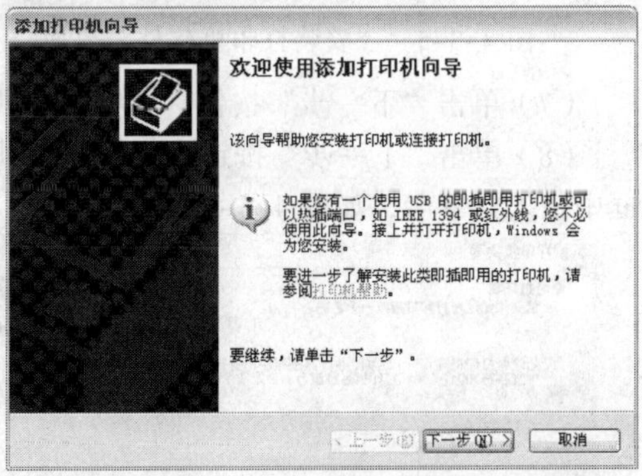

图 4-3-2　“添加打印机向导”对话框

（4）单击“下一步”按钮，进入“本地或网络打印机”界面，提示选择打印机的类型。此时选中“连接到此计算机的本地打印机”单选按钮，并选中“自动检测并安装即插即用打印机”复选框，如图 4-3-3 所示。

（5）单击“下一步”按钮，选择打印机的端口类型，这里选中“使用以下端口”单选按钮，并在其后的下拉列表中选择“LPT1：（推荐的打印机端口）”选项，如图 4-3-4 所示。

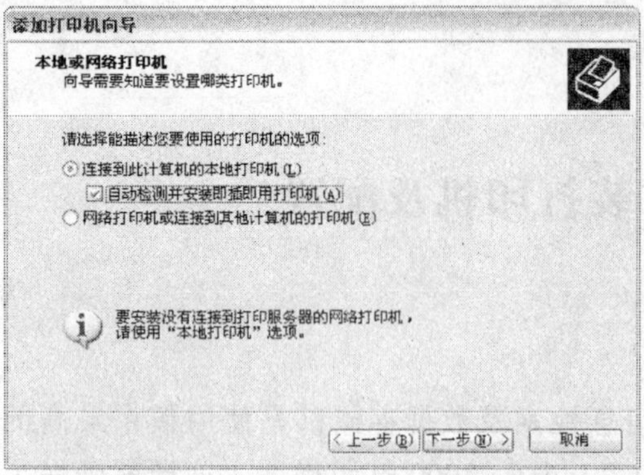

图 4-3-3 “本地或网络打印机”界面

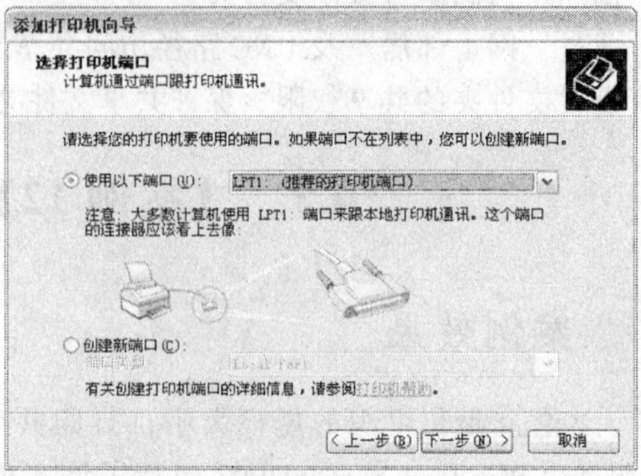

图 4-3-4 “选择打印机端口”界面

（6）单击“下一步”按钮，选择打印机的厂商和具体型号。这里安装的是 HP 公司生产的 HP LaserJet 2100 Series PS 型号的打印机，如图 4-3-5 所示。

如果没有当前正在使用的打印机的品牌或者型号，可以单击“从磁盘安装”按钮，通过打印机厂商提供的驱动程序盘安装打印机的驱动程序，如图 4-3-6 所示。

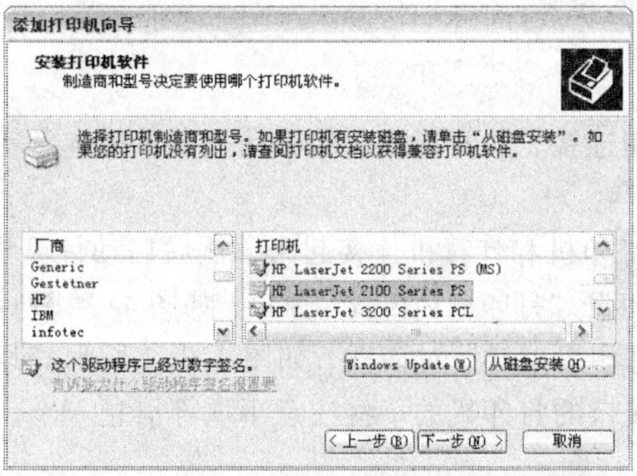

图 4-3-5 “安装打印机软件”界面

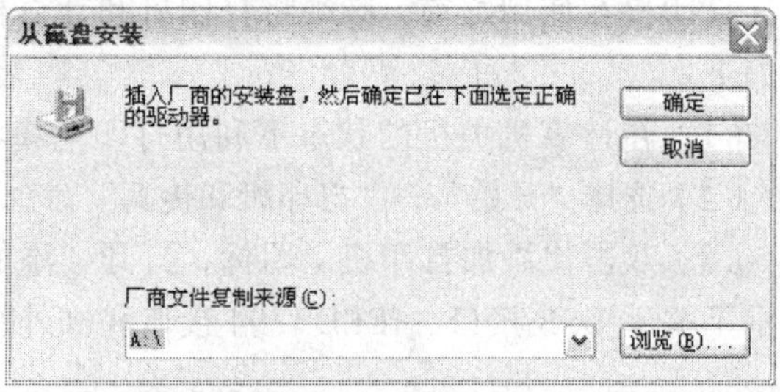

图 4-3-6 “从磁盘安装”对话框

（7）单击“下一步”按钮，在“打印机名”文本框中输入打印机名称，如图 4-3-7 所示。

（8）单击“下一步”按钮，选择是否共享此打印机。如果共享，就必须在“共享名”文本框中输入共享名，如图 4-3-8 所示。

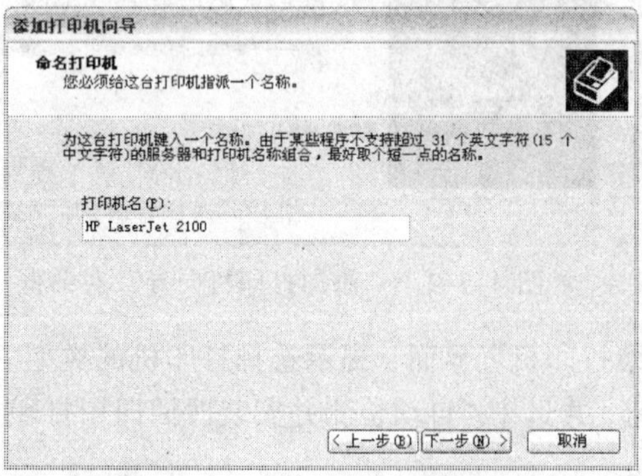

图 4-3-7 “命名打印机”界面

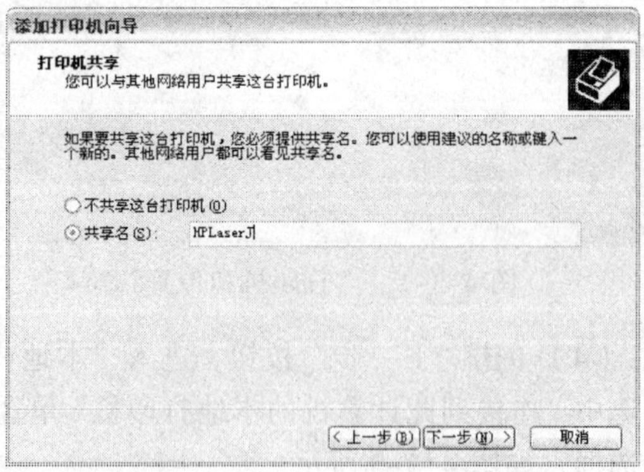

图 4-3-8 “打印机共享”界面

（9）单击“下一步”按钮，输入打印机的位置和注释信息，如图 4-3-9 所示。对于只有单台打印机的网络，此信息可以忽略。

（10）单击“下一步”按钮，选择是否打印测试页，如图 4-3-10 所示。

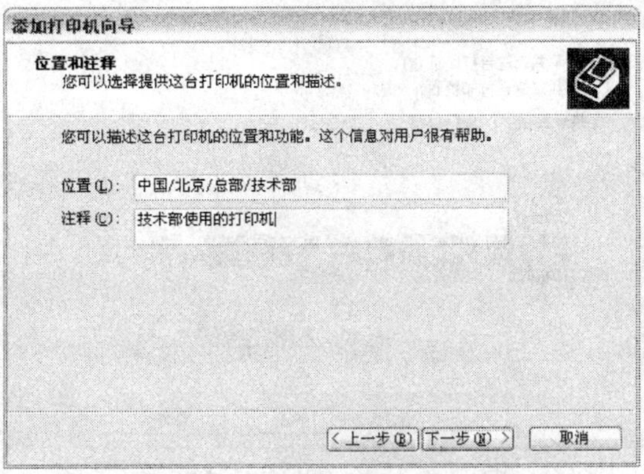

图 4-3-9　“位置和注释”界面

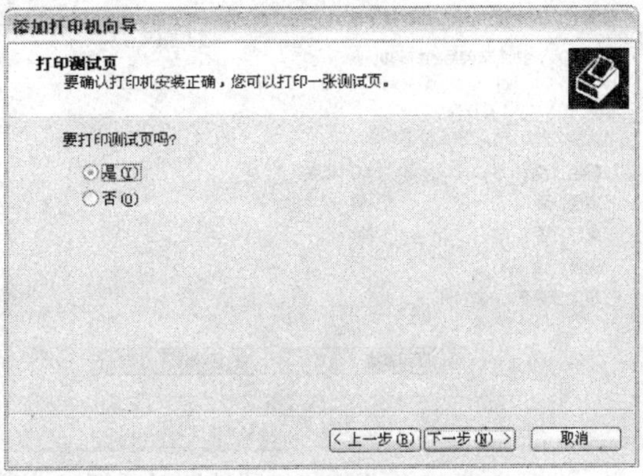

图 4-3-10　“打印测试页”界面

（11）单击“下一步”按钮，完成打印机的安装。当打印机安装完成后，在“打印机和传真”窗口中就会出现打印机图标，如图 4-3-11 所示。用户这时就可以使用打印机了。

2．配置打印机属性

当打印机安装完成后，就需要对打印机进行相关的设置，包括打印机的属性设置，例如打印机名称、端口和优先级等。设置打印机属性的步骤如下：

（1）选择“开始”→“打印机和传真”命令，打开“打印机和传真”窗口。

（2）右击打印机图标，在弹出的快捷菜单中选择“属性”命令，如图 4-3-12 所示，打开打印机属性对话框。

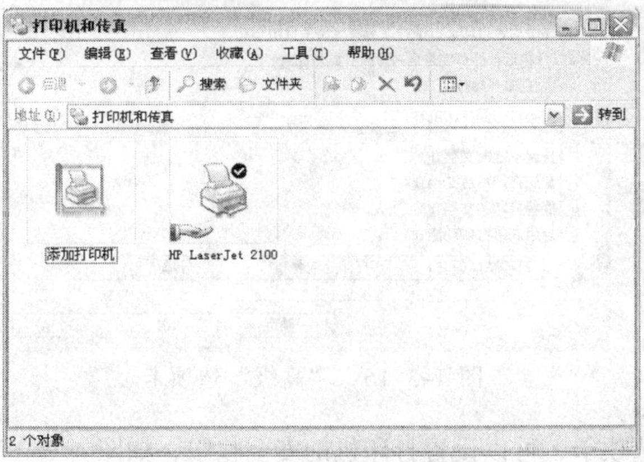

图 4-3-11　安装完成的打印机窗口

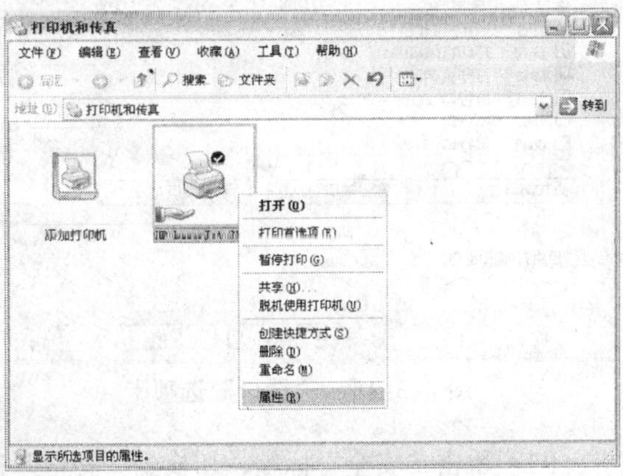

图 4-3-12　打印机“属性”命令

（3）在“常规”选项卡中可以设置打印机名称、位置信息和注释信息等，同时还可以打印测试页，如图 4-3-13 所示。

（4）单击“共享”标签，切换到“共享”选项卡，可以设置打印机共享的有关信息，同时可以设置打印机的其他驱动程序，如图 4-3-14 所示。

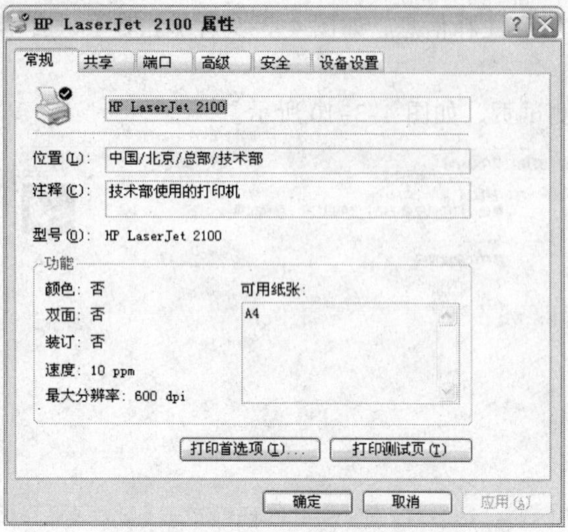

图 4-3-13 “打印机属性”对话框

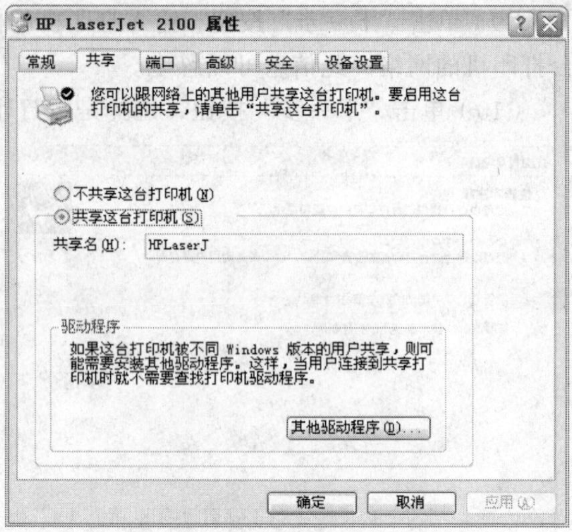

图 4-3-14 “共享”选项卡

（5）单击“端口”标签，切换到“端口”选项卡，可以添加、删除和配置打印机端口，同时可以启用打印机池，如图 4-3-15 所示。

（6）单击“高级”标签，切换到“高级”选项卡，可以设置打印机使用的时间区间、优先级以及后台打印的设置信息等，如图 4-3-16 所示。

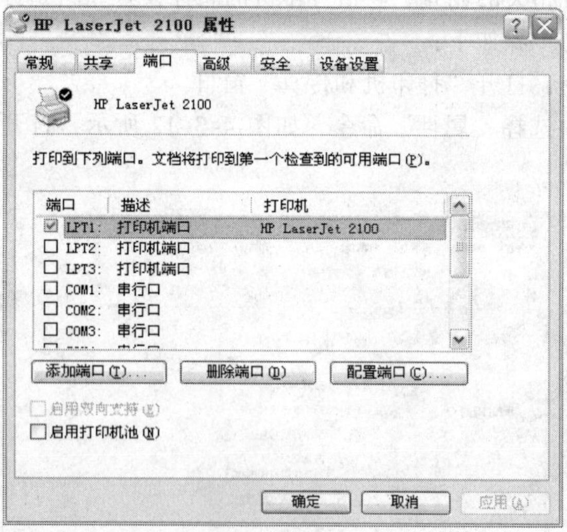

图 4-3-15 “端口”选项卡

图 4-3-16 “高级”选项卡

（7）单击“安全”标签，切换到“安全”选项卡，可以设置打印机的安全权限，如图 4-3-17 所示。

（8）单击“设备设置”标签，切换到“设备设置”选项卡，可以设置打印机的纸张类型、字体、打印机内存等信息，如图 4-3-18 所示。

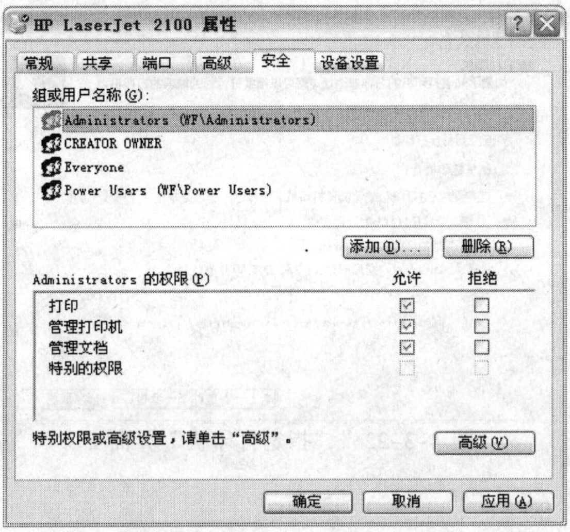

图 4-3-17　“安全”选项卡

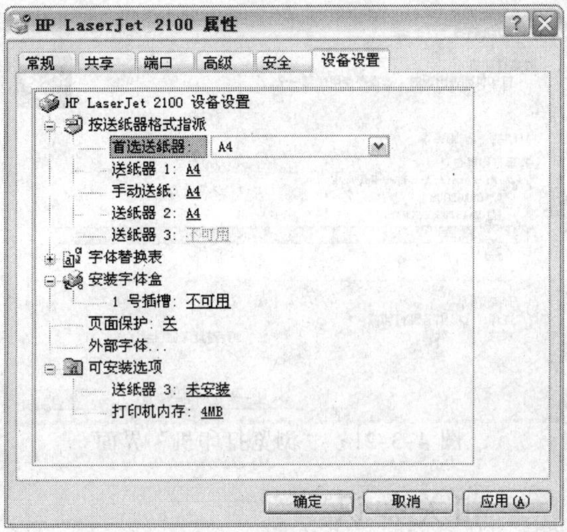

图 4-3-18　“设备设置”选项卡

3. 安装网络打印机

当打印服务器安装完本地打印机并共享后，客户端如果使用共享的网络打印机，则必须安装网络打印机。

（1）在安装网络打印机时也可以通过添加打印机向导进行安装，在“添加打印机向导”对话框中选中“网络打印机或连接到其他计算机的打印机”单选按钮，如图 4-3-19 所示。

（2）选择网络打印机后，会有三种方式连接到网络打印机，即浏览打印机、手动输入网络打印机的路径和通过 URL 方式连接，如图 4-3-20 所示。

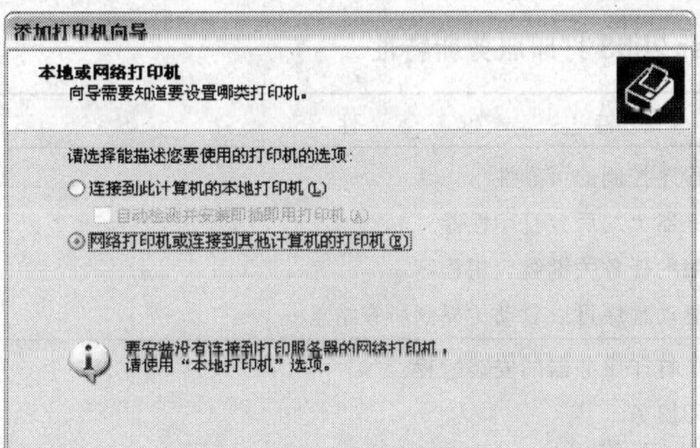

图 4-3-19　“本地或网络打印机”界面

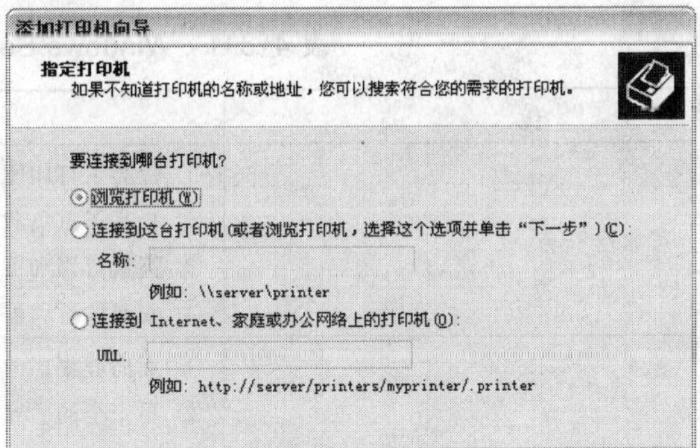

图 4-3-20　“指定打印机”界面 1

① 用户如果选择“浏览打印机”单选按钮，会出现网络中所有共享打印机的列表，只需从中选择即可，如图 4-3-21 所示。

② 用户也可选择“连接到这台打印机(或者浏览打印机，选择这个选项并单击“下一步”)”单选按钮，并在“名称”文本框中输入网络打印机的路径，如图 4-3-22 所示。

（3）在某些情况下，当连接到打印服务器时会提示输入用户名和密码的对话框。当配置完客户机后，用户可以将打印文档发送到指定的打印机完成打印，并可以查看打印队列。

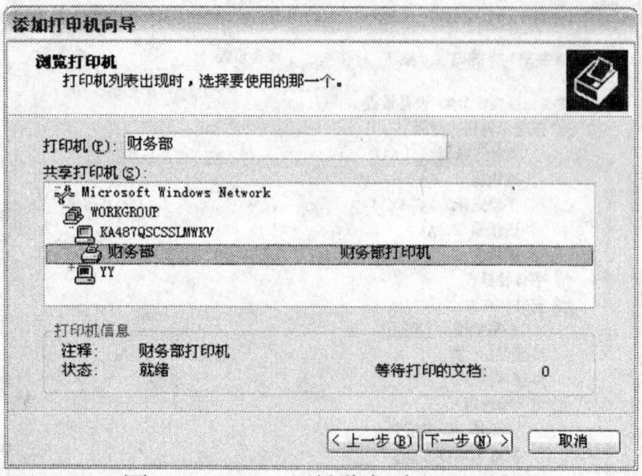

图 4-3-21 “浏览打印机”界面

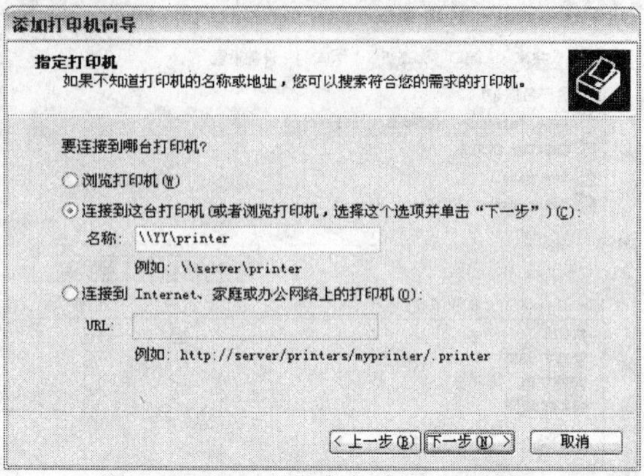

图 4-3-22 “指定打印机”界面 2

相关知识

1. 打印服务特性

网络中的客户端可以通过多种方式连接到安装在 Windows Server 2003 上的打印机，例如通过 UNC 路径连接或活动目录的搜索功能等。同时 Windows Server 2003 还为常见的客户端提供了打印驱动程序，使安装了 Windows XP 或 Windows 2000 的客户机不需要手动安装驱动程序就可以使用打印机。Windows Server 2003 的打印机管理可以使用基于 Web 浏览器的远程管理，用户只需要拥有打印机的管理权限，就可以通过浏览器远程管理安装在 Windows Server 2003 上的打印机。表 4-3-1 列出了 Windows Server 2003 打印服务的一些新特性。

表 4-3-1 Windows Server 2003 打印服务新特性

优　　点	特　　性
可靠性	① 提高了打印驱动程序控制的可靠性 ② 提高了重负载服务器上的后台打印性能 ③ 高度可用和可伸缩的任务关键级应用程序 ④ 安装的打印群集驱动程序可以自动传播到所有结点
易管理性	① 面向群集，改进了打印服务器的安装过程 ② 更安全的后台打印服务 ③ 通用的打印驱动程序版本控制 ④ 提高终端服务器性能 ⑤ 打印机重定向
实现 Internet 打印	为 Internet 打印提供了更安全的“指点式”打印
对新型设备的最佳支持	① 支持更多设备，支持超过 3 800 台的打印设备 ② 支持高端的彩色打印机（Unidrv Color PCLXL） ③ 支持 USB 2.0
实用性	① 自动重新启动后台打印服务 ② 可定制，以满足用户独特的需要

2. 企业打印服务

在企业或公司中，一般不会为每台计算机配置打印机，因此大部分都是通过网络进行远程打印。这种打印方式降低了打印成本。将打印机统一连接到打印服务器上，可以进行统一的管理，降低了管理员的日常维护的工作量。对于中小型企业或公司，为了降低成本，可以让其他服务器同时担任打印服务器的角色，如邮件服务器、代理服务器、DHCP 服务器等。而在一些大中型企业中，为了提高打印效率和速度，可以购买一台或多台打印服务器和打印设备，甚至可以购买带有网络接口的打印机，此类打印机是独立于计算机的，客户端通过网络使用 TCP/IP 通信协议和打印机进行通信，这种打印机的打印速度快，但是成本较高。图 4-3-23 为在企业中的打印机部署。

在企业打印服务器中，如果打印服务器的操作系统是 Windows Server 2003 或 Windows 2000 Server，那么客户端最好使用 Windows 2000 Professional、Windows XP 等操作系统，因为打印服务器默认就提供这两种操作系统的驱动程序。如果是其他的操作系统，就需要进行额外的设置。总之，实现打印服务需要根据企业的实际需求进行设计，这实际需求主要包含以下五点。

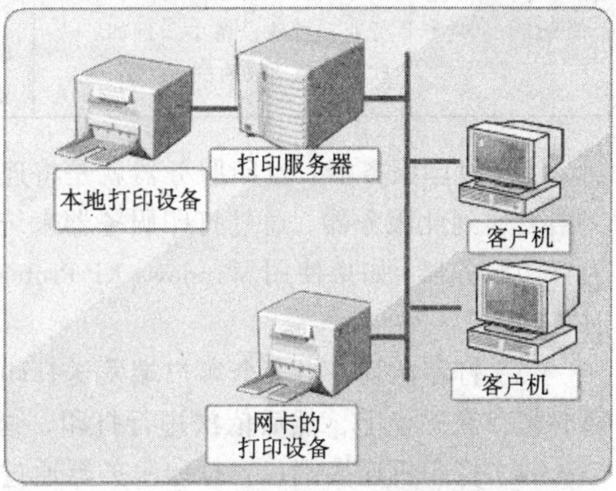

图 4-3-23 企业中的打印机部署

（1）打印速度：打印速度即每分钟的打印速度，速度慢的打印机可以每分钟打印 5～10 页，速度快的打印机可以达到每分钟打印 20～40 页。

（2）打印质量：普通的文字打印对打印机的要求不高，但图形、彩色文件对打印质量的要求较高。

（3）打印颜色：大部分的打印以黑白为主，但个别文件或特殊行业则需要彩色打印。对于小批量的彩色打印机可以使用喷墨彩色打印机，大量的彩色打印可以使用激光彩色打印机。

（4）打印机的数量和物理位置：对于网络打印机，位置的摆放十分重要，尽量放置在离各部门比较近，并容易管理的位置。如果距离太远或者在不同的建筑物中，就需要增加一定数量的打印机。

（5）打印权限：对于网络中的打印机，需要通过权限进行管理，以防止非法用户使用。

3. 打印服务相关的概念

在配置和使用打印机时经常会遇到一些专有名词，以下是和打印服务相关的名词的概念。

（1）打印设备和逻辑打印机：打印设备是指物理存在的打印机，例如各种型号的针式、喷墨和激光打印机等，具体打印设备的对比如表 4-3-2 所示。而逻辑打印机是指在“控制面板”的“打印机”窗口中添加的打印机，这里的打印机主要是为使用物理打印设备添加的驱动程序。一台计算机可以安装一台打印设备和一台逻辑打印机，也可以安装一台打印设备和多台逻辑打印机，还可以安装多台打印设备和多台逻辑打印机。

表 4-3-2 打印设备的对比

	针式打印机	喷墨打印机	激光打印机
优势	① 打印成本低 ② 可打印特殊介质，例如，复写纸	① 价格便宜 ② 可打印黑白和彩色	① 打印速度快 ② 打印效果很好 ③ 打印平均成本低
缺点	① 打印速度慢 ② 噪声大 ③ 打印效果差	① 打印速度慢 ② 打印成本高，主要是墨盒	① 价格稍贵 ② 彩色激光打印机价格昂贵
简介	针式打印机主要应用在特殊行业和特殊设备中，例如，收款机、自动取款机	喷墨打印机主要应用于家庭。彩色的喷墨打印机可以用于打印照片、彩色图纸等，但有时需要成本较高的特殊纸张	激光打印机是公司中使用最广泛的文件打印机

（2）打印服务器：打印服务器就是将连接到本地的打印机共享出来，网络用户可以将打印文档发送到此服务器，通过打印服务器来统一调度打印队列。推荐使用服务器版的操作系统作为打印服务器，如果使用 Windows XP Professional 作为打印服务器，最多能接受 10 个客户端同时打印。

（3）打印队列：当多个客户端发送打印作业到打印服务器上时，打印服务器会将这些作业暂时保存在磁盘上，然后依次进行打印，这些依次存放的打印作业就是打印队列。

（4）打印机连接端口：打印服务器通过某种端口和打印机相连，打印作业就是通过此端口发送到打印机。常见的打印机端口有并口、USB 口、红外线及包含网络接口的端口。

（5）打印池：一台逻辑打印机对应多台物理打印设备叫做打印池。打印池的目的是提高打印速度和合理分配打印机的使用效率。在打印池中的打印设备应该是硬件型号相同的打印机。打印池的物理布局如图 4-3-24 所示。

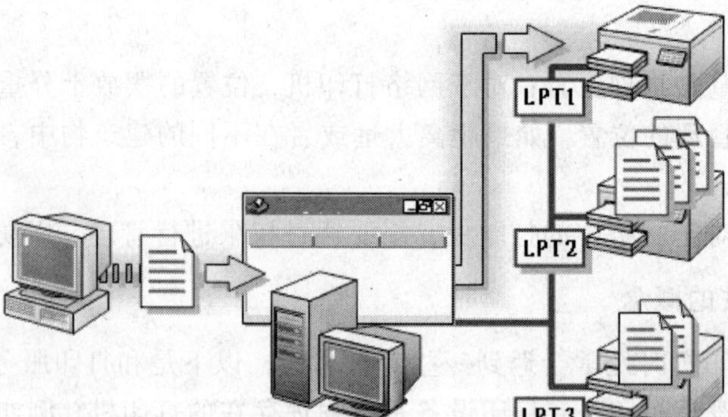

图 4-3-24 打印池的物理布局

（6）本地打印和网络打印：本地打印是指打印作业直接发送到本地打印设备中，网络打印是将打印作业通过网络发送到打印服务器，通过打印服务器进行打印。

（7）打印驱动程序：打印驱动程序是操作系统和打印机沟通的桥梁，通过打印驱动程序，操作系统将打印要求转换为打印机能够识别的命令。每个型号的打印设备使用的驱动程序都有所不同，而不同的操作系统也要使用不同的驱动程序。Windows Server 2003 提供了大部分打印机的驱动程序，并可以提供 Windows 2000、Windows NT、Windows XP 和 Windows 98 操作系统使用的驱动程序。

4．打印机属性的设置

当打印机安装完成后，需要对打印机的属性做进一步的设置，打印机才能更好地工作。通过打印机的属性可以设置打印机名称、共享名称、位置、注释、打印端口、优先级、使用打印机时间及打印权限等。

（1）“常规”选项卡：在“常规”选项卡中可以设置打印机名称、位置和注释等信息。打印机名称是打印机的标识，所有对打印机进行的操作都是通过名称实现的。在安装打印机时必须指定打印机的名称，如需要更改，可以在“常规”选项卡中实现打印机名称的更改，如图 4-3-25 所示。

（2）“共享”选项卡：在“共享”选项卡中可以设置打印机是否共享，并且可以在“共享名”文本框中设置共享名，如图 4-3-26 所示。如果用户选择“不共享这台打印机”选项，则打印共享将停止，网络上的其他客户端将无法使用此台打印机。

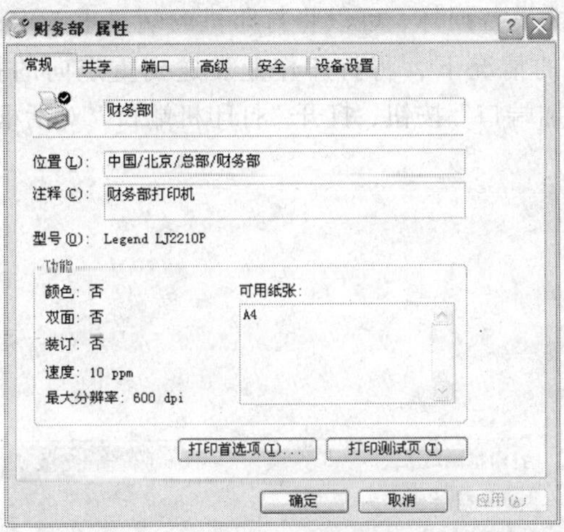

图 4-3-25　“常规”选项卡

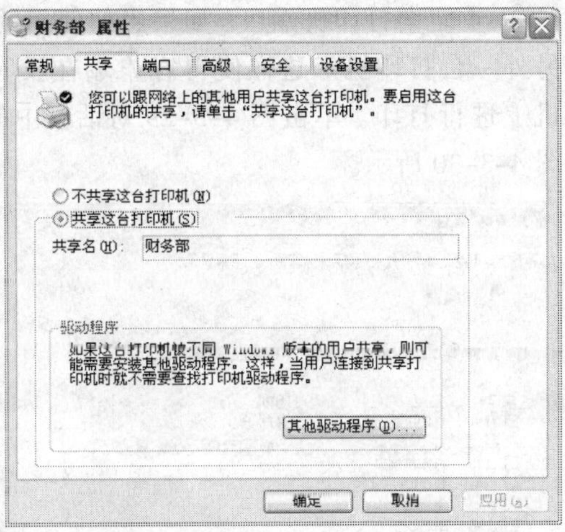

图 4-3-26　“共享”选项卡

单击“其他驱动程序”按钮，打开“其他驱动程序”对话框，如图 4-3-27 所示，在此对话框中可以添加其他操作系统使用的打印机驱动程序。

（3）“端口”选项卡：普通的打印机都是通过使用 LPT1 端口和计算机相连的，一般计算机的主板上只有一个 LPT1 端口，但可以通过扩展卡扩展到 LPT2 和 LPT3 接口，这时计算机就可以同时连接多台打印机。“端口”选项卡如图 4-3-28 所示。

① 启用打印机池。打印机池是指一台打印机对应多台打印设备。这里的打印机是指添加的逻辑打印机，打印设备是指真正存在的物理打印机。打印机池主要用于当一台打印机的打印速度不能满足打印服务的要求时，可以用两台或者多台打印设备来提供打印服务。打印机池的功能是将多台打印机模拟成一台打印机工作，这里的打印机必须为相同厂家和相同型号的打印设备。将打印设备通过 LPT2 端口连接到计算机上，在“端口”选项卡中选中“启用打印机池”

复选框，并同时选中连接的 LPT1 和 LPT2 选项，如图 4-3-29 所示。打印池的引入使得网络中的所有打印设备都能得到合理的利用，因而不会出现一台打印设备超负荷运行，而其他打印设备空闲的现象。

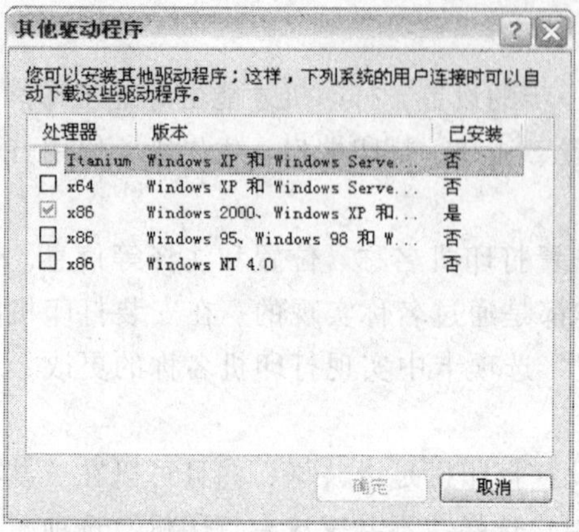

图 4-3-27 “其他驱动程序”对话框

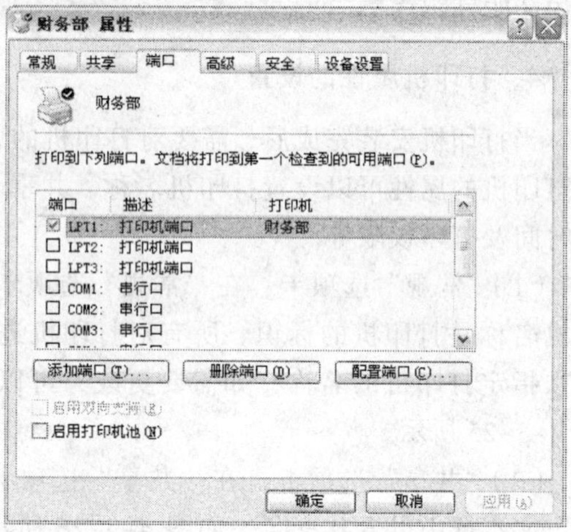

图 4-3-28 “端口”选项卡

② 重定向打印机端口。如果当前使用的打印机设备损坏，可以将打印机的端口重新定向到另外一台打印机。这样使得客户端在没有察觉的情况下，将打印作业发送到重定向的打印机上进行打印。单击图 4-3-29 对话框中的“添加端口”按钮，打开“打印机端口”对话框，如图 4-3-30 所示。

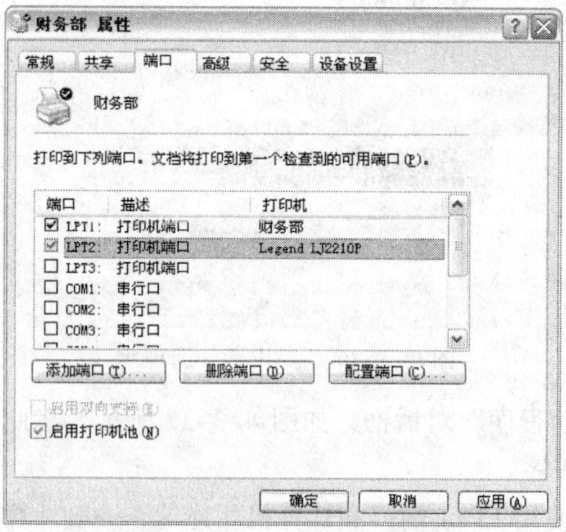

图 4-3-29 启用打印机池

图 4-3-30 “打印机端口”对话框

在“打印机端口”对话框中选择 Local Port 选项后，单击“新端口”按钮，打开“端口名”对话框，在“输入端口名”文本框中输入定向到的打印机的路径，如图 4-3-31 所示。

在“端口名”对话框中单击“确定”按钮返回“端口”选项卡，这时打印机端口已经指向了另外一台打印机，所有的打印作业将会发送到指定的打印机上进行打印，如图 4-3-32 所示。

图 4-3-31　“端口名”对话框

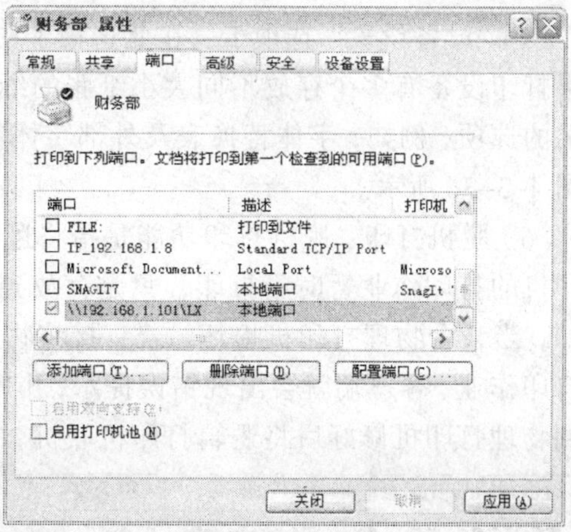

图 4-3-32　重定向后的打印机“端口”选项卡

（4）“高级”选项卡：在此选项卡中可以对用户使用打印机的时间段及打印机的优先级等进行设置。

① 打印时间段。如果选择了“总可以使用”选项，表示此打印机每天 24 小时提供打印服务。如果选择了“使用时间从”选项，可以进一步设置此打印机允许使用的时间区间，图 4-3-33 中设置了使用的时间是 8:00～16:00。

② 优先级。打印的顺序是指按照时间的先后顺序进行打印，即先来先打印。但有时一些客户端需要打印比较紧急的文件，希望优先打印，这时就可以通过设置打印机的优先级来实现。例如，公司中有管理人员和普通员工，管理人员发送的打印作业希望优先打印，这时可以安装两台打印机，这里的打印机是指“控制面板”中的逻辑打印机，其中端口都指向同一个端口。其中一台打印机给管理人员使用，另外一台打印机给普通员工，管理人员使用的打印机的“优先级”设置为 99（最高的优先级为 99），如图 4-3-34 所示。

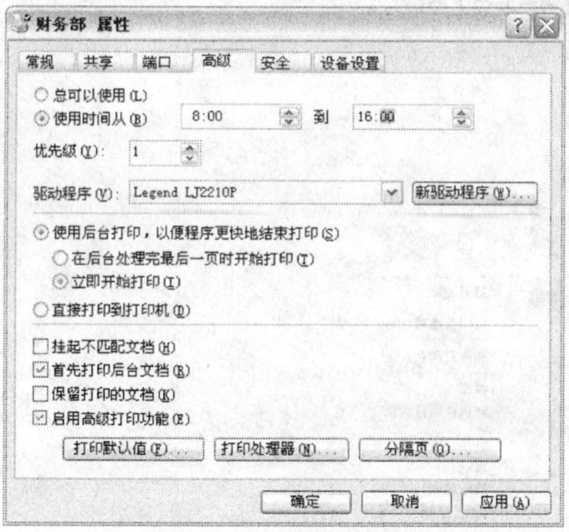

图 4-3-33　设置打印时间段

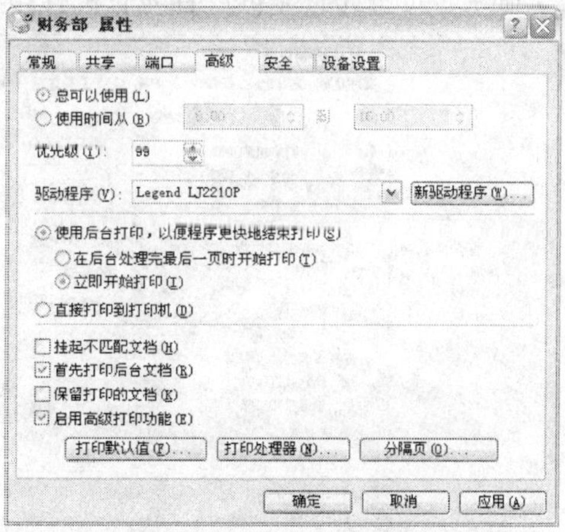

图 4-3-34　设置管理员优先级

普通员工的优先级设置为 1（最低的优先级为 1），如图 4-3-35 所示。这时管理人员只要将文档发送到他所使用的打印机，就可以优先于工作人员打印。但是如果一个文档已经开始打印，优先级的设置不会影响到该文档的打印。

（5）“设备设置”选项卡：在此选项卡中可以设置打印机的送纸器的工作类型和纸张类型。如果打印设备有多个存放不同大小纸张的纸盒，可以指定纸盒的格式，同时还可以设置和字体相关的选项，例如，字体替换表及外部字体等。如果打印机有内存，可以手动设置内存的大小，如图 4-3-36 所示。

（6）脱机打印：脱机打印功能是指将逻辑打印机和物理打印机暂时脱离，所有发送到逻辑打印机的打印作业暂时不打印，只是存放到打印队列中，等到解除脱机状态后，再继续打印。例如，当某台物理打印机损坏，若直接将物理打印机拆除维修，此时如果有发送到逻辑打印机的打印作业，客户端就会出现错误提示，影响客户的使用。这时可以将逻辑打印机设置成脱机，等到物理打印机修好后将逻辑打印机联机，所有的打印队列中的打印作业会依次打印。

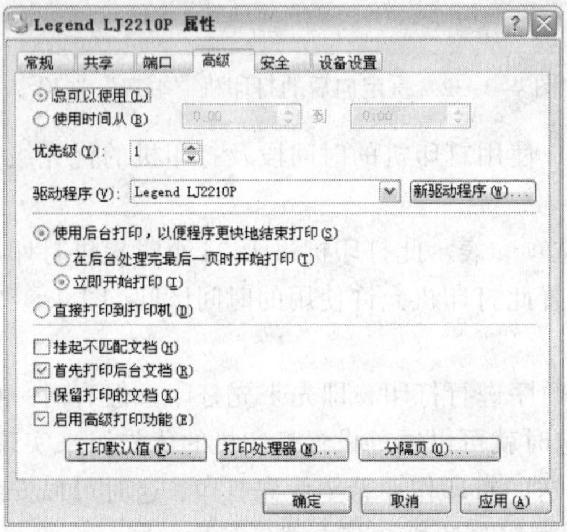

图 4-3-35　设置普通员工优先级

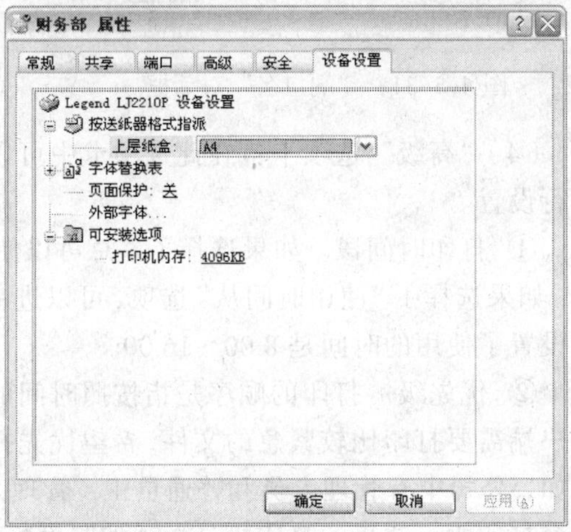

图 4-3-36　“设备设置”选项卡

在“打印机和传真”窗口中右击财务打印机图标，在弹出的快捷菜单中选择“脱机使用打印机”命令，可将此打印机设置为脱机打印，如图 4-3-37 所示。

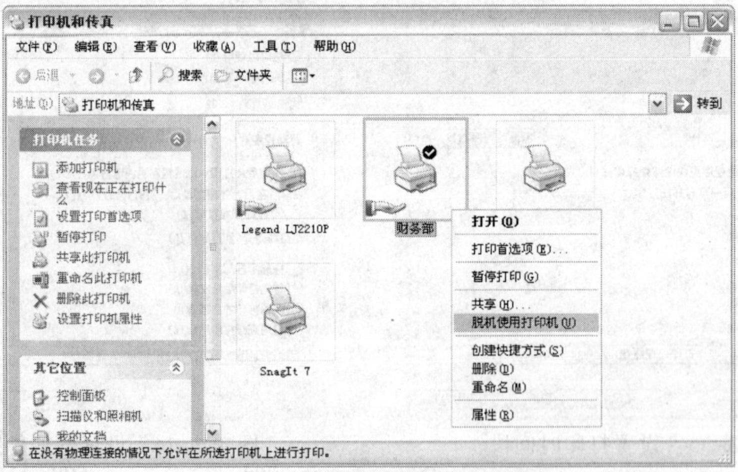

图 4-3-37　设置脱机使用打印机

脱机后的打印机会变成浅色。右击财务打印机图标，在弹出的快捷菜单中选择“使用联机打印机”命令，可将此打印机取消脱机打印，如图 4-3-38 所示。

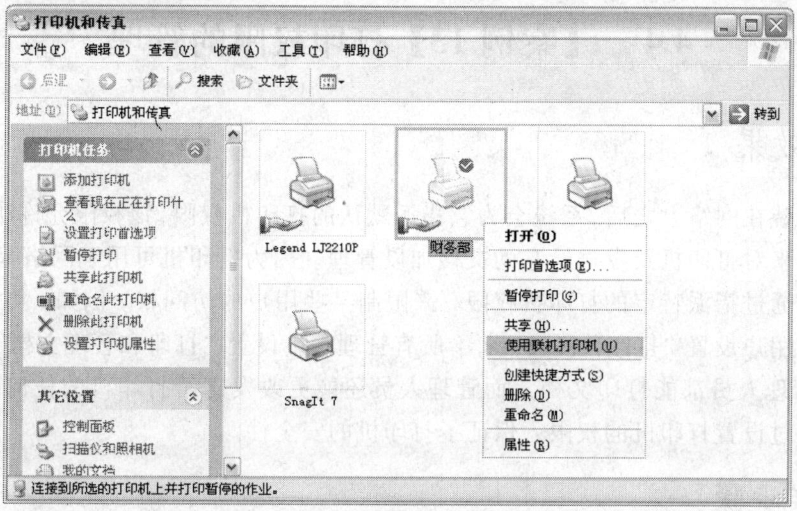

图 4-3-38 设置使用联机打印机

思考与练习

一、选择题

1. 关于打印池的描述，正确的是（　　）。
   A. 一台逻辑打印机对应多台物理打印机　B. 多台逻辑打印机对应一台物理打印机
   C. 可以提高打印速度　D. 需要使用同型号的打印机
2. 在常用的打印机中，（　　）的打印速度最快。
   A. 针式打印机　B. 喷墨打印机
   C. 激光打印机　D. 以上都不对
3. 关于打印优先级的描述，正确的是（　　）。
   A. 1 为最高级，99 为最低级
   B. 99 为最高级，1 为最低级
   C. 在一台逻辑打印机上可以设置不同的优先级
   D. 高优先级的打印机优先打印作业
4. 如果企业中有两台打印机 A 和 B，其中 A 打印机为主要的打印机，B 打印机为辅助打印机，现在 A 打印机损坏，（　　）才能让用户受到的影响最小。
   A. 将 A 打印机设置为脱机状态
   B. 让用户将 B 设置为默认打印机
   C. 将逻辑打印机 A 的端口重定向到 B 打印机
   D. 将 B 打印机发布到活动目录中

二、操作题

1. 安装逻辑打印机并设置相应的打印机属性信息。
2. 添加网络打印机。

4.4 【案例13】打印权限的管理

案例效果

打印机安装在网络上之后，系统会为它指派默认的打印机权限，该权限允许所有用户打印，并允许选择组来对打印机及发送给它的文档加以管理。因为打印机可用于网络上的所有用户，所以可能需要通过指派特定的打印机权限，来限制某些用户的访问权。例如，可以给部门中所有无管理权的用户设置“打印”权限，而给所有管理人员设置“打印和管理文档”权限。这样，所有用户和管理人员都能打印文档，而管理人员还能更改发送给打印机的任何文档的打印状态。管理员通过设置打印机的权限，保证了打印机的安全性。

操作步骤

1．管理打印机

（1）打开打印机的属性对话框，单击“安全”标签，切换到“安全”选项卡，可以设置打印机的安全权限，如图4-4-1所示。

（2）单击“添加”按钮，打开“选择用户或组”对话框，如图4-4-2所示。

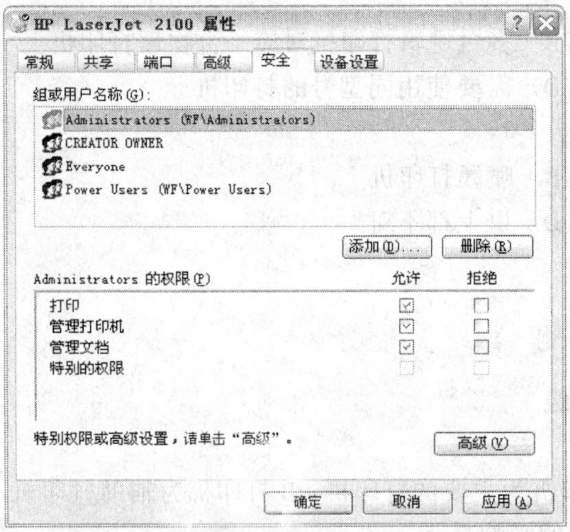

图4-4-1 打印机属性中的“安全”选项卡

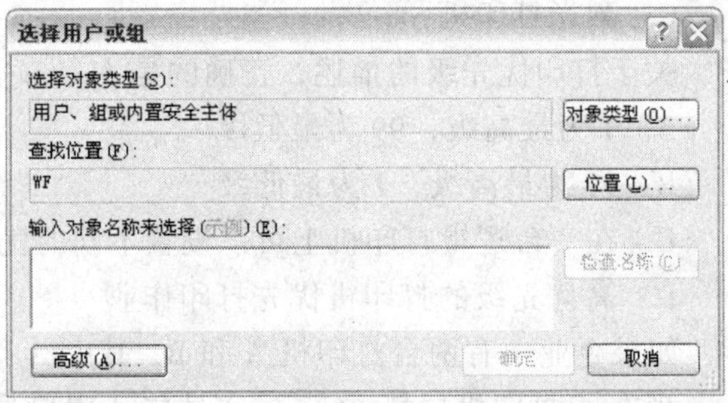

图4-4-2 “选择用户或组”对话框

可以输入需要添加的用户或组的名称，也可以单击“高级”按钮进行查找，如图4-4-3所示。

（3）单击“确定”按钮后，返回打印机属性对话框，授予wufei用户打印和管理文档的权限，如图4-4-4所示。

（4）单击“确定”按钮，完成用户权限的设置。

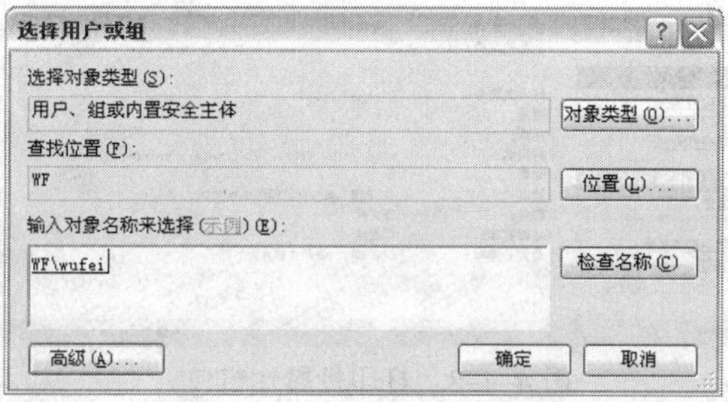

图 4-4-3　添加用户对话框

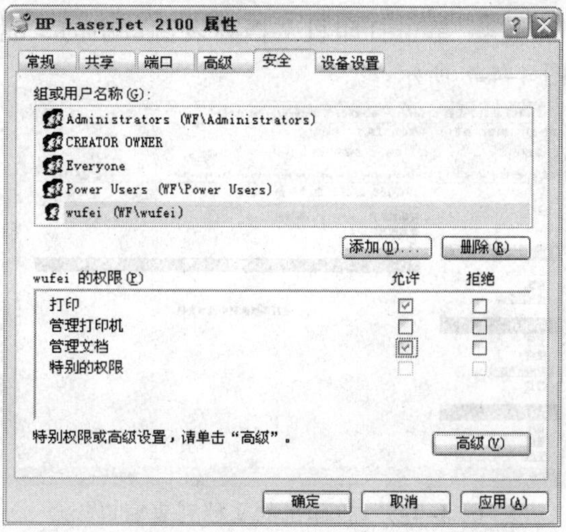

图 4-4-4　授予用户打印和管理文档权限对话框

2．用 Web 方式管理打印机

Windows Server 2003 支持通过 HTTP 协议管理和使用打印机，也就是说客户端可以在世界各地通过浏览器远程管理和使用 Internet 上的 Windows Server 2003 打印服务器。用户如果希望 Windows Server 2003 能支持基于 HTTP 协议远程管理和打印，必须安装 Microsoft Internet Information Services（IIS）软件。此软件已经内置在 Windows Server 2003 安装光盘中，只需在“添加或删除程序”中安装即可。

当打印服务器安装完 IIS 和打印机后，就可以在网络中的任何一台计算机中通过 Internet Explorer 浏览器进行管理。

（1）打开 Internet Explorer 浏览器，在地址栏中输入 http://192.168.1.103/printers，此时系统提示输入具有管理打印机权限的用户名和密码，如图 4-4-5 所示。

（2）用户名和密码验证通过后，会在浏览器中列出打印服务器中所有的打印机，如图 4-4-6 所示。

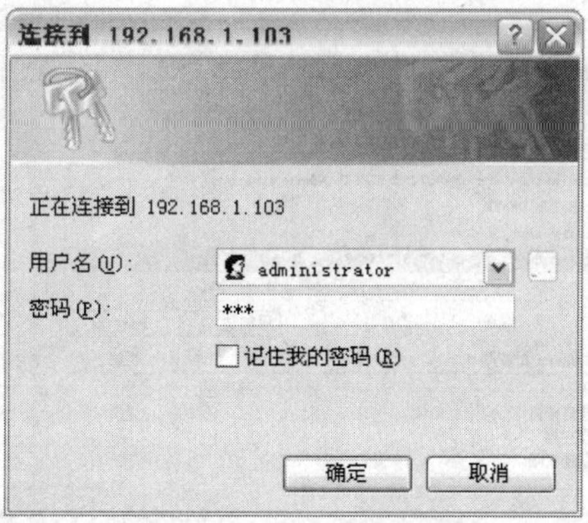

图 4-4-5　用户名和密码对话框

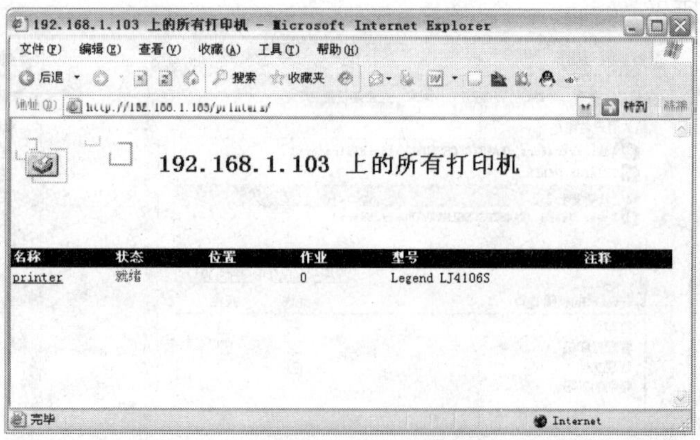

图 4-4-6　打印服务器上的打印机列表

（3）单击某一个打印机名称的超链接，可以打开此打印机的管理窗口，进入打印机的文档管理窗口，如图 4-4-7 所示。

（4）单击打印机文档列表窗口中的“属性”超链接，可以查看打印机的基本信息，如图 4-4-8 所示。

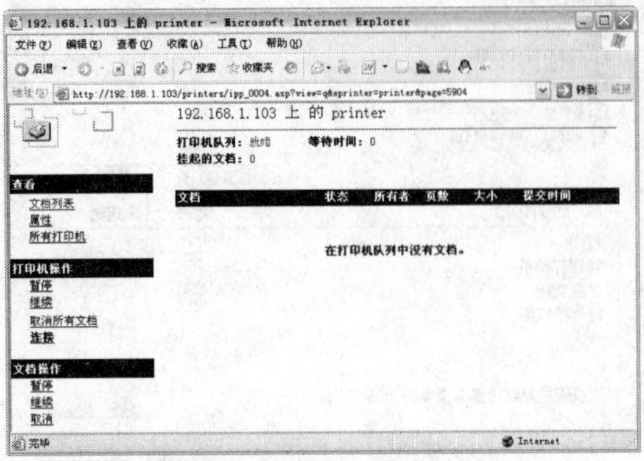

图 4-4-7　打印机的文档列表窗口

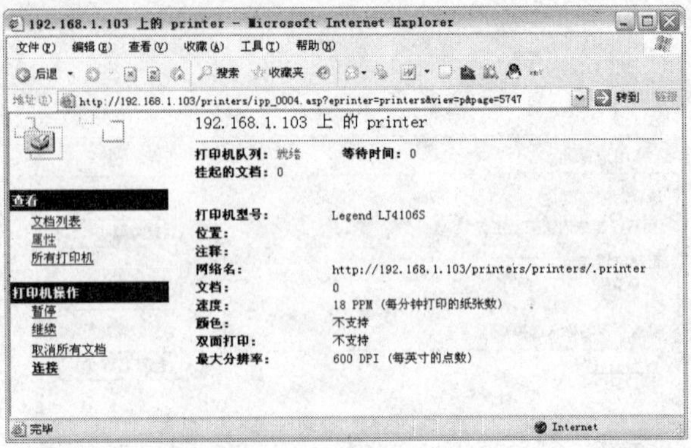

图 4-4-8　打印机属性窗口

相关知识

打印机的权限

打印机是网络中非常重要的资源，只有经过授权的用户才能使用打印机。用户可以通过打印机属性中的“安全”选项卡进行设置。Windows Server 2003 提供了三种常用的打印机权限，即打印、管理打印机和管理文档。

（1）打印权限：如果为用户分配了打印权限，用户就可以连接到此打印机，并可以将打印文档发送到打印机。默认情况下，打印权限分配给 Everyone 组，也就是任何用户都具有打印权限，如图 4-4-9 所示。

（2）管理打印机：管理打印机权限主要是指用户可以对打印机进行日常的管理操作，例如，更改打印机的名称、设置打印机的共享、设置打印机端口号、设置打印机的优先级、管理打印机权限及暂停和重新启动打印机等操作。基本上具有管理打印机权限的用户就是打印机管理员。默认情况下，Administrators 组和 Power Users 具有管理打印机的权限，如图 4-4-10 所示。

图 4-4-9　Everyone 组的打印权限

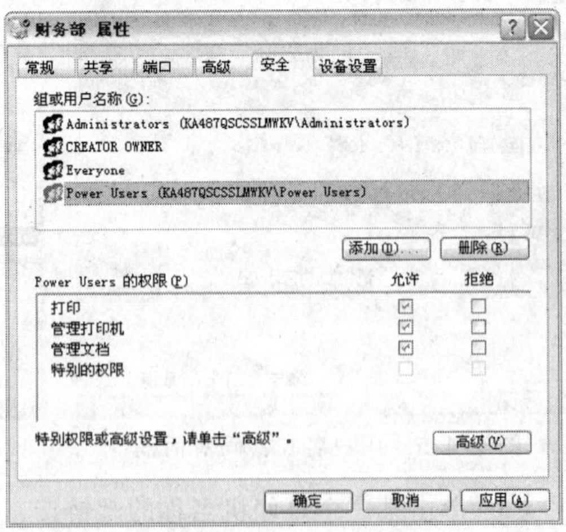

图 4-4-10　Power Users 具有管理打印机的权限

（3）管理文档：管理文档权限是指可以对发送到打印机的打印作业进行暂停、继续、重新开始和取消打印作业等操作。默认情况下，Everyone 组只具有打印权限，没有对文档的操作权限。如果用户需要对文档进行操作，必须委托具有权限的用户进行操作。如果为 Everyone 组分配管理文档的权限，又可能造成用户对其他文档的误操作。为了解决管理文档的问题，系统为 CREATOR OWNER 组分配了管理文档的权限。当一个普通用户发送一个打印作业到打印机时，此用户就会自动加入 CREATOR OWNER 组，并且此用户只对自己发送的打印作业具有管理文档的权限，如图 4-4-11 所示。

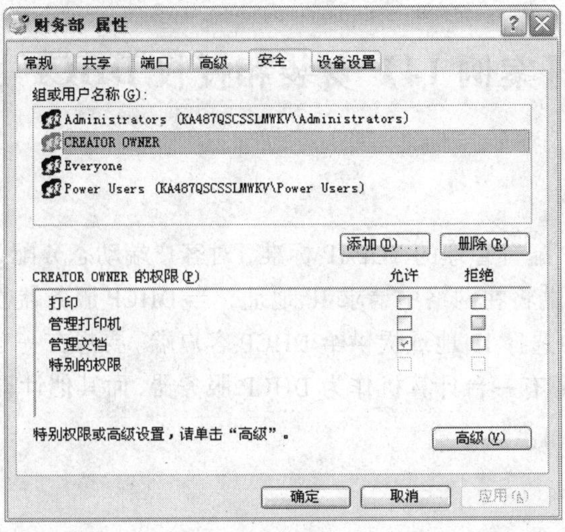

图 4-4-11　CREATOR OWNER 组具有管理文档的权限

思考与练习

一、选择题

1. 在打印机的默认权限中，普通用户 Everyone 组具有（　　）权限。

   A. 管理打印机　　B. 管理文档　　C. 打印　　D. 没有访问

2. 关于 Web 远程管理打印机的描述，正确的是（　　）。

   A. 默认情况下 Windows Server 2003 可以通过 Web 管理打印机

   B. 需要安装 IIS 服务

   C. 需要安装 Internet 打印服务管理

   D. 需要具有相应的权限

3. 在打印机的权限管理中有一个 CREATOR OWNER 组，此组的默认功能和权限是（　　）。

   A. 打印权限　　B. 管理打印机

   C. 管理文档　　D. 管理自己安装的打印机

二、操作题

1. 设置打印机权限。
2. 通过 Web 方式管理打印机。

第 5 章　企业网络中的 DHCP 服务

5.1　【案例 14】安装和授权 DHCP 服务器

案例效果

DHCP 是用于简化 IP 配置管理的 TCP/IP 标准，对客户端动态分配 TCP/IP 信息。第一次启动 DHCP 客户端时，该客户端将在网络中请求 IP 地址，当 DHCP 服务器收到 IP 地址的请求后，它将从数据库定义的地址中选择 IP 地址提供给 DHCP 客户端。要想在一个 TCP/IP 协议的网络中使用 DHCP，该网络中至少要有一台计算机作为 DHCP 服务器，而其他计算机则作为 DHCP 客户端。

操作步骤

1. 安装 DHCP 服务器

（1）选择“开始”→“控制面板”→“添加或删除程序”命令，打开“添加或删除程序”窗口，如图 5-1-1 所示。在窗口左侧单击“添加/删除 Windows 组件”图标，打开“Windows 组件向导”对话框，如图 5-1-2 所示。

（2）在“组件”列表框中选中“网络服务”复选框，再单击“详细信息”按钮，打开“网络服务”对话框，并在“网络服务的子组件”列表框中选中“动态主机配置协议（DHCP）”复选框，如图 5-1-3 所示。

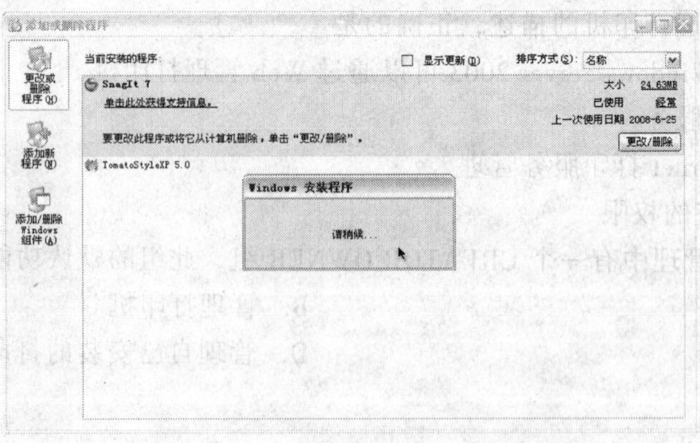

图 5-1-1　“添加或删除程序”窗口

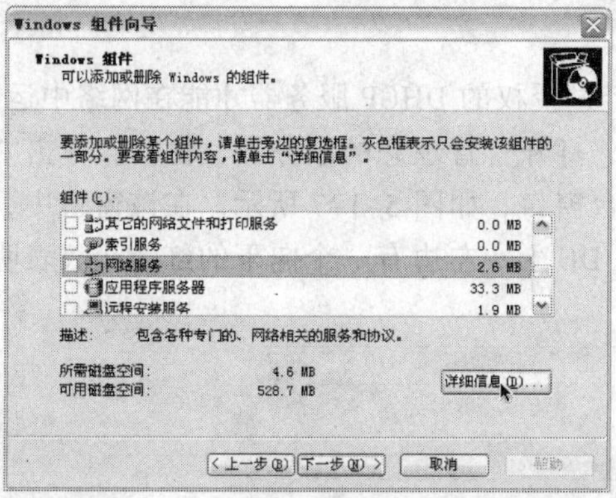

图 5-1-2　“Windows 组件向导”对话框 1

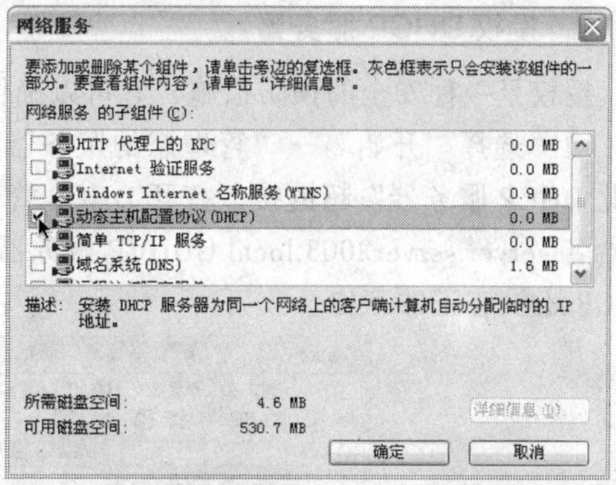

图 5-1-3　“网络服务”对话框

（3）单击“确定”按钮，返回“Windows 组件向导”对话框，单击“下一步”按钮开始安装，如图 5-1-4 所示。

（4）安装完成后单击“完成”按钮，DHCP 服务安装完毕，如图 5-1-5 所示。

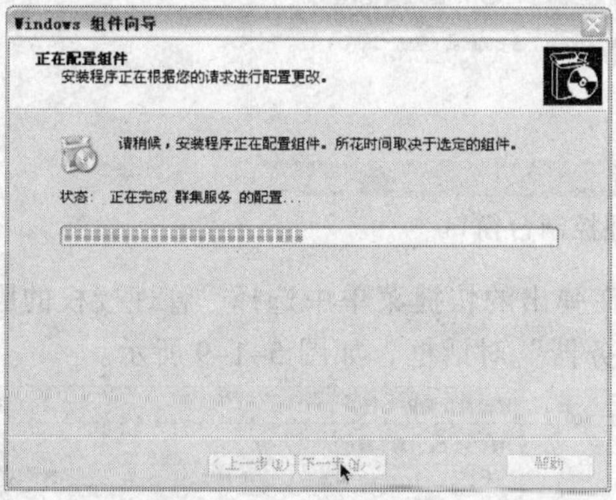

图 5-1-4　“Windows 组件向导”对话框 2

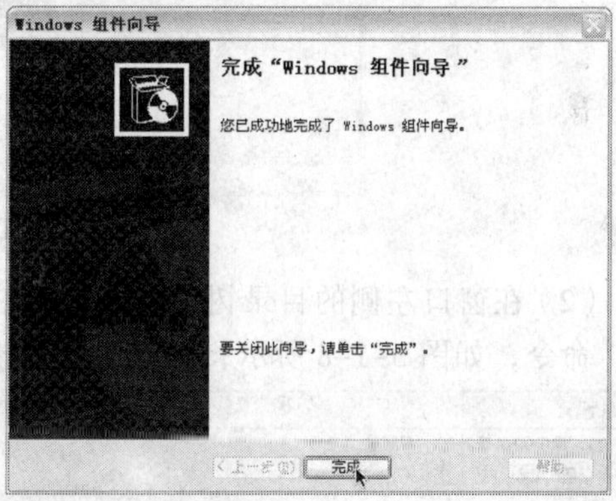

图 5-1-5　“Windows 组件向导”对话框 3

（5）选择“开始”→“管理您的服务器”命令，打开“管理您的服务器”窗口，即可看到刚安装好的 DHCP 服务器选项。当配置 DHCP 服务时，单击“DHCP 服务器”选项组中的“管理此 DHCP 服务器”超链接即可，如图 5-1-6 所示。

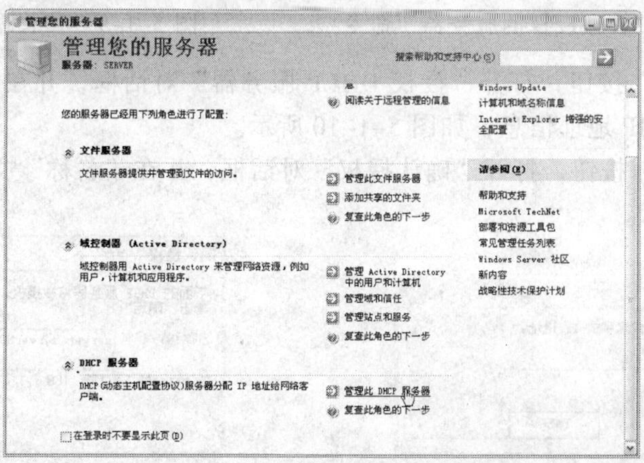

图 5-1-6　“管理您的服务器”窗口

2. 授权 DHCP 服务器

授权是一种安全的预防措施，它可以确保只有经过授权的 DHCP 服务器才能在网络中运行。

（1）选择“开始”→“管理您的服务器”命令，打开“管理您的服务器”窗口，单击“管理此 DHCP 服务器”超链接，打开 DHCP 管理控制台窗口，如图 5-1-7 所示。在该窗口中，服务器名 server.server2003.local（DHCP 服务器安装在 DC 上）左边有一个向下的红箭头，表明此 DHCP 还没有正常工作。

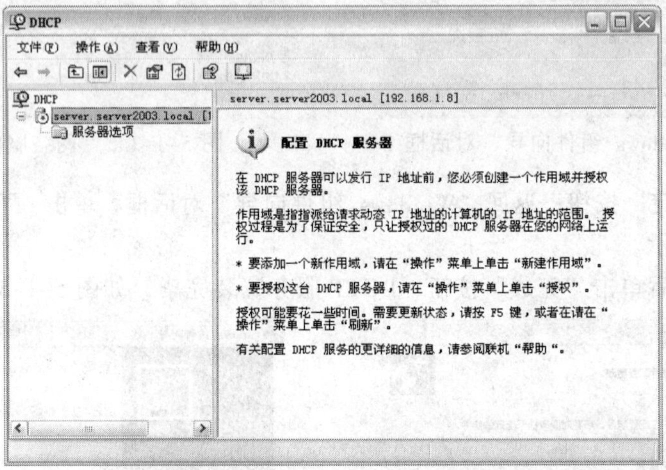

图 5-1-7 DHCP 管理控制台窗口

（2）在窗口左侧的目录树中右击 DHCP 选项，在弹出的快捷菜单中选择“管理授权的服务器”命令，如图 5-1-8 所示，打开“管理授权的服务器”对话框，如图 5-1-9 所示。

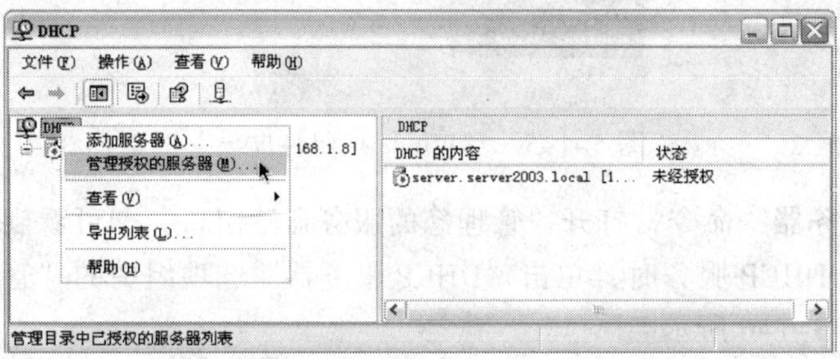

图 5-1-8 “管理授权的服务器”命令

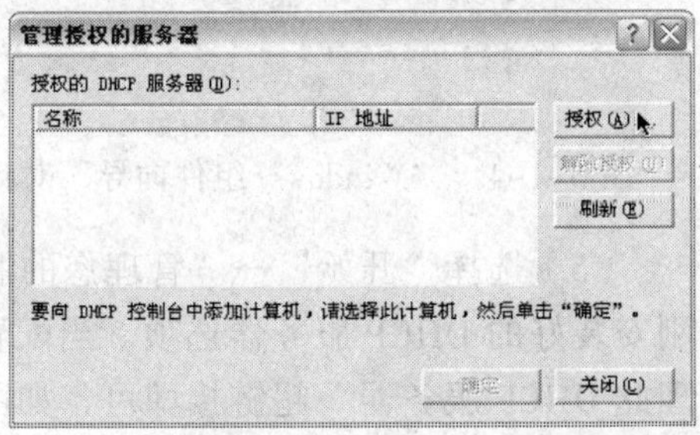

图 5-1-9 “管理授权的服务器”对话框

（3）单击“授权”按钮，打开“授权 DHCP 服务器”对话框，并在“名称或 IP 地址”文本框中输入服务器的 IP 地址信息，如图 5-1-10 所示。

（4）单击“确定”按钮，打开“确认授权”对话框，并在“名称”文本框中输入服务器名称，如图 5-1-11 所示。

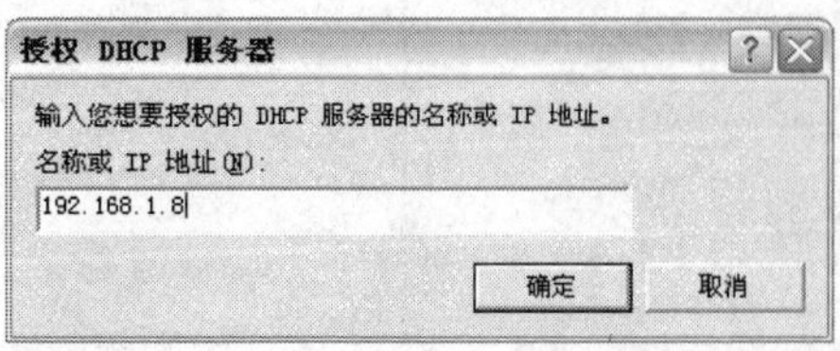

图 5-1-10 “授权 DHCP 服务器”对话框

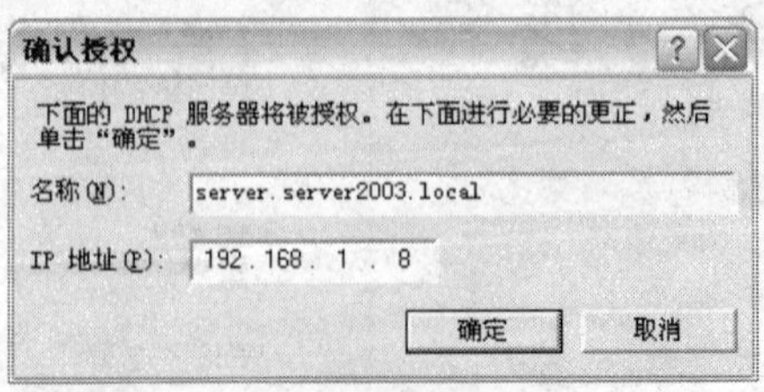

图 5-1-11 “确认授权”对话框

（5）单击“确定”按钮，返回“管理授权的服务器”对话框，此时主机已经添加到服务器列表框中，如图 5-1-12 所示。

（6）单击“确定”按钮，授权此 DHCP 服务器，表明已经成功地授权了 DHCP 服务器，如图 5-1-13 所示。

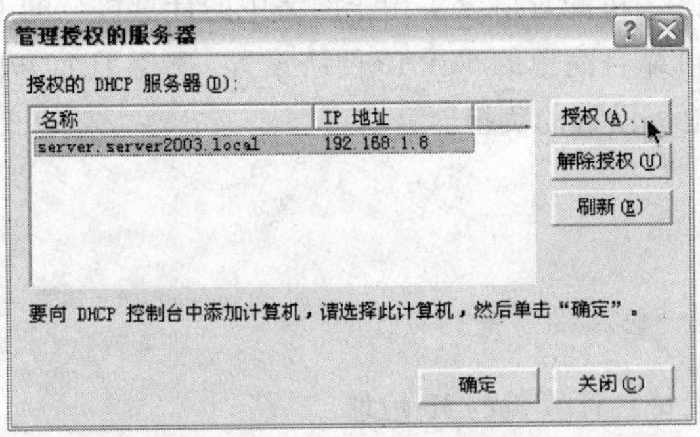

图 5-1-12　添加服务器后的“管理授权的服务器”对话框

图 5-1-13　主机已经添加到 DHCP 服务器列表的提示对话框

（7）单击“确定”按钮，返回 DHCP 管理控制台窗口，右击服务器名称，在弹出的快捷菜单中选择“刷新”命令，如图 5-1-14 所示。此时红色向下的箭头变为绿色向上的箭头，证明此 DHCP 服务器已经正常工作，如图 5-1-15 所示。

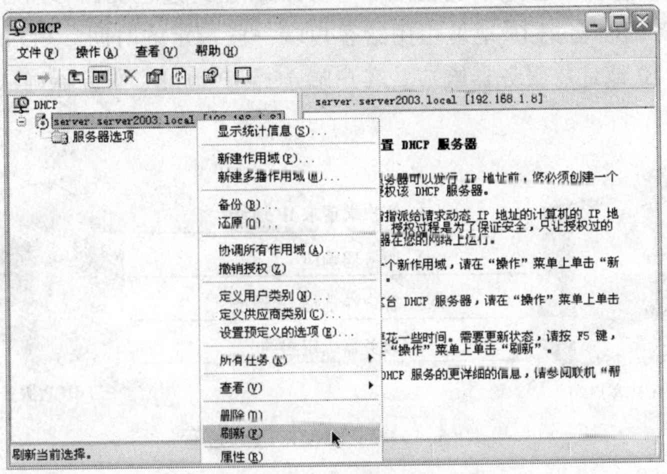

图 5-1-14　DHCP 管理控制台窗口

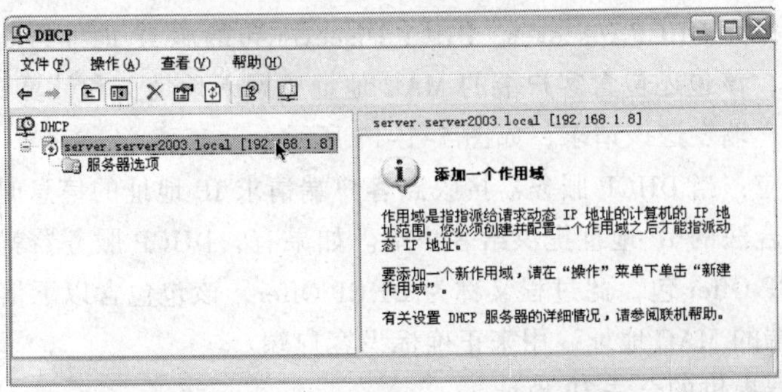

图 5-1-15　授权后的 DHCP 服务器

相关知识

1. DHCP 概述

DHCP（dynamic host configure protocol，动态主机配置协议）用于网络中的计算机分配 IP 地址及一些 TCP/IP 配置信息。DHCP 提供安全、可靠且简单的 TCP/IP 网络设置，避免了 TCP/IP 网络中地址的冲突，同时也大大降低了管理 IP 地址设置的负担。

DHCP 有以下优点：

- 减小管理员的工作量。
- 减小输入错误的可能。
- 避免 IP 冲突。
- 当网络更改 IP 地址段时，不需要重新配置每台计算机的 IP 地址。
- 计算机移动时不必重新配置 IP 地址。
- 提高了 IP 地址的利用率。

2. DHCP 租约过程

客户端除了可以从 DHCP 服务器获得 IP 地址外，还可以获得子网掩码、默认网关地址、DNS 服务器地址等信息，以上这个过程又称为 DHCP 租约过程。因为当客户端接收提供的 IP 地址时，DHCP 服务器将会把 IP 地址租用给客户端一段指定的时间。租约过程分为 4 个步骤，分别为客户端请求 IP 地址、服务器响应、客户端选择 IP 地址、服务器确认租约，如图 5–1–16 所示。

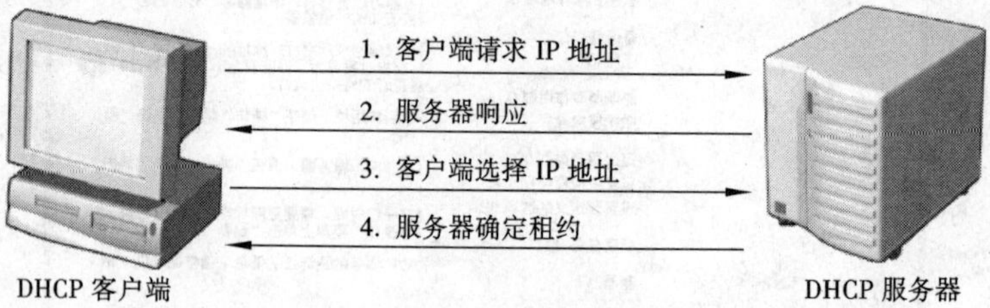

图 5–1–16　DHCP 租约过程

（1）客户端请求 IP 地址：DHCP 客户端在网络中广播一个 DHCP Discover 包以请求 IP 地址，因此此过程也称为 DHCP Discover。DHCP Discover 包的源 IP 地址为 0.0.0.0，目的 IP 地址为 255.255.255.255，该包还包含客户端的 MAC 地址（网卡地址）和计算机名，以使 DHCP 服务器能确定哪个客户端发送该请求，如图 5–1–17 所示。

（2）服务器响应：当 DHCP 服务器接收到客户端请求 IP 地址的信息时，就在自己的 IP 地址库中查找是否有合法的 IP 地址提供给客户端。如果有，DHCP 服务器就将此 IP 地址作上标记，广播一个 DHCP Offer 包，此过程又称为 DHCP Offer，该包包含以下信息：

- DHCP 客户端的 MAC 地址，用来正确标识客户端。
- DHCP 服务器提供的合法 IP 地址。

- 子网掩码。
- 租约的期限。
- 服务器标识符，DHCP 提供服务器的 IP 地址。

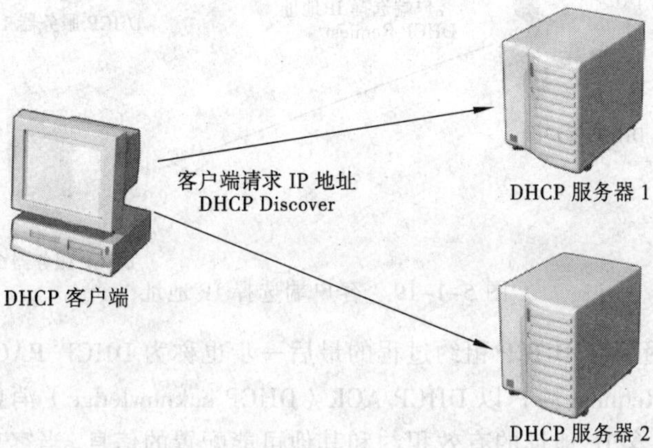

图 5-1-17　客户端请求 IP 地址

因为 DHCP 客户端还没有 IP 地址，所以由 DHCP 服务器发送广播消息，如图 5-1-18 所示。如果网络中存在多个 DHCP 服务器，则这些服务器都会广播 DHCP Offer 包。

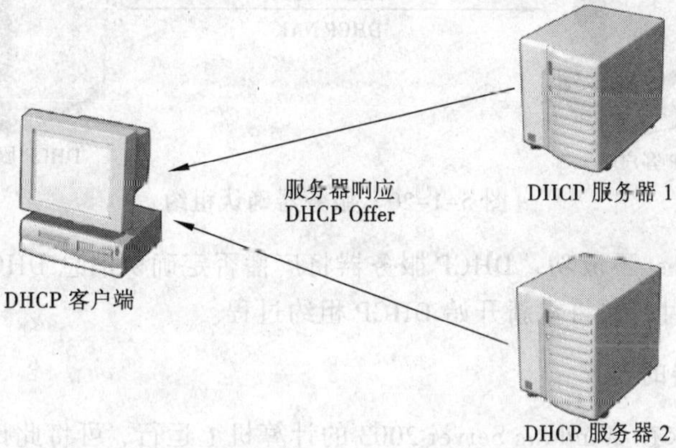

图 5-1-18　服务器响应

（3）客户端选择 IP 地址：DHCP 客户端从接收到的第一个 DHCP Offer 包中选择 IP 地址，并将 DHCP Request 包广播到所有 DHCP 服务器，表明它接受提供的内容，此过程也称为 DHCP Request。DHCP Request 包的信息包含为该客户端提供 IP 配置的服务器的服务标识符（IP 地址）。DHCP 服务器查看服务器标识符字段，以确定它们是否被选择为指定的客户端提供 IP 地址。如果客户端接受了 IP 地址，则发出 IP 地址的 DHCP 服务器将该地址保留，该地址就不能提供给另一个 DHCP 客户端。如果那些 DHCP Offer 包被拒绝，DHCP 服务器则取消提供并保留其 IP 地址以用于下一个 IP 租约请求，如图 5-1-19 所示。

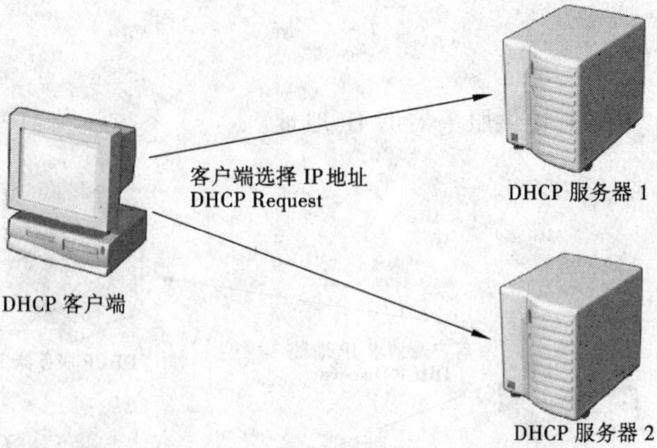

图 5-1-19　客户端选择 IP 地址

（4）服务器确认租约：DHCP 租约过程的最后一步也称为 DHCP PACK/DHCP NAK。DHCP 服务器接收到 DHCP Request 后，以 DHCP ACK（DHCP acknowledge）消息的形式向客户端广播成功的确认，该消息包含 IP 地址的有效租约和其他可能配置的信息。当客户端接收到 DHCP ACK 包时，它就配置了 IP 地址，完成了 TCP/IP 的初始化，从而可以在 TCP/IP 网络上进行通信，如图 5-1-20 所示。

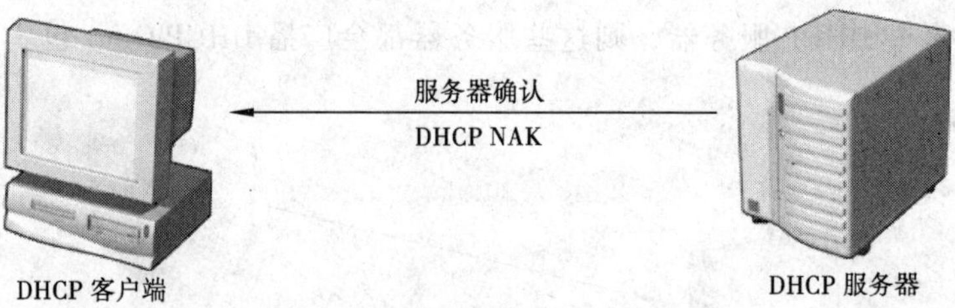

图 5-1-20　服务器确认租约

如果 DHCP Request 不成功，DHCP 服务器将广播否定确认消息 DHCP NAK 包。当客户端接收到不成功的确认时，它将重新开始 DHCP 租约过程。

3．DHCP 服务器的要求

DHCP 服务器要求在 Windows Server 2003 的计算机上运行，可将此计算机设置为域控制器或成员服务器，对运行 DHCP 的服务器的要求如下：

- 静态 IP 地址、子网掩码和其他的 TCP/IP 参数。
- 要安装 DHCP 服务。
- 使用活动目录服务授权 DHCP 服务器。
- 创建作用域并激活，作用域实际上是一段 IP 地址的范围。

思考与练习

一、选择题

1.（　　）称为动态主机配置协议。

A．HTTP　　B．DNS　　C．DHCP　　D．RAS

2. 在 DHCP 租约过程中，当客户端请求 IP 地址时，将选用（　　）作为源地址，（　　）作为目的地址。
   A. 192.168.0.1　　B. 10.0.0.1　　C. 0.0.0.0　　D. 255.255.255.255
3. 以下对 DHCP 描述正确的是（　　）。
   A. DHCP 需要网络管理员手动配置客户端的 TCP/IP 信息
   B. DHCP 减轻了网络管理员的负担，不需要手动配置 TCP/IP 信息
   C. DHCP 租约过程分为两个步骤，即客户机请求 IP 和服务器分配 IP
   D. DHCP 服务器只需要在服务器上运行 Windows Server 2003 即可，没有其他要求
4. 决定 IP 地址的租用期限，默认为（　　）天。
   A. 6　　B. 7　　C. 8　　D. 9
5. 在 DHCP 租约过程中，（　　）过程广播一个 DHCP Offer 包。
   A. 客户端请求 IP 地址　　B. 服务器响应
   C. 客户端选择 IP 地址　　D. 服务器确认 IP 租约

二、操作题

1. 安装一台 DHCP 服务器。
2. 对已有的 DHCP 服务器进行授权。

5.2　【案例 15】配置和维护 DHCP 服务器

案例效果

在授权 DHCP 服务器后，首要的任务是创建及配置作用域，作用域创建完成后，打开 DHCP 管理控制台窗口，作用域前面有红色向下的箭头，如图 5-2-1 所示，表明作用域状态为不活动，此时客户端还不能从该作用域获得 IP 地址，在作用域没有配置完整之前，可以防止客户端申请不完整的 TCP/IP 信息。配置完作用域各选项后，要使作用域生效，需要激活。

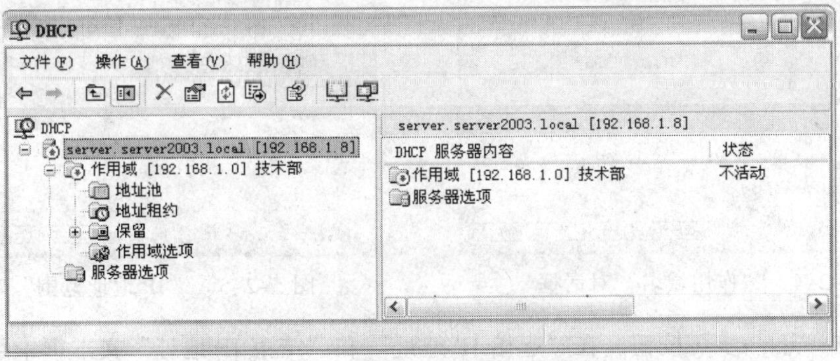

图 5-2-1　DHCP 管理控制台窗口 1

作用域选项可以给本网段的客户端分配一些可选参数，例如，默认网关（路由器）的 IP 地址、DNS 服务器的 IP 地址等，作用域选项只可用于本作用域的客户端。

操作步骤

1. 新建作用域

（1）打开 DHCP 管理控制台，右击 DHCP 服务器 server.server2003.local 选项，在弹出的快捷菜单中选择“新建作用域”命令，如图 5-2-2 所示。打开“新建作用域向导”对话框，如图 5-2-3 所示。

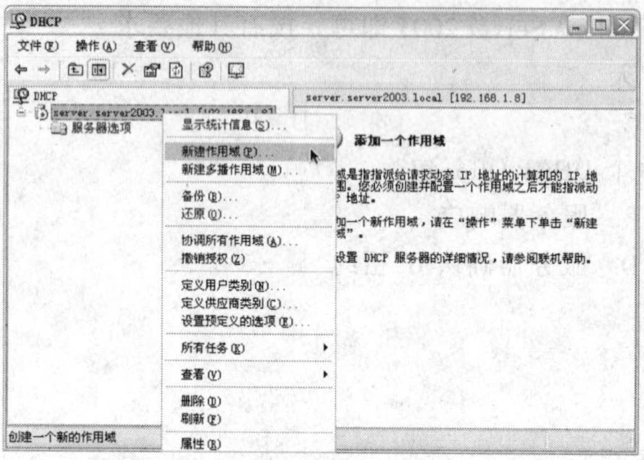

图 5-2-2　DHCP 管理控制台窗口 2

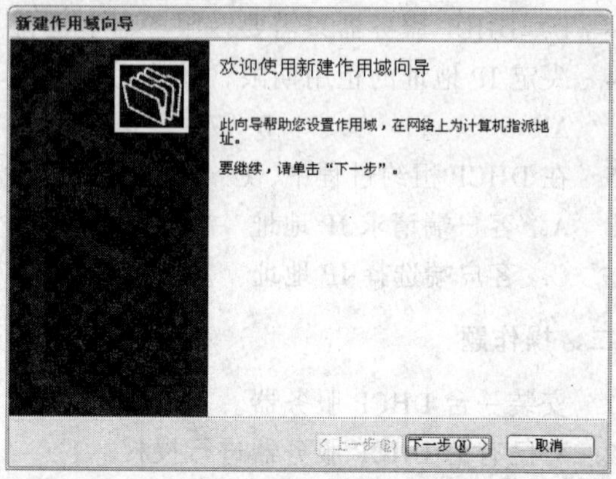

图 5-2-3　“新建作用域向导”对话框

（2）单击“下一步”按钮，在“名称”和“描述”文本框中输入作用域的名称和描述，如图 5-2-4 所示。

（3）单击“下一步”按钮，在“起始 IP 地址”和“结束 IP 地址”文本框中输入作用域分配的地址范围，并在“长度”文本框中输入子网掩码的长度，如图 5-2-5 所示。

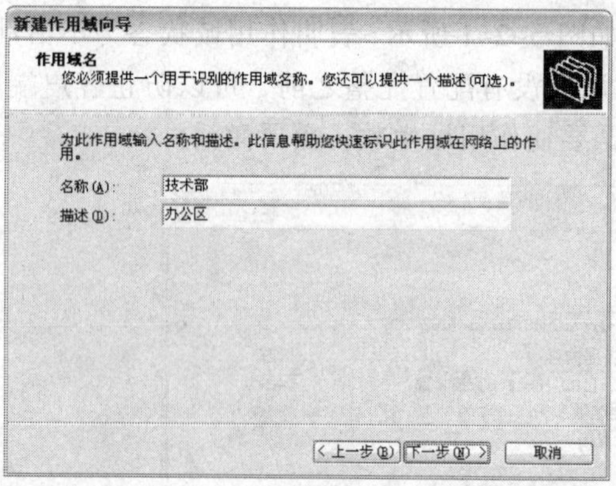

图 5-2-4　“作用域名”对话框

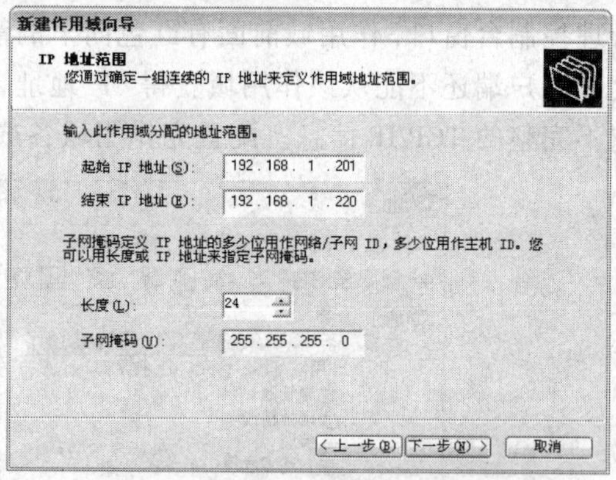

图 5-2-5　“IP 地址范围”对话框

（4）单击“下一步”按钮，在“起始 IP 地址”和“结束 IP 地址”文本框中可以输入排除的 IP 地址范围，即服务器不分配的 IP 地址范围，通常是服务器的 IP 地址，如图 5-2-6 所示。此处排除的 IP 地址范围为空，可根据实际需要进行排除。

（5）单击“下一步”按钮，可以设置租约期限，默认为 8 天，用户可以根据实际需要进行更改，如图 5-2-7 所示。

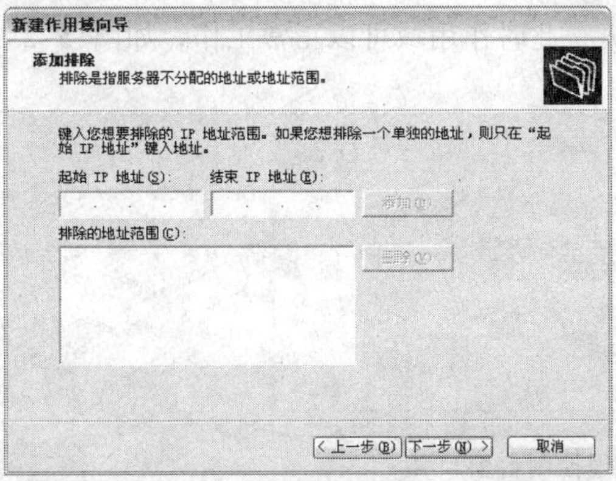

图 5-2-6　“添加排除”对话框

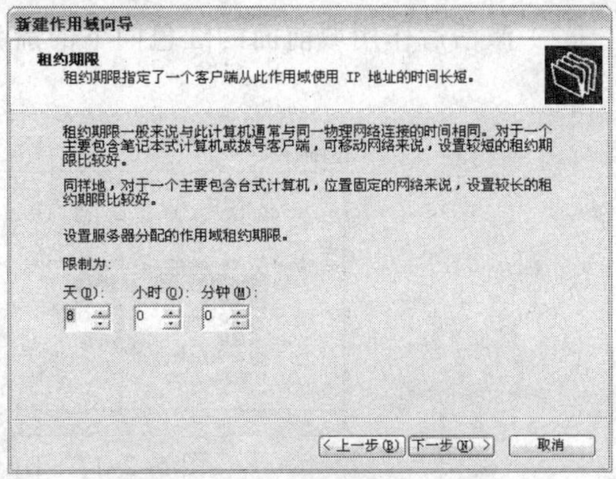

图 5-2-7　“租约期限”对话框

（6）单击“下一步”按钮，可以配置 DHCP 选项，这些为可选的选项，选中“否，我想稍后配置这些选项”单选按钮，如图 5-2-8 所示。

（7）单击“下一步”按钮，提示成功完成新建作用域向导，单击“完成”按钮，完成 DHCP 服务器的作用域的创建，如图 5-2-9 所示。

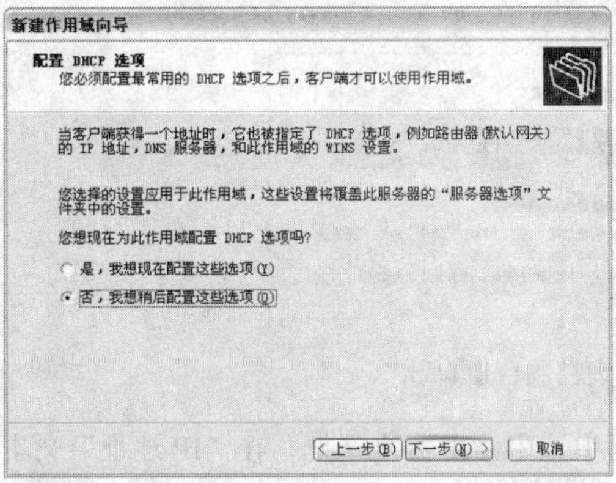

图 5-2-8　“配置 DHCP 选项”对话框

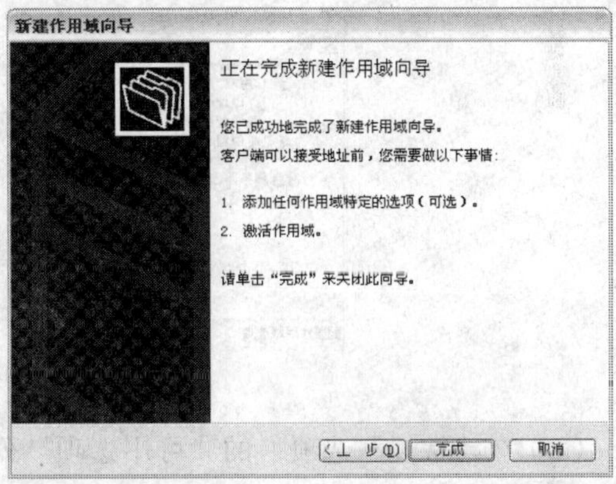

图 5-2-9　“正在完成新建作用域向导”对话框

2．激活作用域

（1）在 DHCP 管理控制台窗口左侧右击作用域技术部选项，在弹出的快捷菜单中选择“激活”命令，如图 5-2-10 所示。

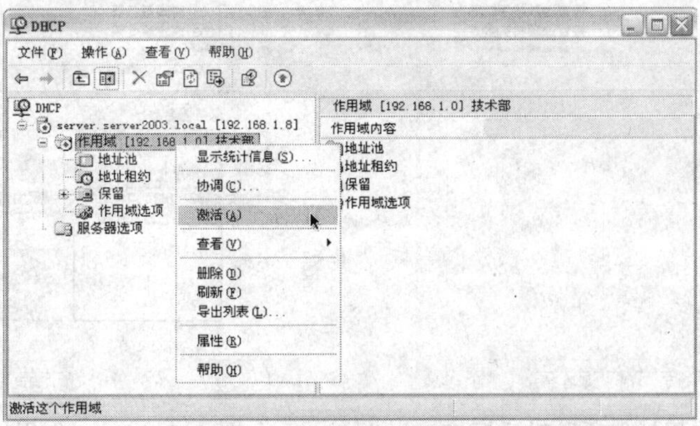

图 5-2-10　DHCP 管理控制台窗口 3

（2）激活后作用域前面的红色向下的箭头消失，此时作用域可以正常工作，如图 5-2-11 所示。

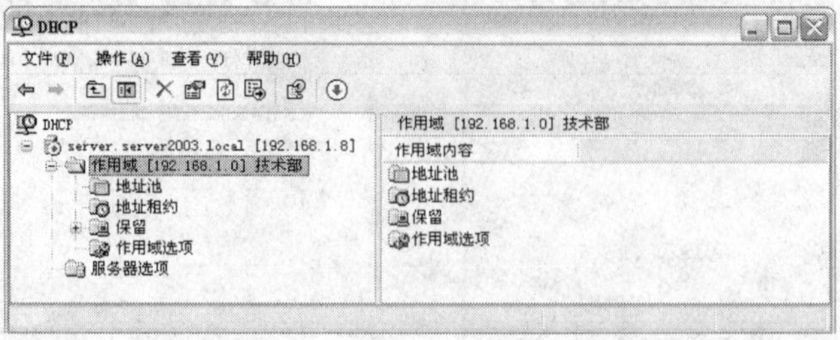

图 5-2-11　DHCP 管理控制台窗口 4

3．作用域选项的配置

（1）在 DHCP 管理控制台窗口左侧右击“作用域选项”选项，在弹出的快捷菜单中选择“配置选项”命令，如图 5-2-12 所示，打开“作用域选项”对话框，如图 5-2-13 所示。

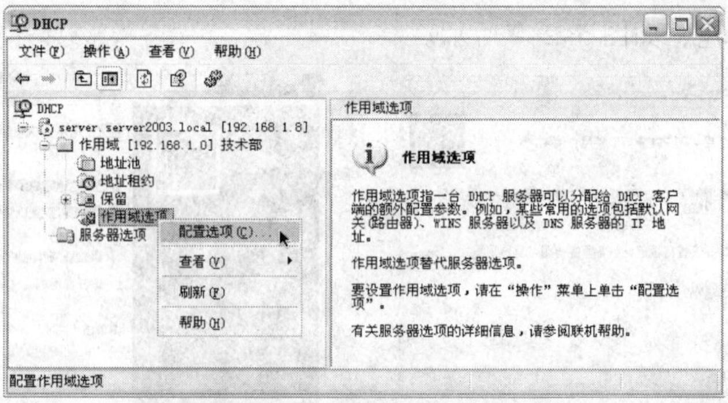

图 5-2-12　DHCP 管理控制台窗口 5

（2）在“常规”选项卡的“可用选项”列表框中选中路由器复选框，在“IP 地址”文本框中输入本网段的默认网关的 IP 地址，如图 5-2-14 所示。

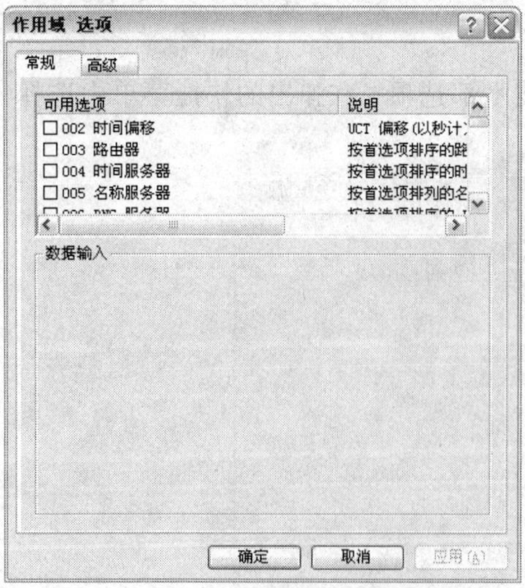

图 5-2-13　“作用域选项”对话框 1

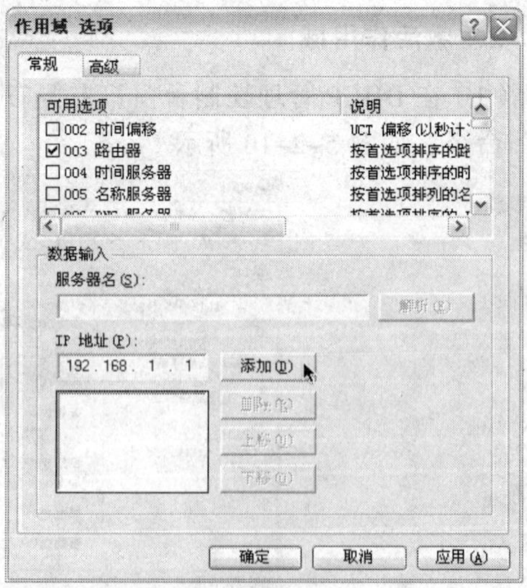

图 5-2-14　“作用域选项”对话框 2

（3）单击“添加”按钮，将默认的网关进行添加，如图 5-2-15 所示。可以使用同样的方法设置“DNS 服务器”选项，如图 5-2-16 所示。

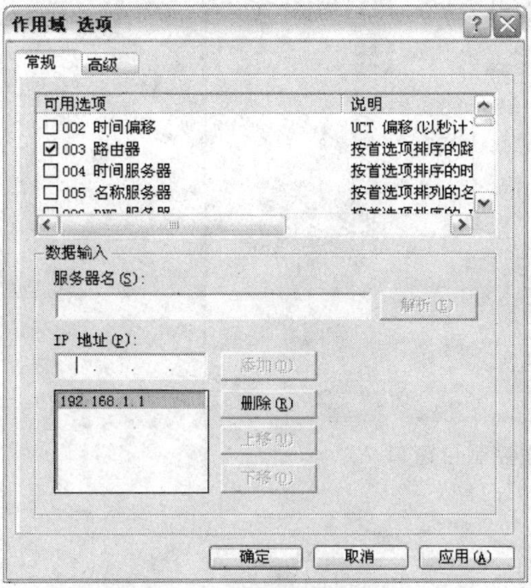

图 5-2-15　“作用域选项”对话框 3

图 5-2-16　“作用域选项”对话框 4

4．客户端保留的配置

（1）在 DHCP 管理控制台窗口左侧右击“保留”选项，在弹出的快捷菜单中选择“新建保留”命令，如图 5-2-17 所示，打开“新建保留”对话框。

（2）在“保留名称”、“IP 地址”、“MAC 地址”、“描述”等文本框中输入相应的信息，如图 5-2-18 所示。

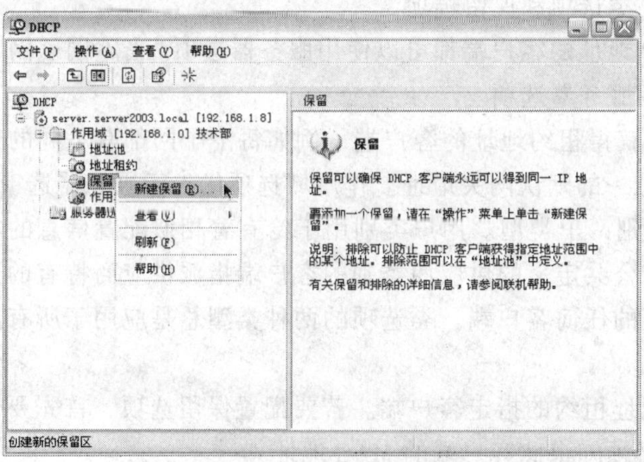

图 5-2-17　DHCP 管理控制台窗口 6

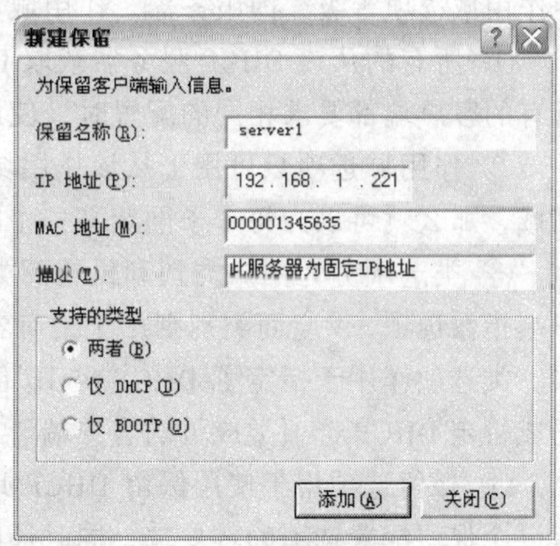

图 5-2-18　“新建保留”对话框

（3）单击“添加”按钮，即可配置客户端保留 IP 地址。

（4）如要配置保留选项，在 DHCP 管理控制台窗口左侧右击 server1 选项，在弹出的快捷菜单中选择“配置选项”命令，即可对保留选项进行配置（与配置作用域选项类似），如图 5-2-19 所示。

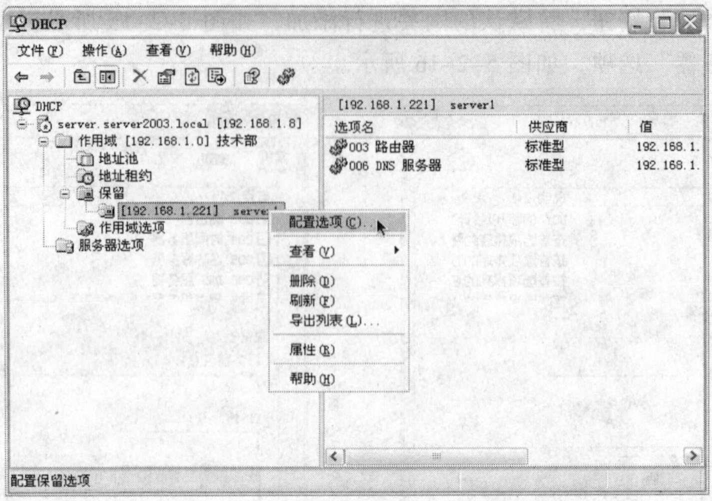

图 5-2-19　DHCP 管理控制台窗口 7

相关知识

1. 配置作用域及作用域选项

(1)新建作用域:作用域实际是一段 IP 地址的范围,当 DHCP 客户端请求 IP 地址时,DHCP 服务器将从此段范围中选取一个尚未租用的 IP 地址，将其分配给 DHCP 客户端。每个 DHCP 服务器至少有一个作用域，为一个网段分配 IP 地址。如果要为多个网段分配 IP 地址，就需要在 DHCP 服务器上创建多个作用域。

(2)配置作用域选项：创建了 DHCP 作用域后，就可以为 DHCP 客户端配置选项了，有四种作用域选项等级，即服务器、作用域、类选项和保留选项。

① 所有的从该 DHCP 服务器获取 IP 地址的客户端都可以使用服务器选项。当不同子网上所有的客户端都要求相同的配置时，使用服务器选项。

② 作用域选项只可用于从该作用域获得租约地址的客户端，例如每个子网都有不同的作用域，那么就可以为每个子网定义一个唯一的默认网关地址。作用域选项优先于服务器选项。

③ 类选项分为用户类别和供应商类别两个类型。用户类别用于给有着相似配置信息的客户端指派选项,供应商类别则用于给有着公共定义的供应商类别的客户端指派供应商特有的选项。类选项作用于指定了 DHCP 类 ID 值的任何客户端。类选项的两种类型总是应用于所有配置成特定 DHCP 选项类成员的客户端。

④ 保留选项用于使用保留 DHCP 地址租约的指定客户端。若要配置保留选项，首先要创建一个保留配置选项的客户端，同时还必须知道此客户端的 MAC 地址。

2. 维护 DHCP 服务器

DHCP 数据库主要用于存放客户端的一些 TCP/IP 设置参数等信息，DHCP 服务器数据库是一种动态数据库，它在 DHCP 客户端得到地址或者释放自己的 TCP/IP 配置参数时被更新。因为 DHCP 数据库不是分布式数据库，所以维护 DHCP 服务器数据库非常简单。

对于 DHCP 服务器可存储的记录数量没有规定的限制，数据库的大小取决于网络上的 DHCP 客户端数量。随着客户端在网络上的启动和关闭，DHCP 数据库将随着时间的推移而不断增大。安装后的 DHCP 服务将在%Systemroot%\System32\Dhcp 目录中创建一些主要文件，如表 5-2-1 所示。

表 5-2-1　DHCP 服务目录中的主要文件

文　　件	描　　述
Dhcp.mdb	DHCP 服务器数据库文件
J50.logJ50#####.log	所有数据库事务的日志。必要时 DHCP 数据库使用此文件恢复数据
J50.chk	检查点文件

（1）记录管理：对于 DHCP 服务器能存储的记录没有什么限制。数据库的规模取决于网络中的 DHCP 客户端的数量。DHCP 数据库的记录会随着时间逐渐增多，这是客户端在网络中启动和停止的结果。

（2）存储空间管理：要恢复未用空间，必须压缩 DHCP 数据库。在数据库更新后的空闲期间，Windows Server 2003 会自动动态压缩该数据库。因为动态数据库是在数据库正在使用时在后台进行的，所以不必关闭 DHCP 服务器。但对于手动压缩，DHCP 服务器必须脱机，可以使用 net stop dhcpserver 命令停止 DHCP 服务，利用 jetpack.exe 命令来手动压缩。压缩完毕后再使用 net start dhcpserver 命令启动 DHCP 服务。

思考与练习

一、选择题

1. （　　）是一种安全预防措施，使 Windows Server 2003 域中的 DHCP 服务器能在网络中正常运行。

   A. 作用域激活　　B. 配置作用域选项　　C. 授权 DHCP 服务器

2. 在 DHCP 服务器上为客户端配置选项时，应用范围最大的选项是（　　）。

   A. 服务器选项　　B. 作用域选项　　C. 保留选项　　D. 类选项

3. DHCP 服务器必须给客户端提供 TCP/IP 信息和（　　）。

   A. IP 地址　　B. 子网掩码　　C. 默认网关　　D. DNS 服务器

4. 每个 DHCP 服务器至少有（　　）作用域。

   A. 一个　　B. 两个　　C. 三个　　D. 四个

二、操作题

1. 配置 DHCP 服务器的作用域并激活。
2. 对作用域选项进行配置，并配置客户端保留。

5.3 【案例16】配置DHCP客户端

案例效果

DHCP 服务器配置完成后，客户端就可以开始启用 DHCP 功能，使客户端系统自动获得 DHCP 分配的 IP 地址等信息。除此之外，还可以查看客户端的 IP 分配情况，用户一旦将动态获取 IP 地址配置成功，在网络属性中可以继续设置“备用配置”。

操作步骤

1. 配置 DHCP 客户端

（1）右击“网上邻居”图标，在弹出的快捷菜单中选择“属性”命令，打开“网络连接”窗口，如图 5-3-1 所示。

图 5-3-1 “网络连接”窗口

（2）右击“本地连接”图标，在弹出的快捷菜单中选择“属性”命令，打开“本地连接属性”对话框，如图 5-3-2 所示。

（3）在“此连接使用下列项目”列表框中选中“Internet 协议（TCP/IP）”复选框，再单击“属性”按钮，打开“Internet 协议（TCP/IP）属性”对话框。选中“自动获得 IP 地址”及“自动获得 DNS 服务器地址”单选按钮，如图 5-3-3 所示，此时 DHCP 客户端配置完成。

（4）单击“高级”按钮，可以看到客户端的“IP 地址”列表中的 DHCP 被启用，如图 5-3-4 所示。

2. 查看地址租约信息

（1）选择“开始”→“运行”命令，打开“运行”对话框。

（2）在“打开”文本框中输入 cmd，单击“确定”按钮，打开命令提示符窗口。

（3）在命令提示符后输入 ipconfig/all，按【Enter】键，即可查看到 DHCP 客户端已经成功租用了 IP 地址及一些信息，如图 5-3-5 所示。

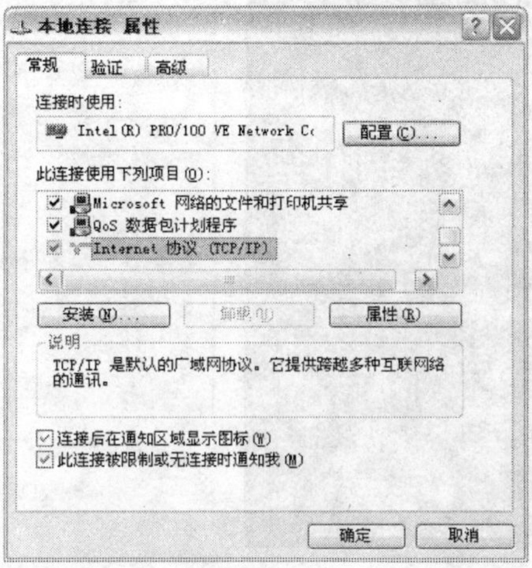

图 5-3-2　“本地连接属性”对话框

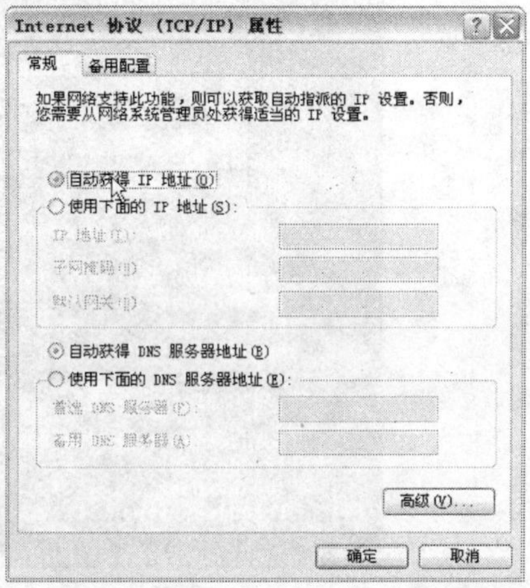

图 5-3-3　“Internet 协议（TCP/IP）属性”对话框

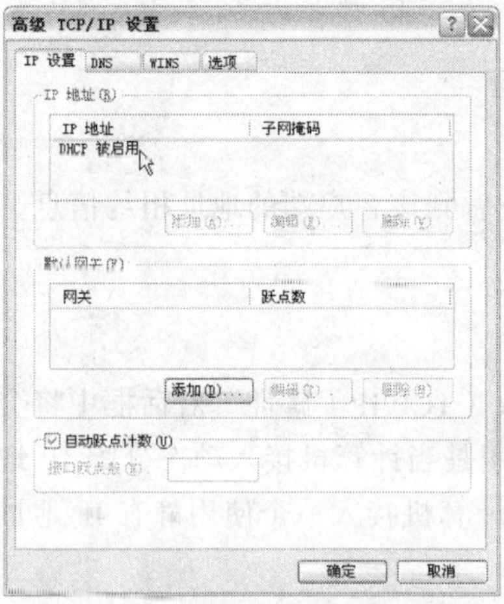

图 5-3-4　“高级 TCP/IP 设置”对话框

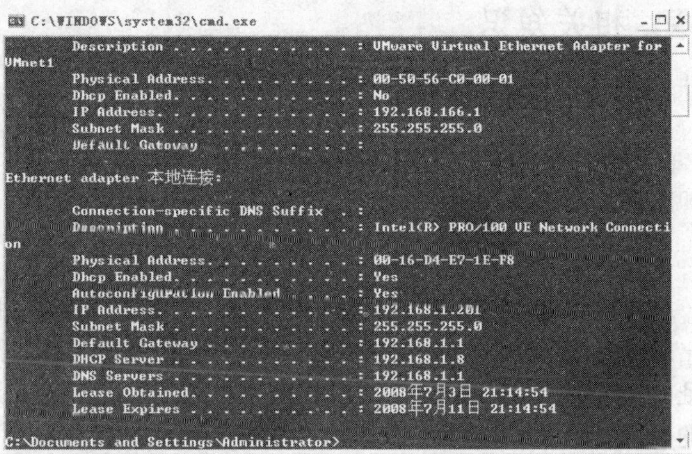

图 5-3-5　查看地址租约信息

3. IP 租约更新

（1）选择“开始”→“运行”命令，打开“运行”对话框。

（2）在“打开”文本框中输入 cmd，单击“确定”按钮，打开命令提示符窗口。

（3）在命令提示符后输入 ipconfig/renew，按【Enter】键，即可重新向 DHCP 服务器发送 DHCP Request 包，重新接收更新的租约，并查看租用 IP 地址及一些信息。

4. IP 租约释放

（1）选择“开始”→“运行”命令，打开“运行”对话框。

（2）在“打开”文本框中输入 cmd，单击“确定”按钮，打开命令提示符窗口。

（3）在命令提示符后输入 ipconfig/release，按【Enter】键，即可重新向 DHCP 服务器发送

DHCP Release 包，发布该命令后，客户端的 TCP/IP 通信联络停止，可以看到 IP 租约被释放，如图 5-3-6 所示。

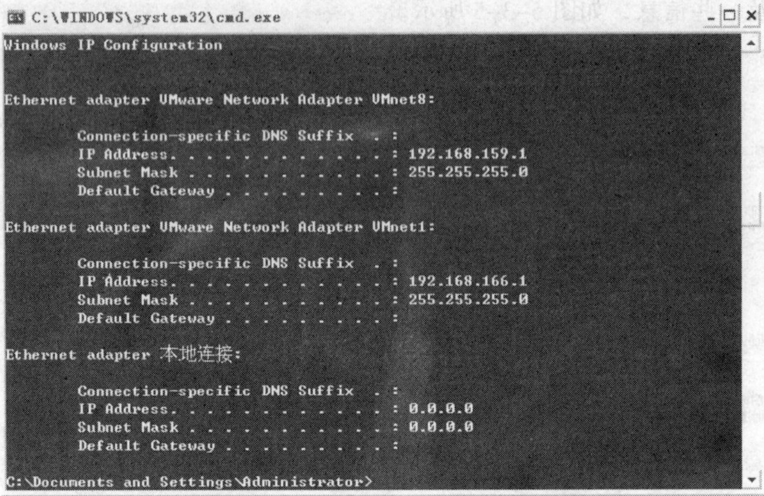

图 5-3-6 地址租约信息被释放

相关知识

1. 查看地址租约信息

当客户端成功租用 IP 地址后，在 DHCP 服务器上可以查看到该客户端的地址租约信息，如图 5-3-7 所示。

2. 客户端的备用配置

计算机成功配置成动态获取 IP 地址后，在“Internet 协议（TCP/IP）属性”对话框中将会出现“备用配置”选项卡，如图 5-3-8 所示。备用配置的作用是当计算机接入动态分配 IP 地址的网络时，操作系统会自动从网络中申请一个 IP 地址；当计算机接入一个使用静态 IP 地址的网络中时，就会自动启用备用配置中的 IP 地址信息。

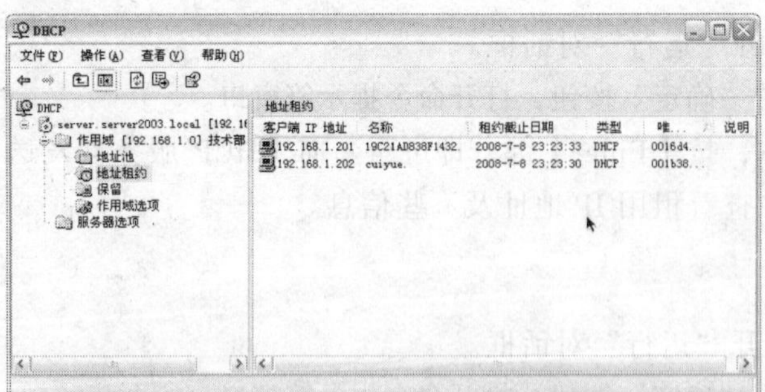

图 5-3-7 DHCP 管理控制台窗口

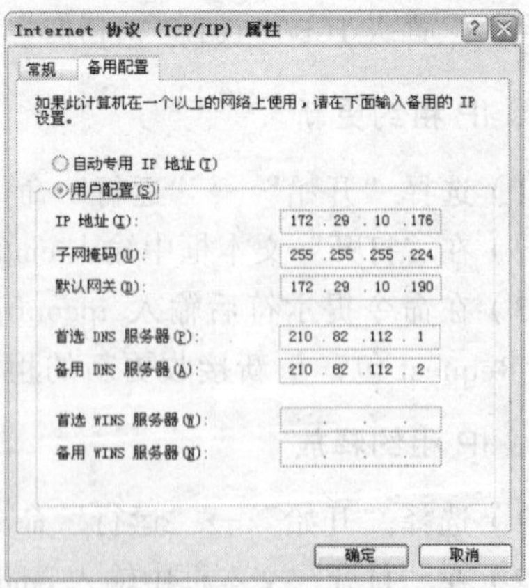

图 5-3-8 “Internet 协议（TCP/IP）属性”对话框

3．IP 租约更新

当客户端重新启动或租期达 50%时，就需要重新更新租约。客户端直接向提供租约的服务器发送 DHCP Request 包，要求更新现有的地址租约。如果 DHCP 服务器收到请求，它将发送 DHCP 确认信息给客户端，更新客户端租约。如果客户端无法与提供租约的服务器取得联系，则客户端一直等到租期达到 87.5%时，进入重新申请状态，它向网络上所有的服务器广播 DHCP Discover 包以更新现有的地址租约。如果服务器响应客户端的请求，那么客户端使用该服务器提供的地址信息更新现在的租约。如果租约终止或无法与其他服务器通信，客户端将无法使用现有的地址租约。

4．IP 租约释放

当移动客户端到不同的网络并且客户端不需要以前的租约时，或者客户端在租约时间内保持关闭，并且不更新租约，在租约到期后，DHCP 服务器可能将客户端的 IP 地址分配给不同的客户端。如果客户端不发送 DHCP Release 包，那么它在重新启动时，将尝试继续使用上一次使用过的 IP 地址。

思考与练习

一、选择题

1. 在 DHCP 客户端上运行（　　）命令来显示 TCP/IP 的配置信息。
   A. ping　　B. ipconfig　　C. netstat　　D. arp
2. 在 DHCP 客户端上运行（　　）命令来查看已经成功租用了 IP 地址及一些信息。
   A. ipconfig/all　　B. ipconfig/release　　C. ipconfig/renew　　D. ping
3. 在 DHCP 客户端上运行（　　）命令来更新 IP 租约。
   A. ipconfig/all　　B. ipconfig/release　　C. ipconfig/renew　　D. ping
4. 在 DHCP 客户端上运行（　　）命令来释放 IP 租约。
   A. ipconfig/all　　B. ipconfig/release　　C. ipconfig/renew　　D. ping
5. 在 DHCP 客户端的 IP 地址配置中，备用配置信息的用途是（　　）。
   A. 在使用动态 IP 地址的网络中，启用备用配置
   B. 在使用静态 IP 地址的网络中，启用备用配置
   C. 当动态 IP 地址有冲突的时候，启用备用配置
   D. 当静态 IP 地址有冲突的时候，启用备用配置

二、操作题

1. 通过学习本章内容，配置 DHCP 客户端并查看地址租约信息。
2. 将客户端的地址租约信息进行更新，然后将其释放。

第 6 章　企业网络中的 FTP 服务

6.1　【案例 17】安装 FTP 服务和创建 FTP 站点

案例效果

通过配置 FTP 站点，让用户通过客户端在网络中访问到 FTP 服务器上的资源，并上传或下载资源文件，从而更充分地利用网络资源。

操作步骤

1．FTP 服务的安装

（1）选择“开始”→“控制面板”→“添加或删除程序”命令，如图 6-1-1 所示，打开“添加或删除程序”窗口。

图 6-1-1　选择“添加或删除程序”命令

（2）在窗口左侧单击“添加/删除 Windows 组件”图标，如图 6-1-2 所示，打开“Windows 组件向导”对话框。

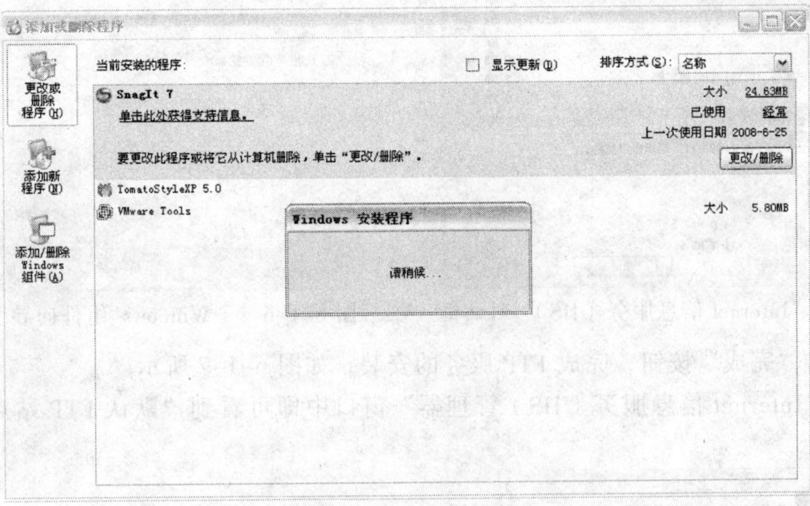

图 6-1-2　“添加或删除程序”窗口

（3）在“组件”列表框中选中“应用程序服务器”复选框，再单击“详细信息”按钮，如图 6-1-3 所示，打开“应用程序服务器”对话框。

（4）在“应用程序服务器的子组件”列表框中选中“Internet 信息服务（IIS）”复选框，再单击“详细信息”按钮，如图 6-1-4 所示，打开“Intcrnet 信息服务（IIS）”对话框。

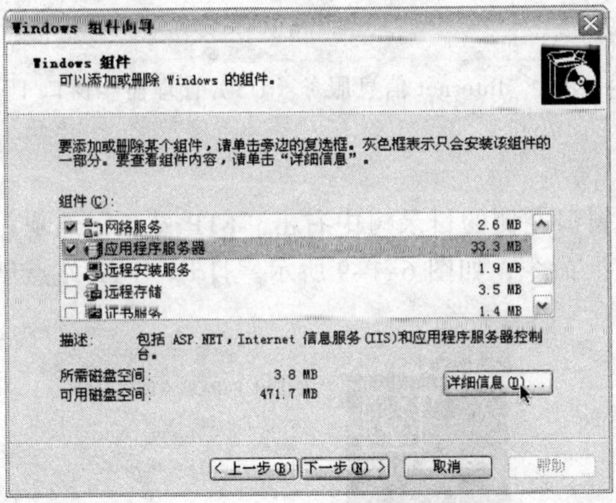

图 6-1-3　“Windows 组件向导”对话框 1

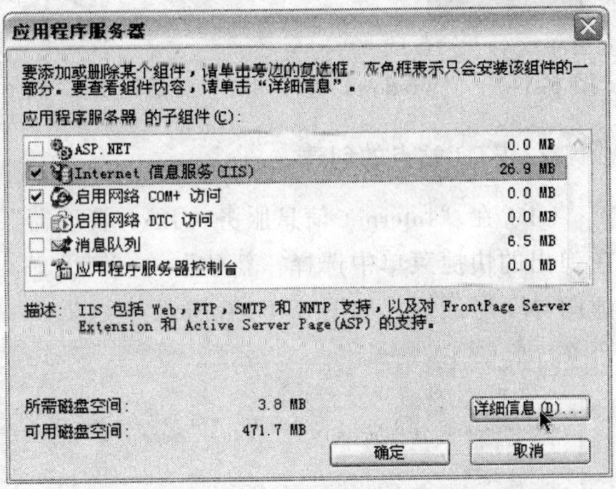

图 6-1-4　“应用程序服务器”对话框

（5）在“Internet 信息服务（IIS）的子组件”列表框中选中“文件传输协议（FTP）服务”复选框，如图 6-1-5 所示。

（6）单击“确定”按钮，返回“Windows 组件向导”对话框，开始安装 FTP 服务，如图 6-1-6 所示。

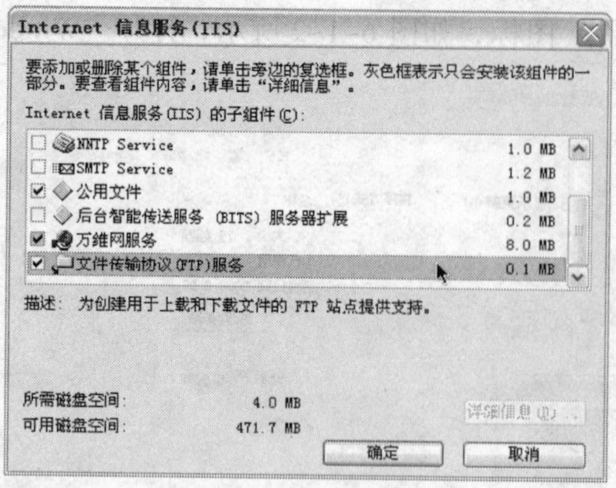

图 6-1-5 "Internet 信息服务（IIS）"对话框

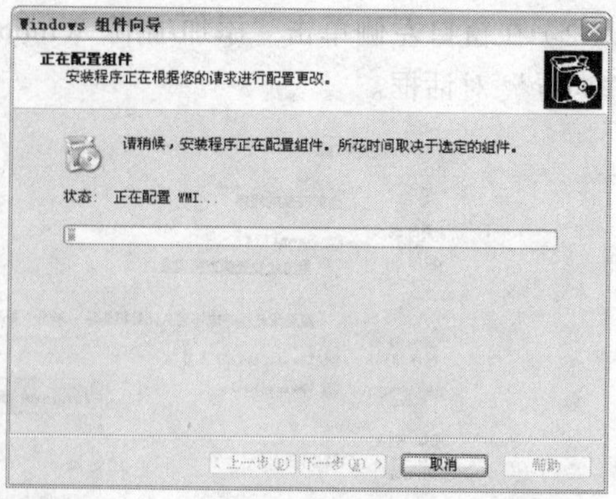

图 6-1-6 "Windows 组件向导"对话框 2

（7）单击"完成"按钮，完成 FTP 服务的安装，如图 6-1-7 所示。

（8）在"Internet 信息服务（IIS）管理器"窗口中即可看到"默认 FTP 站点"图标，如图 6-1-8 所示。

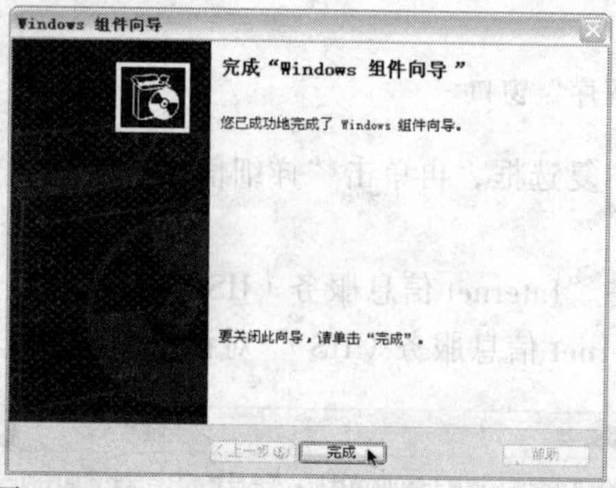

图 6-1-7 "Windows 组件向导"对话框 3

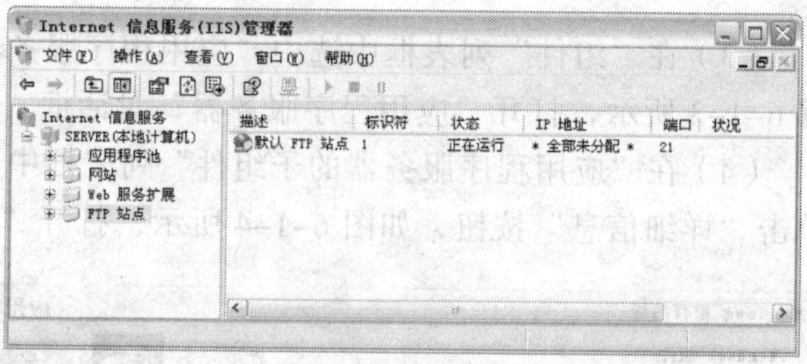

图 6-1-8 "Internet 信息服务（IIS）管理器"窗口 1

2. FTP 站点的创建

（1）在"Internet 信息服务（IIS）管理器"窗口左侧的目录树中右击"FTP 站点"选项，在弹出的快捷菜单中选择"新建"→"FTP 站点"命令，如图 6-1-9 所示。打开"FTP 站点创建向导"对话框，如图 6-1-10 所示。

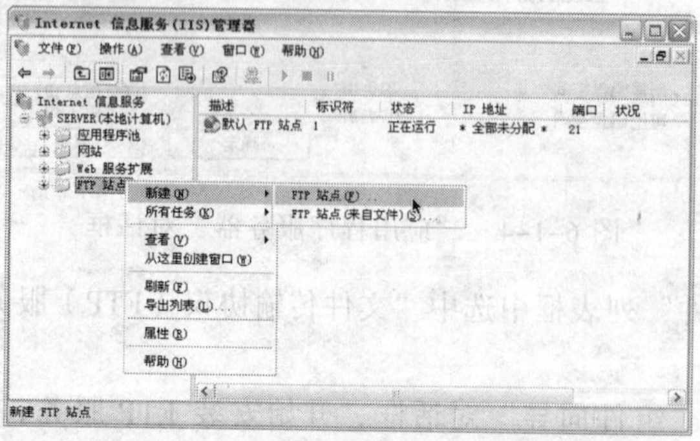

图 6-1-9 "Internet 信息服务（IIS）管理器"窗口 2

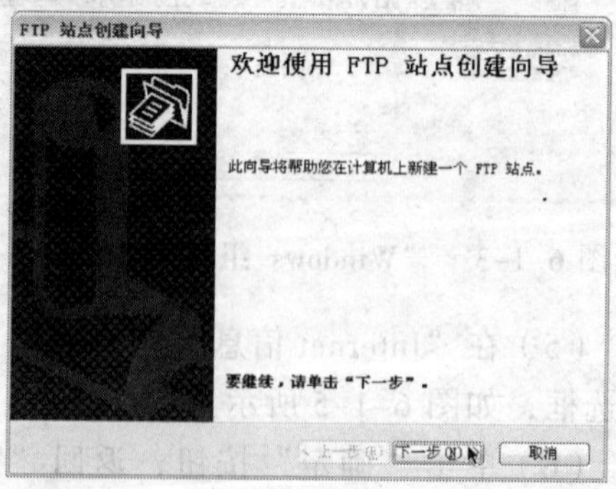

图 6-1-10 "FTP 站点创建向导"对话框

（2）单击"下一步"按钮，进入"FTP 站点描述"界面，在"描述"文本框中输入对该 FTP 站点的描述信息，如图 6-1-11 所示。

（3）单击“下一步”按钮，进入“IP 地址和端口设置”界面，在“输入此 FTP 站点使用的 IP 地址”下拉列表中选择相应的 IP 地址，其他选项保持默认设置，如图 6-1-12 所示。

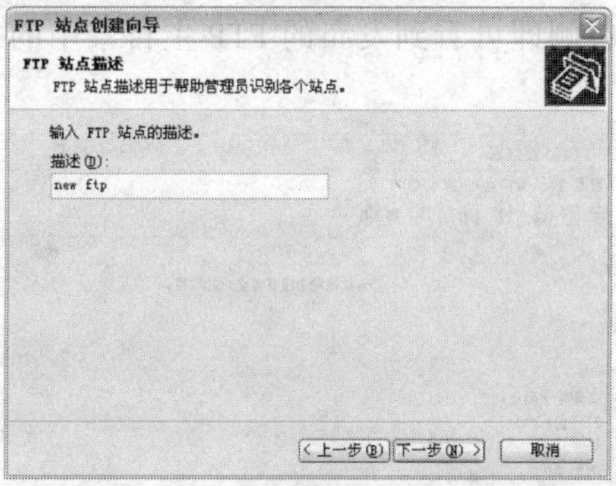

图 6-1-11　“FTP 站点描述”界面

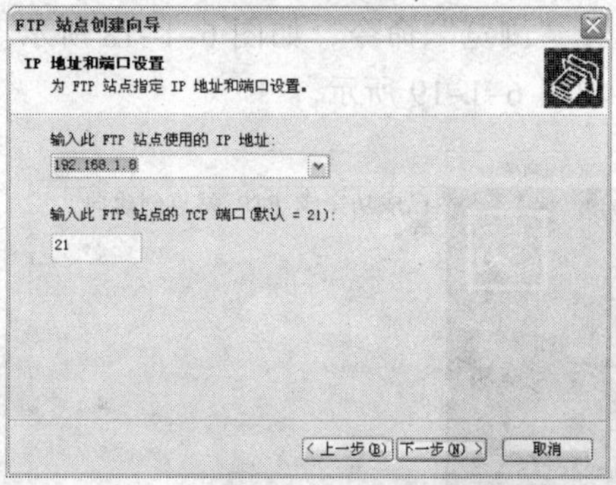

图 6-1-12　“IP 地址和端口设置”界面

（4）单击“下一步”按钮，进入“FTP 用户隔离”界面，可以保持默认设置，如图 6-1-13 所示。

（5）单击“下一步”按钮，进入“FTP 站点主目录”界面，单击“路径”文本框右侧的“浏览”按钮，如图 6-1-14 所示。打开“浏览文件夹”对话框，可以选择主目录的路径，如图 6-1-15 所示。

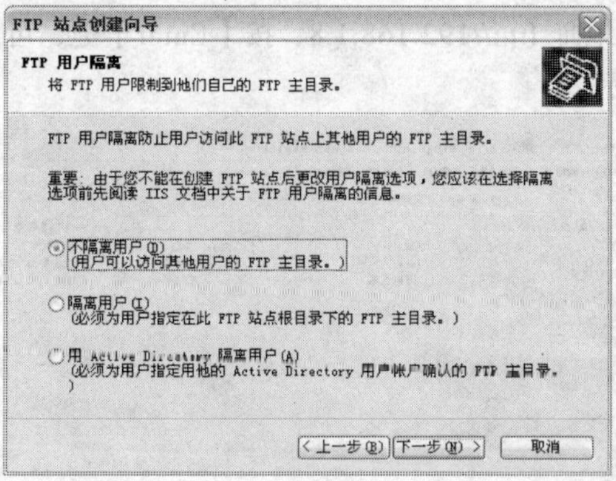

图 6-1-13　“FTP 用户隔离”界面

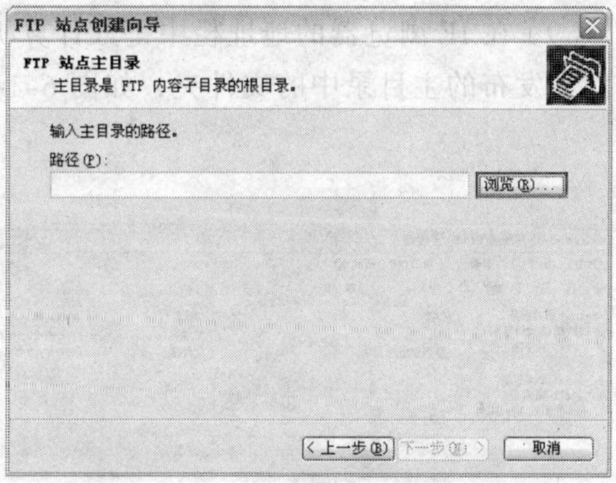

图 6-1-14　“FTP 站点主目录”界面

（6）单击“确定”按钮，返回“FTP 站点主目录”界面，单击“下一步”按钮，进入“FTP 站点访问权限”界面，可以保持默认设置，如果同时选中“写入”复选框，用户将拥有上传文件的权限，如图 6-1-16 所示。

图 6-1-15　“浏览文件夹”对话框

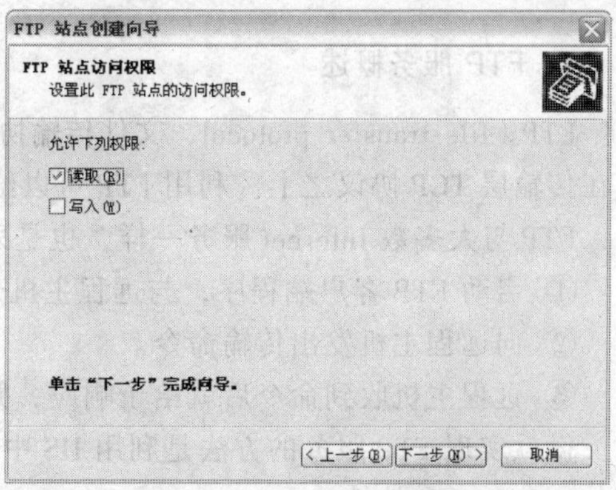

图 6-1-16　“FTP 站点访问权限”界面

（7）单击“完成”按钮，完成 FTP 站点的创建，如图 6-1-17 所示。

（8）返回“Internet 信息服务（IIS）管理器”窗口，右击 new ftp 选项，在弹出的快捷菜单中选择“浏览”命令，如图 6-1-18 所示。在窗口的右侧即可看到发布的 FTP 主目录中的文件夹，如图 6-1-19 所示。

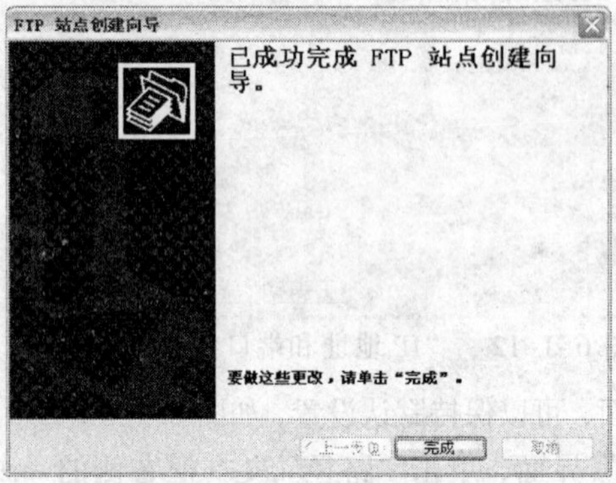

图 6-1-17 “已成功完成 FTP 站点创建向导”对话框

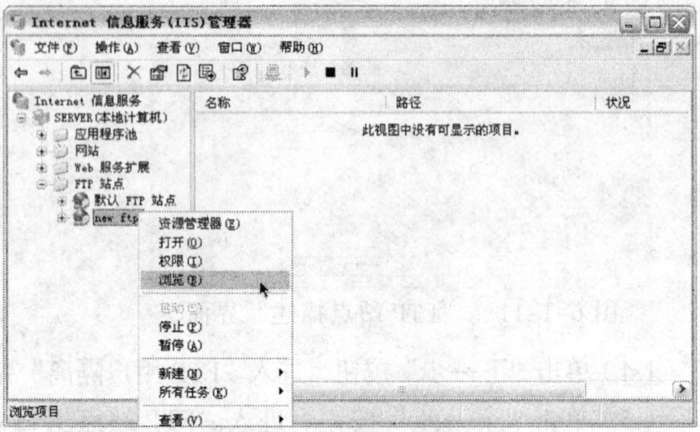

图 6-1-18 “Internet 信息服务（IIS）管理器”窗口 3

（9）在 IE 浏览器的地址栏中键入计算机的 IP 地址 ftp://192.168.1.8，按【Enter】键，可以访问到发布的主目录中的文件夹，如图 6-1-20 所示。

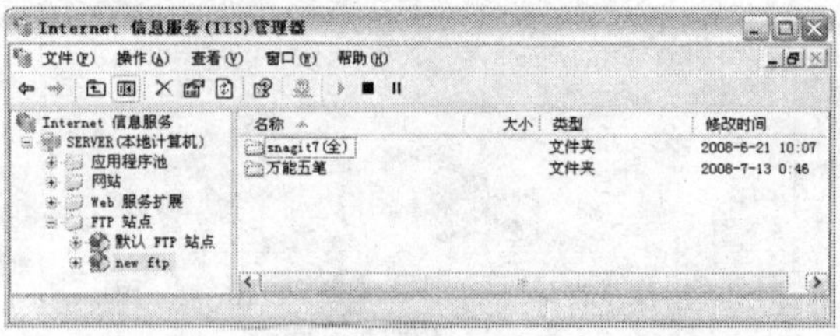

图 6-1-19 “Internet 信息服务（IIS）管理器”窗口 4

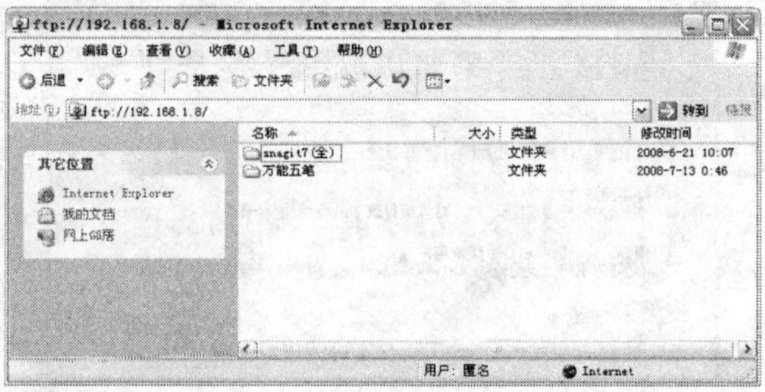

图 6-1-20 访问新建的 FTP 站点窗口

相关知识

1. FTP 服务概述

FTP（file transfer protocol，文件传输协议）是 Internet 上使用非常广泛的一种协议，它建立在传输层 TCP 协议之上。利用 FTP 可以给用户提供上传和下载文件的服务。

FTP 与大多数 Internet 服务一样，也是采用服务器/客户端的方式，使用的方法如下：

① 启动 FTP 客户端程序，与远程主机建立连接。

② 向远程主机发出传输命令。

③ 远程主机收到命令后就给予响应，并执行正确的命令，完成上传或下载服务。

微软实现 FTP 服务的方法是利用 IIS 中的 FTP 组件，也可以使用其他软件实现 FTP 服务，例如，Server-U 软件。

2. FTP 服务器

FTP 服务器有两种登录方式，一种是匿名登录，一种是使用授权账号登录。

（1）匿名登录：一般匿名登录只能下载 FTP 服务器的文件，且传输速度相对要慢一些，当然，这需要在 FTP 服务器上进行设置。针对这类用户，在 FTP 服务器上需要加以限制，不宜开启过高的权限，带宽应尽可能的小。

（2）授权账号登录：授权账号登录需要管理员将账号和密码告诉用户，管理员对这些账号进行设置，例如访问的资源、下载和上传速度等。

思考与练习

一、选择题

1. FTP 的全称是（　　）。

   A. file transfer protocol　　B. file transfer post
   C. full transfer protocol　　D. full transfer post

2. 默认 FTP 站点的主目录的本地路径一般为（　　）。

   A. C:\Inetpub\ftproot　　B. C:\Inetpub　　C. C:\ ftproot　　D. C:\winnt

3. FTP 服务使用的端口号有（　　）。

   A. 21　　B. 20　　C. 256　　D. 1 024

二、操作题

1. 安装一台 FTP 服务器。
2. 访问以后的 FTP 服务器，建立连接发起传输请求。

6.2　【案例 18】管理 FTP 站点

案例效果

利用 FTP 服务可以创建企业的 FTP 服务器，允许员工上传和下载工作文档。对于 FTP 的站点，可以进一步设置 FTP 站点的描述信息、安全账户信息以及目录的安全性信息等。通过服务的管理可以启动、暂停、停止 FTP 服务器来控制服务器的使用，还可以设置一些特殊的授权访问方式来限制用户的使用。

操作步骤

1. 基本管理

在“Internet 信息服务（IIS）管理器”窗口左侧的目录树中右击 new ftp 选项，在弹出的快捷菜单中可以设置 FTP 服务器的“启动”、“停止”、“暂停”、“删除”等，可以对 FTP 服务器进行基本的配置，如图 6-2-1 所示。

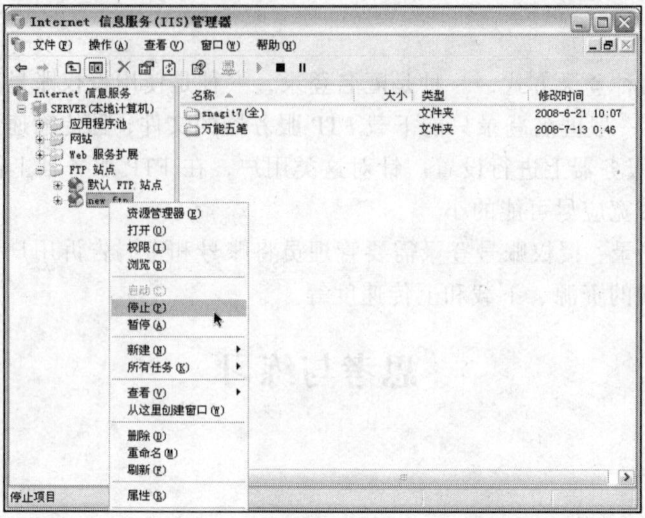

图 6-2-1 “Internet 信息服务（IIS）管理器”窗口 1

2. FTP 站点属性的管理

（1）在“Internet 信息服务（IIS）管理器”窗口左侧的目录树中右击 new ftp 选项，在弹出的快捷菜单中选择“属性”命令，如图 6-2-2 所示，打开“new ftp 属性”对话框。

（2）切换到“FTP 站点”选项卡，可以在“FTP 站点标识”选项组中输入相应的“描述”、“IP 地址”、“TCP 端口”等标识信息，同时可以设置“FTP 站点连接”及“启用日志记录”，如图 6-2-3 所示。

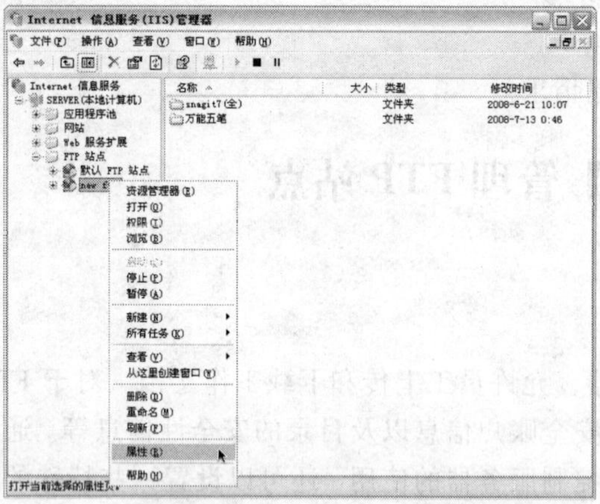

图 6-2-2 “Internet 信息服务（IIS）管理器”窗口 2

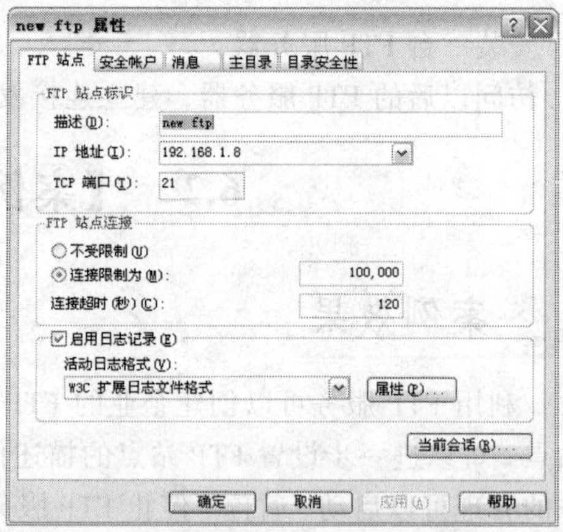

图 6-2-3 “new ftp 属性”对话框

（3）单击“安全账户”标签，切换到“安全账户”选项卡，默认 FTP 站点允许匿名连接，所有的用户都会通过默认的 IUSR_SERVER 账号来访问站点中的文件，用户无需输入账号和密码即可访问 FTP 站点，如图 6-2-4 所示。

（4）单击“消息”标签，切换到“消息”选项卡，可以在“标题”、“欢迎”、“退出”、“最大连接数”文本框中输入相应的消息，用户可以在登录、退出 FTP 站点时看到管理员设置的这些消息，如图 6-2-5 所示。

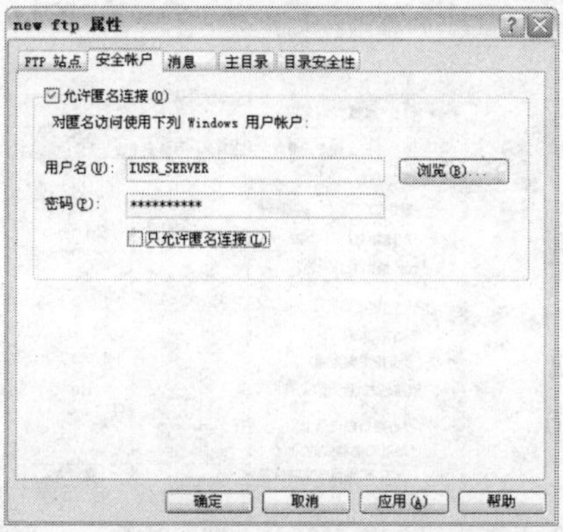

图 6-2-4　“安全账户”选项卡

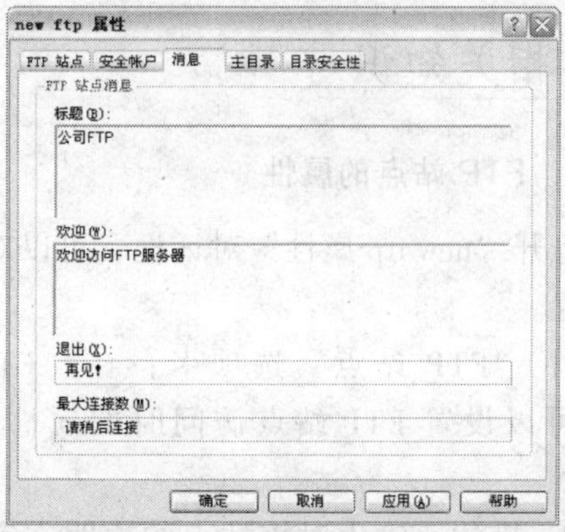

图 6-2-5　“消息”选项卡

（5）单击“主目录”标签，切换到“主目录”选项卡，可以设置“本地路径”及相应的权限，如图 6-2-6 所示。

（6）单击“目录安全性”标签，切换到“目录安全性”选项卡，选中“授权访问”单选按钮，如图 6-2-7 所示。

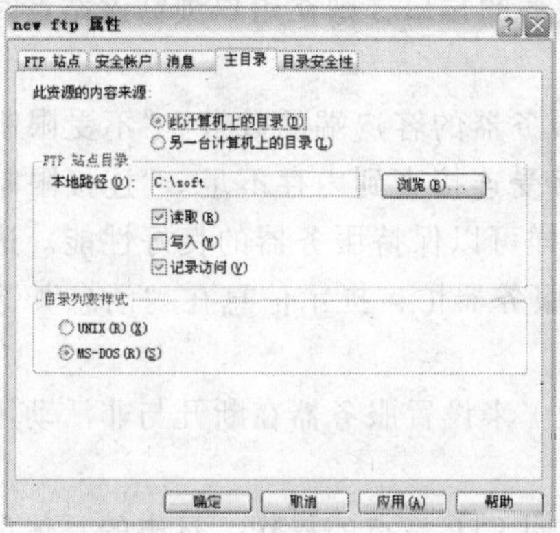

图 6-2-6　“主目录”选项卡

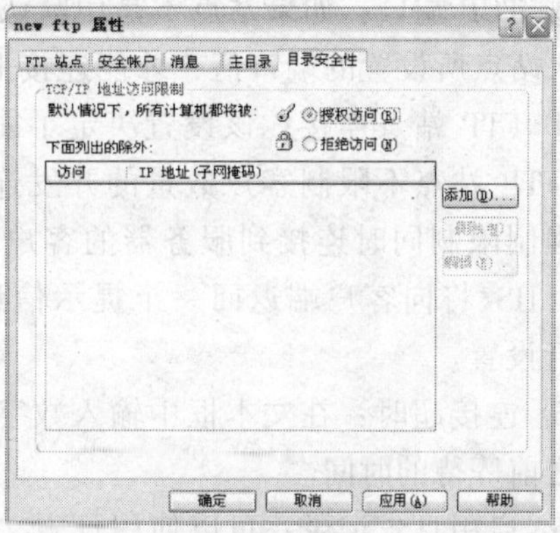

图 6-2-7　“目录安全性”选项卡

（7）单击“添加”按钮，打开“拒绝访问”对话框，在“IP 地址”文本框中输入拒绝访问的 IP 地址信息，如图 6-2-8 所示。

（8）单击“确定”按钮，返回“目录安全性”选项卡，此时 IP 地址为 192.168.1.4 的主机将被拒绝访问 FTP 服务器，如图 6-2-9 所示。

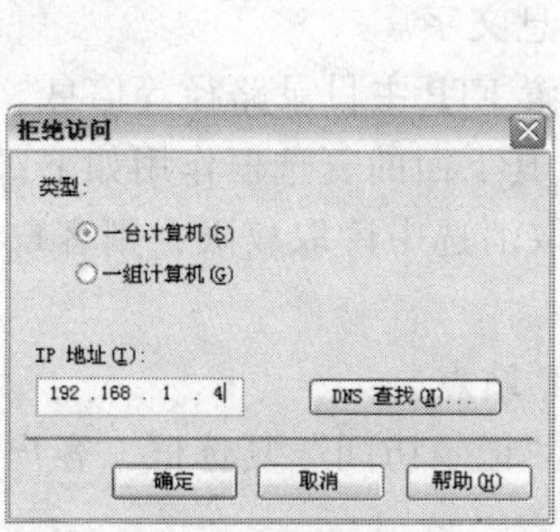

图 6-2-8　“拒绝访问”对话框

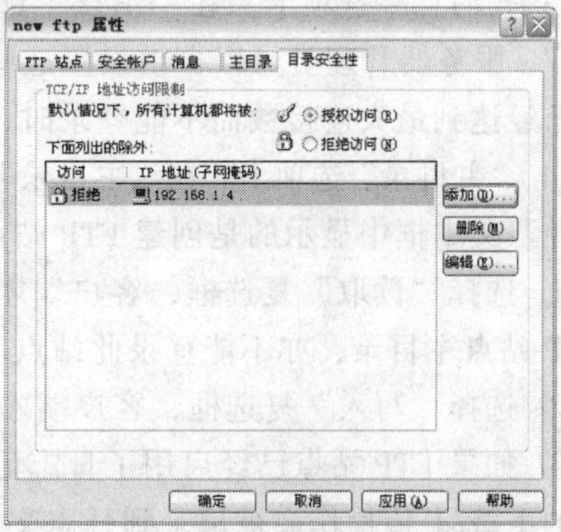

图 6-2-9　设置拒绝访问的 IP 地址

相关知识

1. FTP 站点的属性

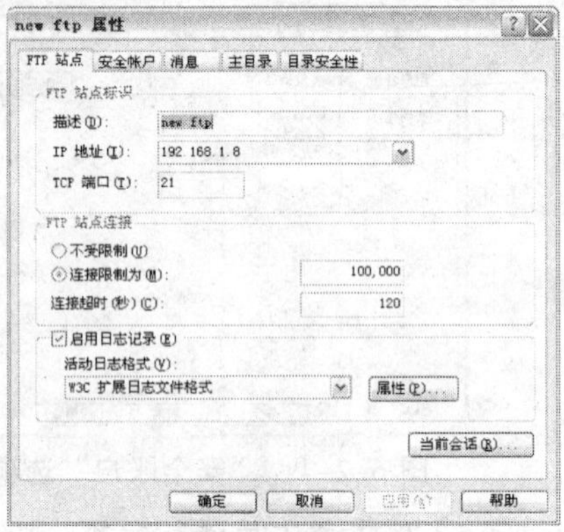

图 6-2-10 “FTP 站点”选项卡

打开“new ftp 属性”对话框，可以对站点的属性进行设置。

(1)“FTP 站点”选项卡：在“FTP 站点”选项卡中可以设置 FTP 站点访问时的属性，如图 6-2-10 所示。

① 描述：输入对该站点的说明文字，这些说明文字将会出现在 IIS 管理器窗口左侧的目录树中，以标识该站点。

② IP 地址：设置此站点使用的 IP 地址。如果此计算机中配置了多个 IP 地址，选择其中的一个即可。若要在 IIS 服务器中同时执行多个 FTP 站点，可以使用不同的 IP 地址。

③ TCP 端口：如果站点不是用默认保留给 FTP 服务的端口，则在用户浏览该站点时，必须输入站点所设置的端口值，才能连接上此站点。

④ FTP 站点连接：该设置决定了能同时连接到服务器的客户端的数量。“不受限制”是指该 FTP 站点不限制客户数量的并发连接，服务器接受连接直到内存不足。“连接限制为”可以强制限制同时连接到服务器的客户端连接数，这样可以保持服务器的良好性能。达到限制时，IIS 将向客户端返回一个提示信息，声明当前服务器忙，提示信息在“消息”选项卡中进行设置。

⑤ 连接超时：在文本框中输入数字（以秒为单位）来设置服务器在断开与非活动用户的连接之前等待的时间。

⑥ 启用日志记录：可以使用日志文件记录用户访问 FTP 站点的操作，日志的具体设置可以在“日志记录属性”对话框中进行修改。

(2)“安全账户”选项卡：在“安全账户”选项卡中可以设置 FTP 站点的登录安全。默认 FTP 站点允许匿名连接，所有的用户都会通过“IUSR_计算机名称”账户来访问站点中的文件，在 IE 浏览器中用户无需输入账号和密码，即可登录到 FTP 站点。

(3)“消息”选项卡：在“消息”选项卡中可以调整消息。所有的文本框里都是自己输入的内容，服务器管理员可以自由设置这些消息，当客户端登录、退出 FTP 站点，或者因为连接人数已经达到最大连接数而不能登录时，就会看到这些消息文字。

(4)“主目录”选项卡：在“主目录”选项卡中可以设置 FTP 主目录路径等信息。其中“本地路径”文本框中显示的是创建 FTP 站点的文件夹路径，其下面的复选框作用如下：

① 选择“读取”复选框，客户端才能下载文件，若取消选中读取权限，则客户端不能浏览 FTP 站点主目录，亦不能登录此站点。

② 选择“写入”复选框，客户端才能上传文件到 FTP 站点。

③ 如果 FTP 站点已经启用了日志记录功能，则选择“记录访问”复选框，客户端在主目录中的下载/上传操作会被记录到日志文件中。

（5）“目录安全性”选项卡：当客户端计算机连接到 Web 站点时，Web 站点会先确认该计算机是否来自被拒绝访问的 IP 地址，如果用户来自这些地址，则无论是否拥有合法的用户账号，都不能访问网页。

2. FTP 客户端

FTP 客户端是指用户所使用的计算机，它可以将服务器上的文件下载到本地硬盘，同时也可以将本地硬盘上的文件上传到服务器。

（1）连接 FTP 站点方式：FTP 客户端可以通过以下三种方式连接 FTP 服务器。

- 用 FTP 命令行方式连接。
- 利用浏览器以 Web 方式连接。
- 运用在本地安装的 FTP 客户端软件方式连接。

（2）FTP 客户端软件：在 Windows 9X/XP/2000/NT 及更高版本的 Windows 环境下，FTP 客户端软件的种类繁多，以下列出一些常用的 FTP 客户端软件。

- Cute FTP；
- Leap FTP；
- Leach FTP；
- Smart FTP；
- Absolute FTP；
- FTP Voyager；
- Turbo FTP。

思考与练习

一、选择题

1.（　　）可以将其他本地路径或其他计算机文件夹加入主目录，成为 FTP 站点的内容。

A. 物理目录　　B. 虚拟目录　　C. 物理虚拟目录　　D. 虚拟物理目录

2. FTP 客户端可以通过三种方式连接 FTP 服务器，它们分别是（　　）。

A. 利用 FTP 命令行来管理 FTP 站点

B. 利用浏览器以 Web 方式连接到 FTP 站点

C. 用 Cterm 软件连接到 FTP 站点

D. 运用在本地安装的 FTP 客户端软件来连接

3. “一个服务器上能同时运行多个 FTP 站点”和“Cute FTP 是一个常用的 FTP 服务器软件”这两个说法分别是（　　）。

A．正确和错误　　B．错误和正确　　C．错误和错误　　D．正确和正确

二、操作题

1. 在 FTP 服务器中设置安全账户。
2. 指定目录设置安全性，限制 IP 为 192.168.1.10 的访问。

6.3 【案例 19】使用 Serv–U 创建 FTP 站点

案例效果

IIS 中的 FTP 服务可以满足企业基本的需求，但如果 FTP 站点要求实现对用户的上传和下载速度进行限制等功能，仅仅使用 IIS 无法实现，管理员可以使用常用的 FTP 服务管理软件 Serv–U 来进行管理。

操作步骤

1. Serv–U 软件的安装

（1）双击 Serv–U 的安装文件，运行其安装程序，打开 Welcome 对话框，如图 6–3–1 所示。

（2）单击 Next 按钮，进入 Read Me File 界面，如图 6–3–2 所示。

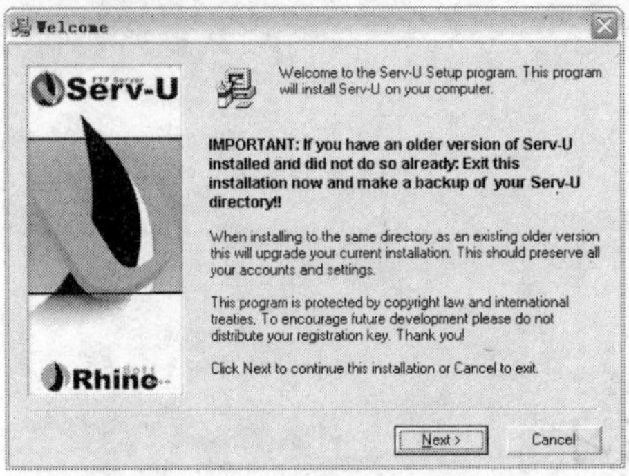

图 6–3–1 Welcome 对话框

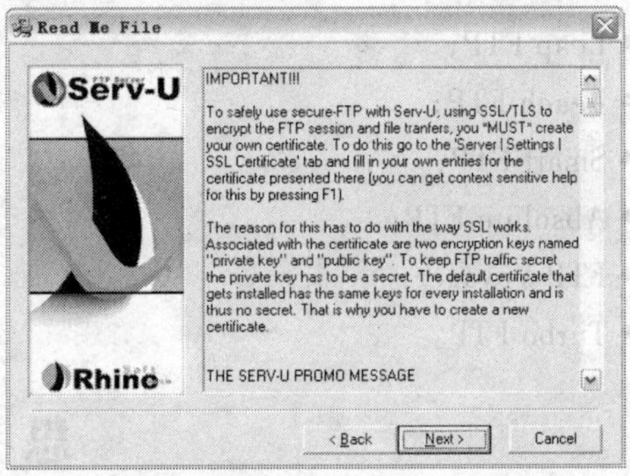

图 6–3–2 Read Me File 界面

（3）单击 Next 按钮，进入 License Agreement 界面，选中 I have read and accept the above license agreement 复选框，表示同意许可认证协议，如图 6–3–3 所示。

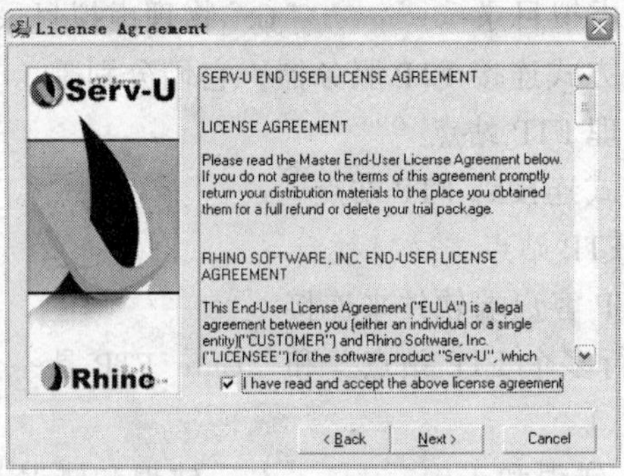

图 6–3–3 License Agreement 界面

（4）单击 Next 按钮，进入 Choose Destination Location 界面，单击 Browse 按钮，可以选择 Serv–U 软件的安装路径，如图 6–3–4 所示。

（5）单击 Next 按钮，进入 Installing 界面，根据向导的提示开始安装，如图 6–3–5 所示。由于安装的是英文版本，建议在此基础上再安装相应的汉化包软件，以便于使用。

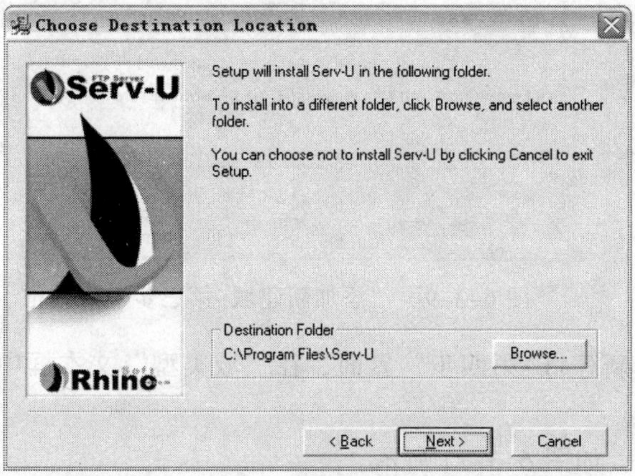

图 6-3-4　Choose Destination Location 界面

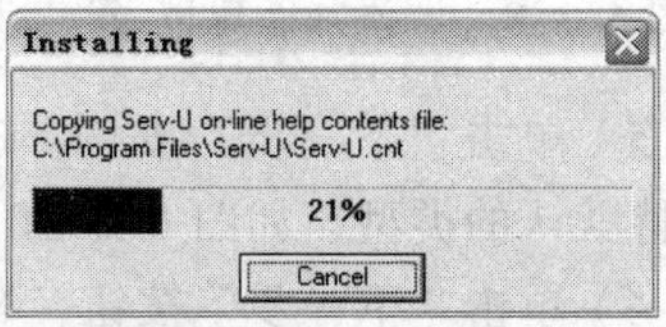

图 6-3-5　Installing 界面

2. 配置 Serv-U 的域

如果用户需要创建一个域名为 ftp.abc.com.cn 的 FTP 站点，具体步骤如下：

（1）打开已经安装好的 Serv-U 软件，在“Serv-U 管理员”窗口左侧的目录树中右击“域”选项，在弹出的快捷菜单中选择“新建域”命令，如图 6-3-6 所示，打开“添加新建域-第一步”对话框。

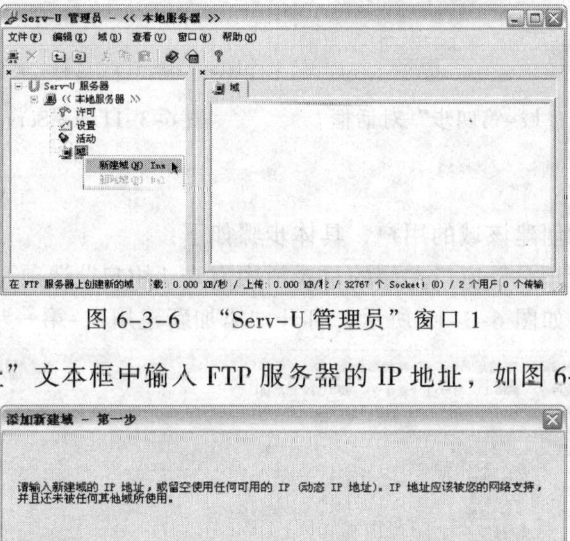

图 6-3-6　“Serv-U 管理员”窗口 1

（2）在“域 IP 地址”文本框中输入 FTP 服务器的 IP 地址，如图 6-3-7 所示。

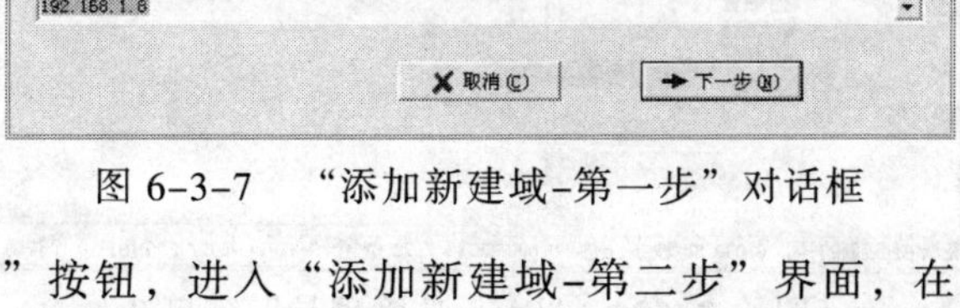

图 6-3-7　“添加新建域-第一步”对话框

（3）单击“下一步”按钮，进入“添加新建域-第二步”界面，在“域名”文本框中输入相应的域名称，如图 6-3-8 所示。

（4）单击“下一步”按钮，进入“添加新建域-第三步”界面，在“域端口号”文本框中可以保持默认的“21”端口，如图 6-3-9 所示。

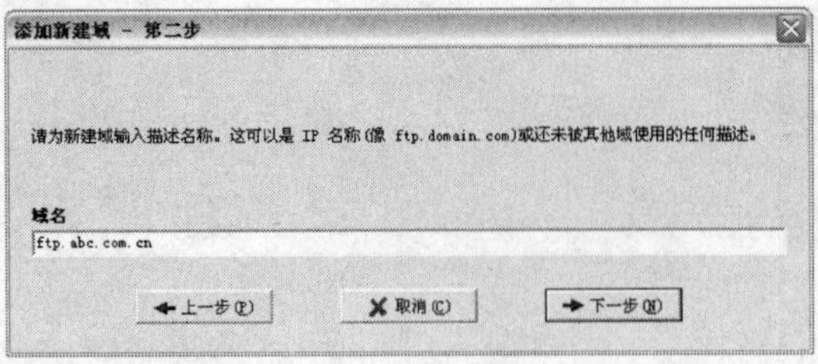

图 6-3-8 “添加新建域-第二步”对话框

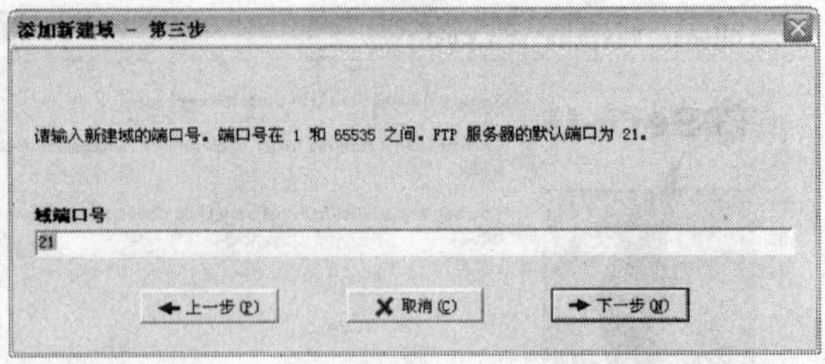

图 6-3-9 “添加新建域-第三步”对话框

（5）单击“下一步”按钮，进入“添加新建域-第四步”界面，在“域类型”文本框中可以保持默认的类型，如图 6-3-10 所示。

（6）单击“下一步”按钮，域创建完成，如图 6-3-11 所示。

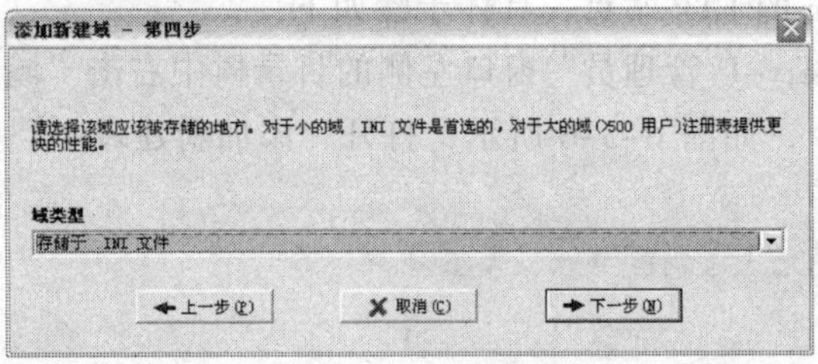

图 6-3-10 “添加新建域-第四步”对话框

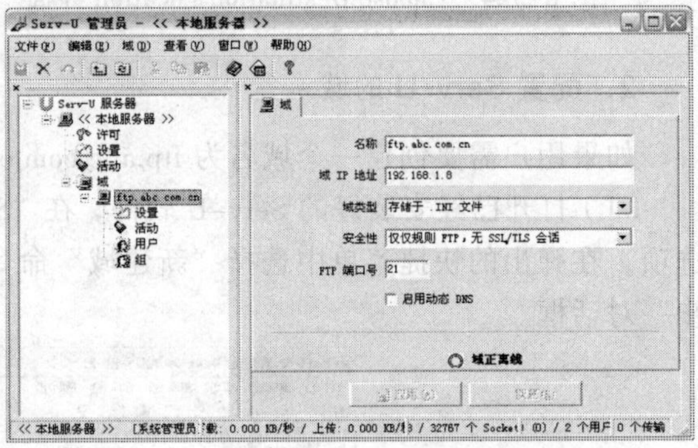

图 6-3-11 “Serv-U 管理员”窗口

3. 创建域用户

新建完域后就可以创建该域的用户，具体步骤如下：

（1）在“Serv-U 管理员”窗口左侧的目录树中右击“用户”选项，在弹出的快捷菜单中选择“新建用户”命令，如图 6-3-12 所示，打开“添加新建用户-第一步”对话框。

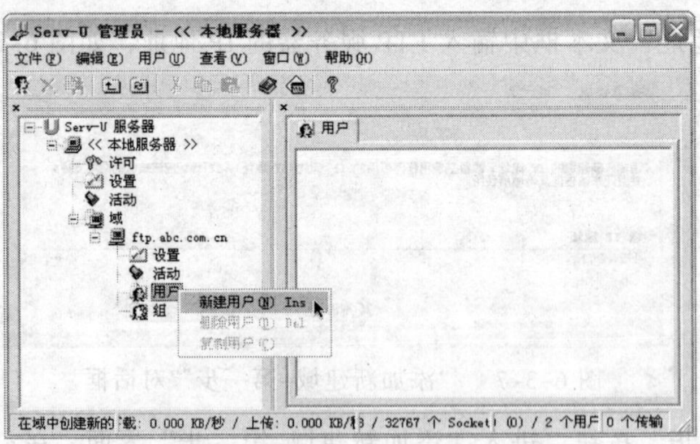

图 6-3-12 “Serv-U 管理员”窗口 2

（2）在“用户名称”文本框中输入新建用户的名称，该名称必须是域中唯一的，如图 6-3-13 所示。

（3）单击“下一步”按钮，进入“添加新建用户-第二步”界面，在“密码”文本框中输入新建用户的密码信息，如图 6-3-14 所示。

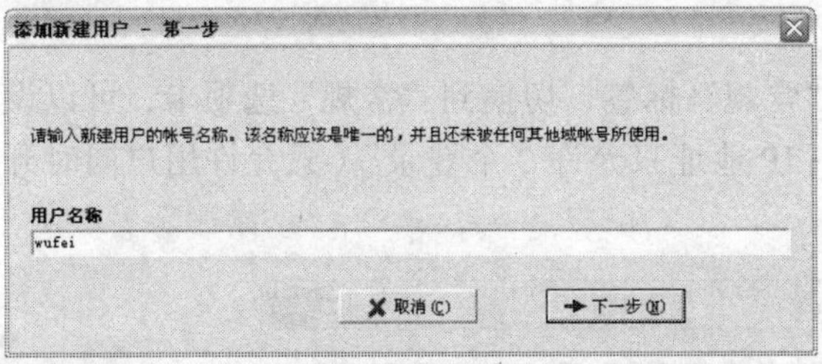

图 6-3-13　“添加新建用户-第一步”对话框

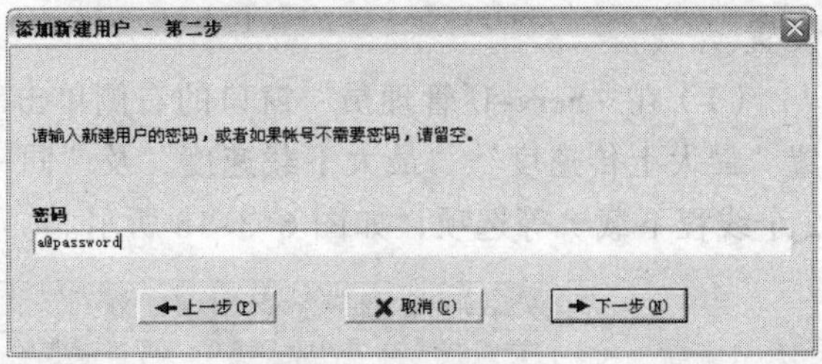

图 6-3-14　“添加新建用户-第二步”对话框

（4）单击“下一步”按钮，进入“添加新建用户-第三步”界面，在“主目录”文本框中选择新建用户的主目录，如图 6-3-15 所示。

（5）单击“下一步”按钮，进入“添加新建用户-第四步”界面，在“是否锁定用户于主目录”选项组中选中“是”单选按钮，此时用户只能看到自己的主目录，不能访问其他的目录，如图 6-3-16 所示。

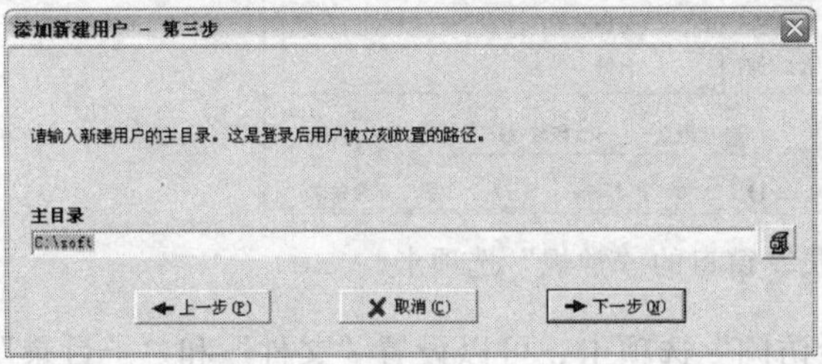

图 6-3-15　“添加新建用户-第二步”对话框

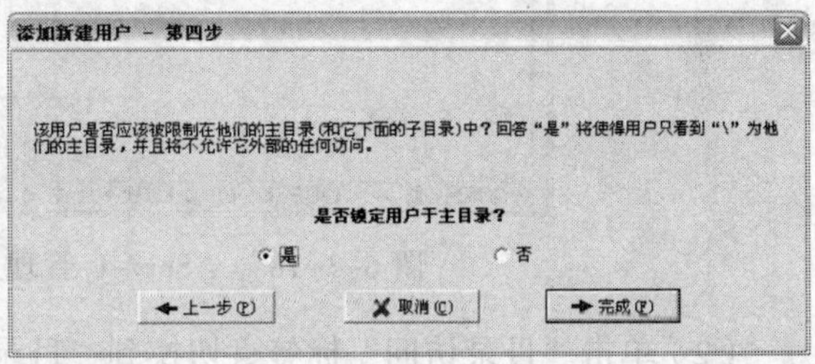

图 6-3-16　“添加新建用户-第四步”对话框

（6）单击“完成”按钮，完成用户的创建，如图 6-3-17 所示。如果用户较多，可以设置组的选项进行管理。

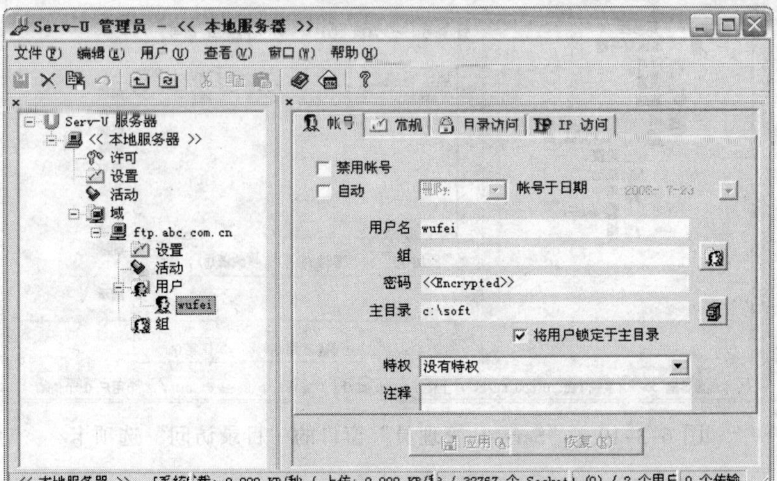

图 6-3-17　“Serv-U 管理员”窗口 3

4．设置域用户的属性

当用户创建完成后，可以对用户的上传/下载速度、线程数限制、目录访问权限等进行设置。

（1）在“Serv-U 管理员”窗口的右侧单击“常规”标签，切换到“常规”选项卡，可以设置“最大上传速度”、“最大下载速度”及“同一 IP 地址只允许 2 个登录”（只允许用户同时开 2 个线程下载）等选项，如图 6-3-18 所示。

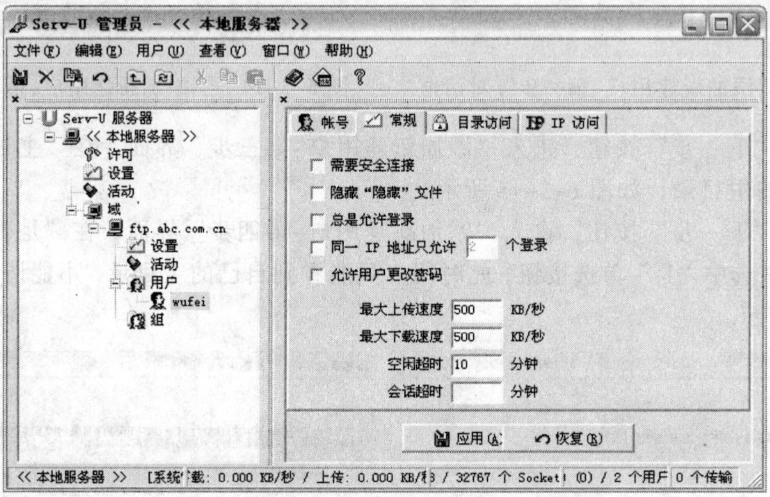

图 6-3-18　“Serv-U 管理员”窗口的“常规”选项卡

（2）单击“目录访问”标签，切换到“目录访问”选项卡，可以设置“文件”和“子目录”的访问权限，如图 6-3-19 所示。

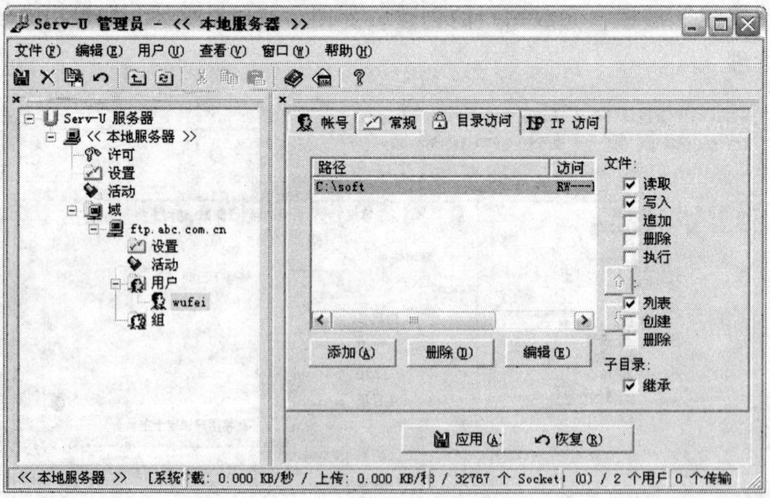

图 6-3-19　“Serv-U 管理员”窗口的“目录访问”选项卡

Serv-U 配置完成后，就可以使用客户端进行访问，主要的访问方式是通过 Web 页面访问或通过一些 FTP 的客户端软件进行访问，例如 Cute FTP 客户端软件。

相关知识

Serv-U 是一款共享软件，是专业的 FTP 服务器软件，使用它可以搭建一个 FTP 服务器。Serv-U 具有以下功能：

- 支持多用户接入。
- 支持匿名用户，可随时限制用户登录数量。
- 可以对每个用户进行单独管理，也可以使用组进行管理。
- 可以对用户的下载或上传速度进行限制。
- 可以对目录或文件实现安全管理。
- 可以对 IP 地址禁止或允许访问。
- 易于安装，便于管理。
- 一台计算机可以创建多个 FTP 服务器。

思考与练习

一、选择题

1. 在 Windows 环境下，FTP 客户端软件的种类繁多，下列（　　）不属于客户端软件。

　A. FTP　　B. Leach FTP

　C. Leap FTP　　D. Serv-U

2. 在 Windows 环境下，（　　）不是常用的 FTP 服务器软件。

　A. Cesar FTP　　B. IIS

　C. Serv-U　　D. Cute FTP

3. FTP 站点的启动、暂停和停止是通过（　　）来完成的。

　A. Internet 信息服务　　B. Internet 服务

　C. 文件系统　　D. WWW服务

二、操作题

1. 安装 Serv-U 软件并配置域。
2. 创建域用户并设置用户的上传/下载速度为 1Mb/s。

第 7 章　企业网络中的 DNS 服务

7.1　【案例 20】安装 DNS 服务器

案例效果

在 Internet 中使用 IP 地址来确定计算机的唯一地址，这种以数字表示的 IP 地址不容易记忆。为了便于网络地址的管理和分配，人们引入域名的概念，采用了域名系统。通过为每台主机建立 IP 地址与域名之间的映射关系，用户在网上可以避开难记的 IP 地址，而使用域名来唯一标识网络中的计算机。域名和 IP 地址之间的关系就像是某人的姓名与其身份证号码之间的关系，显然记住姓名比记住身份证号码容易得多。DNS（domain name system，域名系统）就是在局域网和互联网中用来将域名翻译成 IP 地址的工具。

操作步骤

（1）选择“开始”→“控制面板”→“添加或删除程序”命令，如图 7-1-1 所示，打开“添加或删除程序”窗口。

图 7-1-1　选择“添加或删除程序”命令

（2）在窗口左侧单击“添加/删除 Windows 组件”图标，如图 7-1-2 所示，打开“Windows

组件向导”对话框，如图 7-1-3 所示。

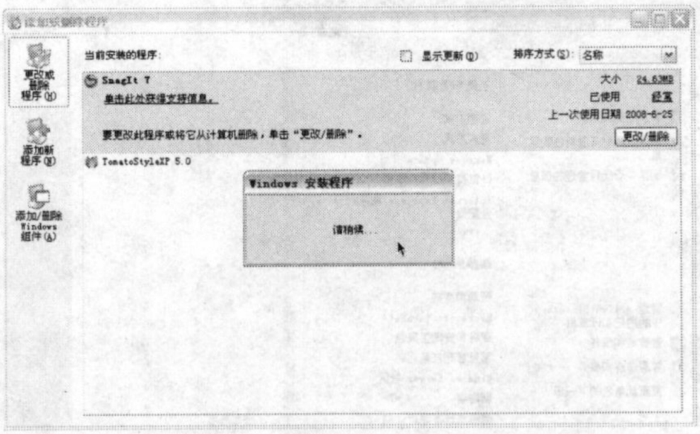

图 7-1-2　“添加或删除程序”窗口

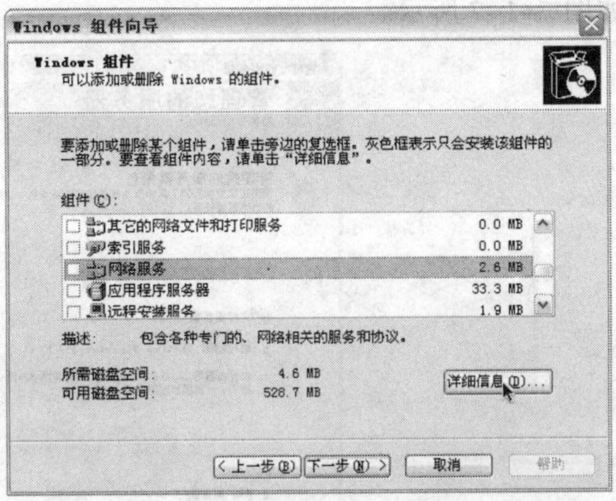

图 7-1-3　“Windows 组件向导”对话框 1

（3）在“组件”列表框中选中“网络服务”复选框，再单击“详细信息”按钮，打开“网络服务”对话框，并在“网络服务的子组件”列表框中选中“域名系统（DNS）”复选框，如图 7-1-4 所示。

（4）单击“确定”按钮，返回“Windows 组件向导”对话框，并单击“下一步”按钮开始安装，如图 7-1-5 所示。

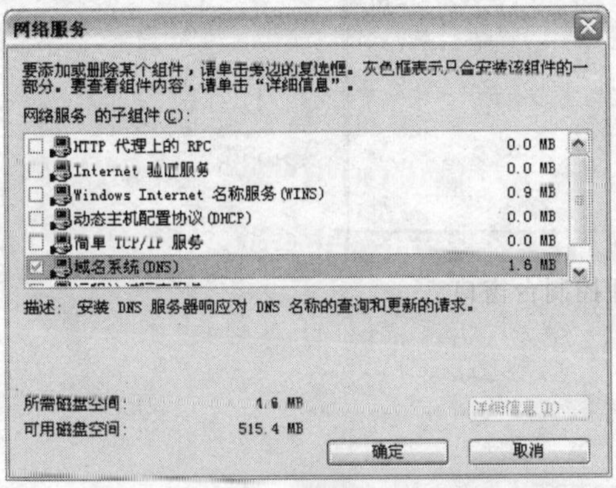

图 7-1-4　“网络服务”对话框

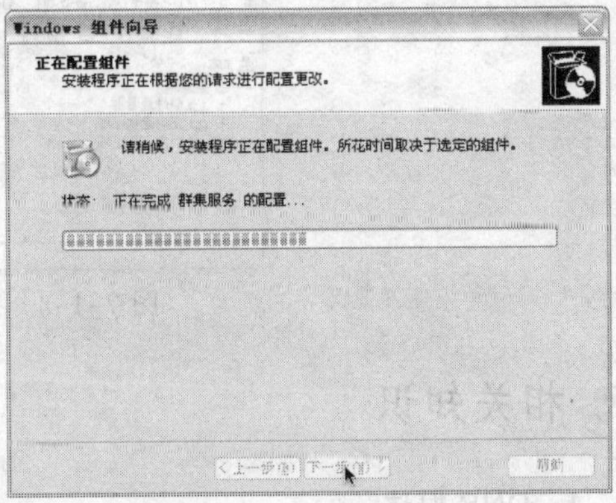

图 7-1-5　“Windows 组件向导”对话框 2

（5）安装完毕后，单击“完成”按钮，完成 DNS 服务的安装，如图 7-1-6 所示。

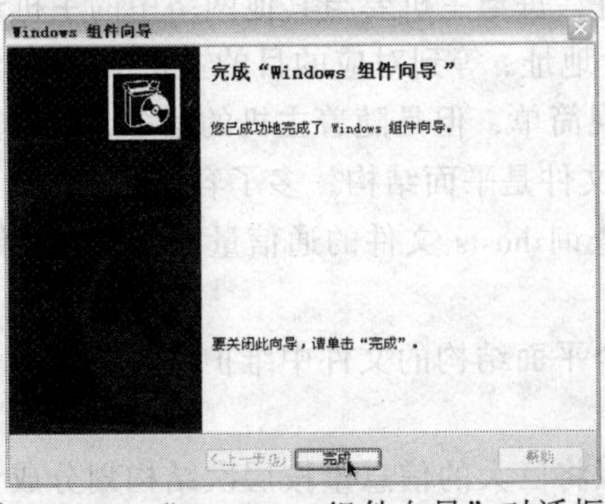

图 7-1-6　“Windows 组件向导”对话框 3

（6）选择“开始”→“管理您的服务器”命令，即可看到刚安装好的 DNS 服务器选项，如图 7-1-7 所示。

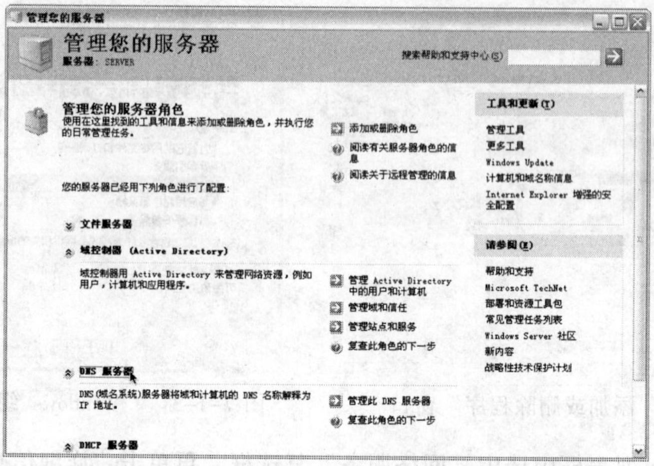

图 7-1-7 “管理您的服务器”窗口

（7）当配置 DNS 服务时单击“DNS 服务器”选项组中的“管理此 DNS 服务器”超链接，打开 DNS 管理控制台窗口，如图 7-1-8 所示。

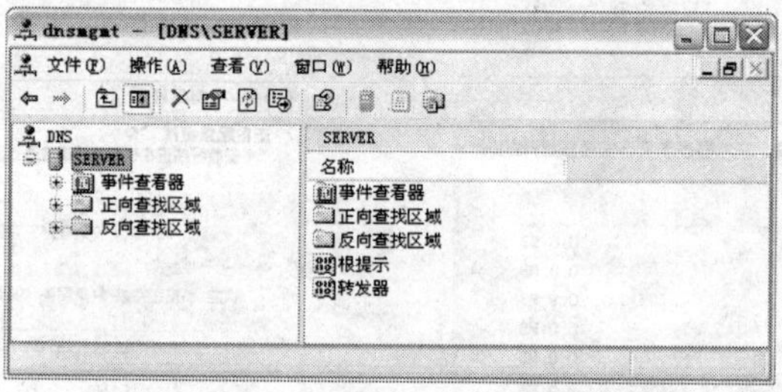

图 7-1-8 DNS 管理控制台窗口

相关知识

1. DNS 概述

在早期的 TCP/IP 网络中，名字解析的工作由一台计算机负责，它维护一份主机名称与 IP 地址对应的清单（hosts）文件。每当主机要与其他网络中的主机通信时，来源主机都会先查询 hosts 文件中的目的主机的 IP 地址，等到对应的目的主机 IP 地址解析出来以后，就可以进行后续的通信。虽然这种方法实现简单，但是随着主机的增多，会产生以下问题。

- 主机名称重复。hosts 文件是平面结构，多了容易重名。
- 名称解析效率下降。查询 hosts 文件的通信量都集中在存储该文件的主机上，会形成瓶颈。
- 主机维护困难。在一个平面结构的文件中维护所有的记录，文件会太大，而且当主机记录增加或者更新时很难维护。

为了解决以上问题，可以将巨大的信息量按层次结构划分成许多较小的部分，将每部分存储在不同的计算机上，形成层次性、分布性的特点，这样一方面解决了信息的统一性，另一方面使信息数据分布面广，不会形成瓶颈，有利于提高访问效率。于是 DNS 便产生了，它的域名空间采用分层结构，包括根域、顶级域、二级域和主机名称。

2. DNS 查询过程

DNS 服务器要为客户端提供域名解析服务，必须具有固定的 IP 地址、已安装 DNS 服务并为启动状态，具有区域文件，或者配置转发器，或者配置根提示。

DNS 服务的主要作用就是将域名解析为 IP 地址，例如客户端使用 FQDN 访问 Web 服务器，需要解析出 Web 服务器的 IP 地址。首先，客户端向 DNS 服务器发送域名查询请求，然后 DNS 服务器告知客户端 Web 服务的 IP 地址，客户端和 Web 服务器即可进行通信，如图 7-1-9 所示。

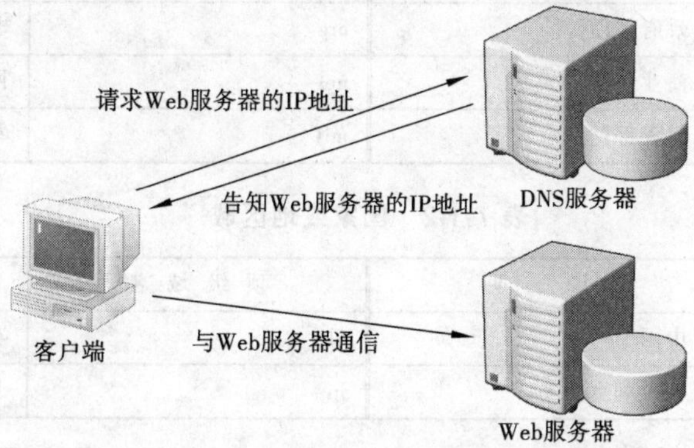

图 7-1-9　DNS 查询过程

3. 域名空间结构

域名空间的层次结构类似一棵倒置的树，其中根作为最高级别，大树枝处于下一级别，树叶处于最低级别。一个区域就是 DNS 域名空间的一部分，维护该域名空间的数据库记录。在域名层次结构中，每一层称做一个域，每个域用点“.”分开。域又可以进一步分成子域，每个域都有一个域名，最底层是主机，如图 7-1-10 所示。

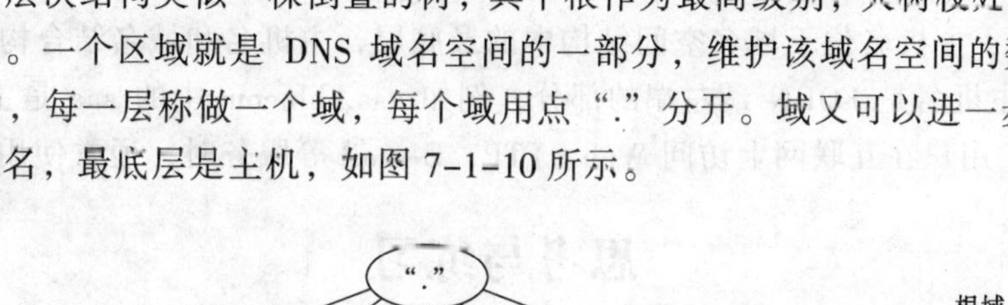

图 7-1-10　域名空间的层次结构

（1）根域：根（root）域就是点“.”，它是由 Internet 名字注册授权机构管理的，该机构把域名空间各部分的管理责任分配给连接到 Internet 的各个组织。

（2）顶级域：DNS 根域的下一级是顶级域，是由 Internet 名字授权机构管理的，共有如下三种类型的顶级域。

- 组织域：采用 3 个字符的代号，表示 DNS 域中所包含的组织的主要功能或活动，如表 7-1-1 所示。
- 国家或地区域：采用 2 个字符的代号，如表 7-1-2 所示。
- 反向域：这是一个特殊域，名称为 in-addr.arpa，用于将 IP 地址映射到名称。

表 7-1-1　组织域

顶级域名	说　明	顶级域名	说　明
gov	政府部门	org	非盈利组织
com	商业部门	net	网络服务机构
edu	教育部门	mil	军事部门

表 7-1-2　国家或地区域

顶级域名	说　明	顶级域名	说　明
cn	中国	uk	英国
au	澳大利亚	jp	日本

（3）二级域：二级域是注册到个人、组织或公司的名称。这些名称基于相应的顶级域。例如，jjb.com 就是基于顶级域.com。二级域下可以包括主机和子域，例如可以包含 ftp.jjb.com 这样的主机，也可以包含 sale. jjb.com 这样的子域，而该子域还可以包括 printer1.sale. jjb.com 这样的主机。

（4）主机名：主机名位于域名空间结构中的最底层，主机名和域名结合构成 FQDN（完全合格的域名），主机名是 FQDN 最左端的部分，例如 aaa.bbb.com 中的 aaa 是主机名，bbb.com 称为 DNS 后缀。用户在互联网上访问 Web、FTP、E-mail 等服务时，通常使用 FQDN。

思考与练习

一、选择题

1.（　　）称为域名系统，用来将域名解析为 IP 地址。

A. DNS　　B. CA　　C. RAS　　D. DHCP

2. 下列属于域名空间结构的项目是（　　）。

A. 根域　　B. 顶级域　　C. 二级域　　D. 反向域

3. FQDN 一般的格式为（　　）。

A. 主机　　B. DNS 后缀　　C. 主机.DNS 后缀　　D. DNS 后缀.主机

4. 在域名空间中，按级别由高到低的顺序为（　　）。

A. 二级域　根域　组织域　主机　　B. 根域　组织域　主机　二级域

C. 根域 二级域 主机 组织域　　D. 根域 顶级域 二级域 主机

5. DNS 服务的主要作用是（ ）。

A. 将域名解析为 IP 地址　　B. 将 IP 地址发布出去

C. 将主机名发布出去　　D. 将主机名解析为 IP 地址

二、操作题

1. 安装一台 DNS 服务器。
2. 申请一个域名空间（例如：bbs.net）。

7.2 【案例 21】DNS 服务器的配置

案例效果

安装好 DNS 服务器后，管理员的首要任务便是新建区域。新建区域包括创建正向查找区域和反向查找区域，并配置 DNS 服务属性等，以便能更好地管理此 DNS 服务器。然后根据需要创建不同的主机记录，以便能通过域名进行访问。

操作步骤

1. 正向查找区域的创建

（1）在 DNS 管理控制台窗口左侧右击“正向查找区域”选项，在弹出的快捷菜单中选择“新建区域”命令，如图 7-2-1 所示，打开“新建区域向导”对话框，如图 7-2-2 所示。

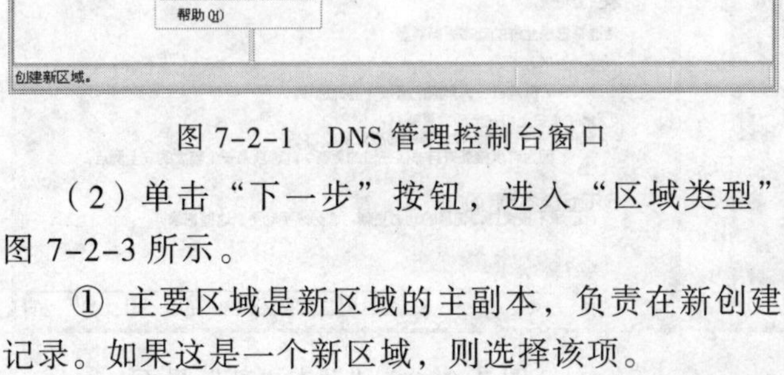

图 7-2-1 DNS 管理控制台窗口

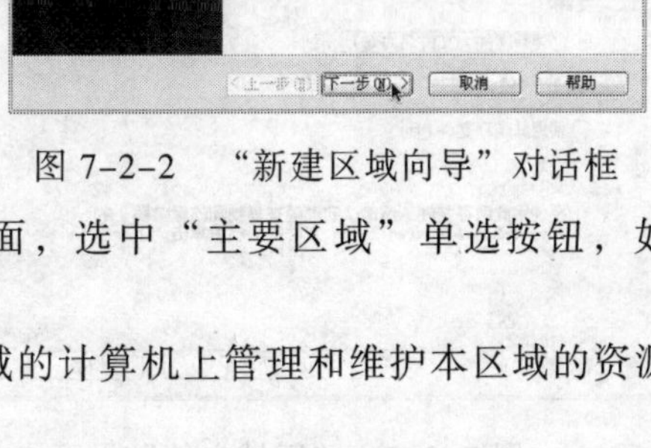

图 7-2-2 “新建区域向导”对话框

（2）单击“下一步”按钮，进入“区域类型”界面，选中“主要区域”单选按钮，如图 7-2-3 所示。

① 主要区域是新区域的主副本，负责在新创建区域的计算机上管理和维护本区域的资源记录。如果这是一个新区域，则选择该项。

② 辅助区域是现有区域的副本，主要区域中的 DNS 服务器将把区域信息传递给辅助区域中的 DNS 服务器。使用辅助区域的目的是提供冗余，减少包含主要区域数据库文件的 DNS 服务器上的负载。辅助 DNS 服务器上的区域数据是无法修改的，所有数据都是从主 DNS 服务器上复制而来的。

③ 存根区域只包含用于标识该区域的授权 DNS 服务器所需的资源记录，含有存根区域的 DNS 服务器对该区域没有管理权。它维护着该区域的权威 DNS 服务器列表，列表存放在 DNS 资料记录中。由于存根区域包含着该区域的授权的 DNS 服务器所需的资源记录，所以通过定期的更新，含有存根区域的 DNS 服务器将维护该区域最新的权威 DNS 服务器的列表。此外，存根区域使 DNS 服务器使用存根区域的名称服务器列表执行递归查询，而无须查询 Internet 或 DNS 名称空间中的根服务器。

④ Active Directory 中还有一个用来存储区域的选项，该选项仅在 DNS 服务器是域控制器时使用。

（3）单击“下一步”按钮，进入“区域名称”界面，在“区域名称”文本框中输入区域名称，如图 7-2-4 所示。

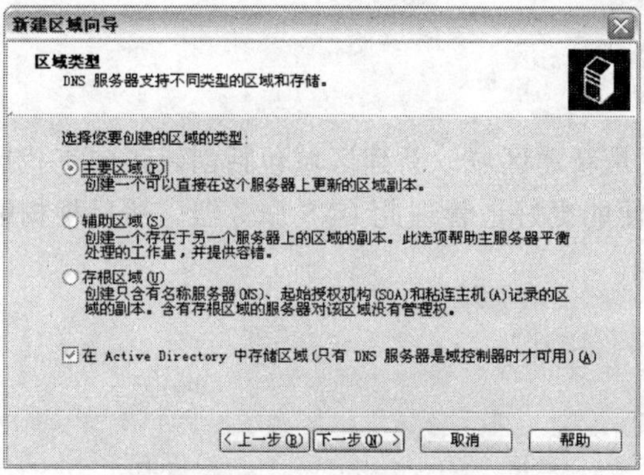

图 7-2-3 “区域类型”界面

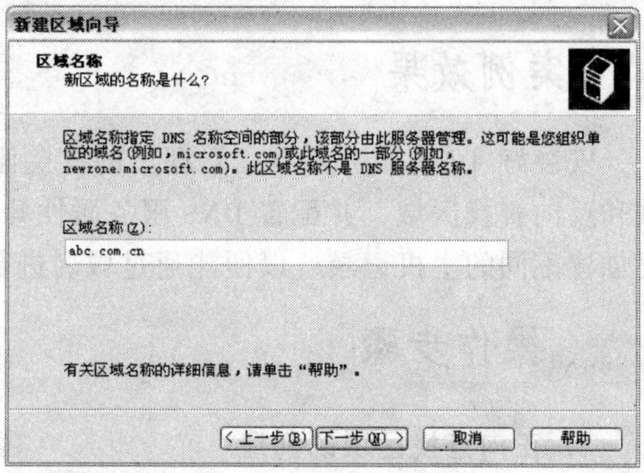

图 7-2-4 “区域名称”界面

（4）单击“下一步”按钮，进入“区域文件”界面，默认保留区域文件名 abc.com.cn.dns，该文件存放在 %SystemRoot%\system32\dns 目录中，如图 7-2-5 所示。

（5）单击“下一步”按钮，进入“动态更新”界面，选中“不允许动态更新”单选按钮，如图 7-2-6 所示。

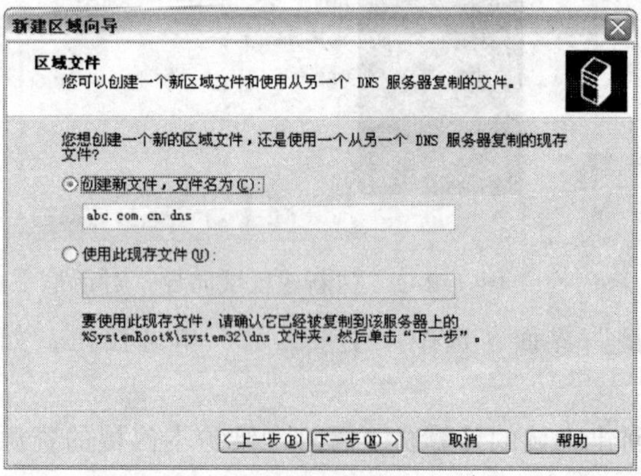

图 7-2-5 “区域文件”界面

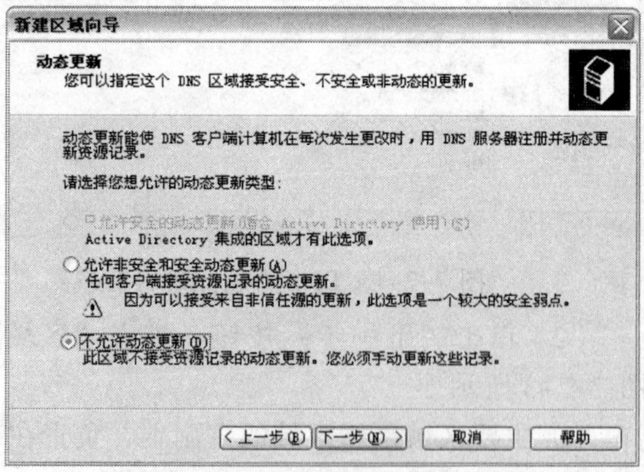

图 7-2-6 “动态更新”界面

（6）单击“下一步”按钮，进入“正在完成新建区域向导”界面，如图 7-2-7 所示。

（7）单击“完成”按钮，在 DNS 管理控制台窗口中选择“正向查找区域”选项，在窗口的右侧可以看到新建的正向搜索区域，如图 7-2-8 所示。

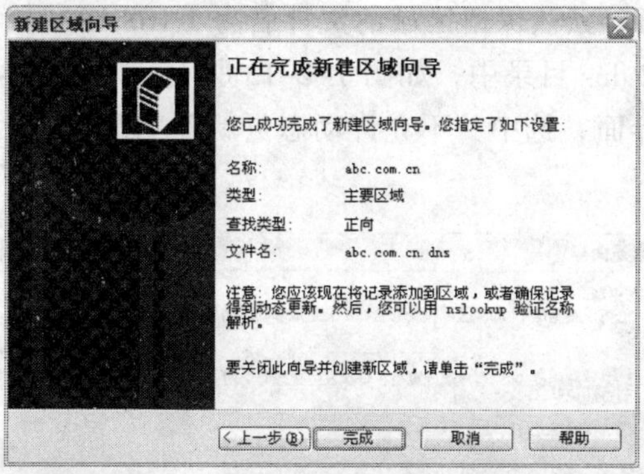

图 7-2-7　“正在完成新建区域向导”界面

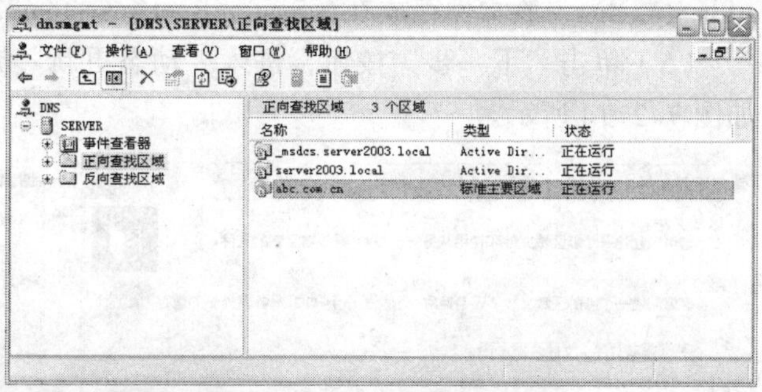

图 7-2-8　DNS 管理控制台窗口

2. 反向查找区域的创建

（1）在 DNS 管理控制台窗口左侧右击“反向查找区域”选项，在弹出的快捷菜单中选择“新建区域”命令，如图 7-2-9 所示，打开“新建区域向导”对话框，如图 7-2-10 所示。

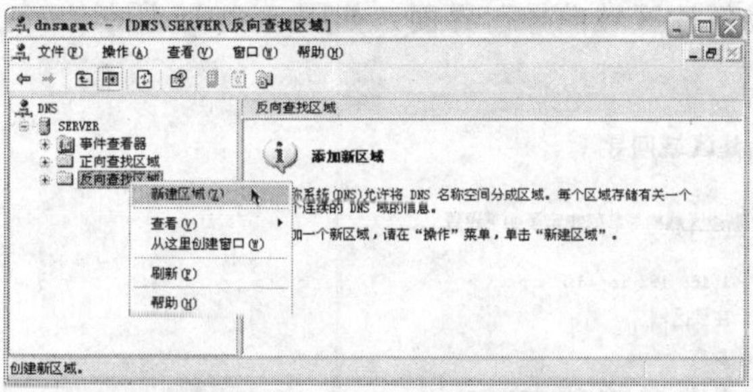

图 7-2-9　DNS 管理控制台窗口

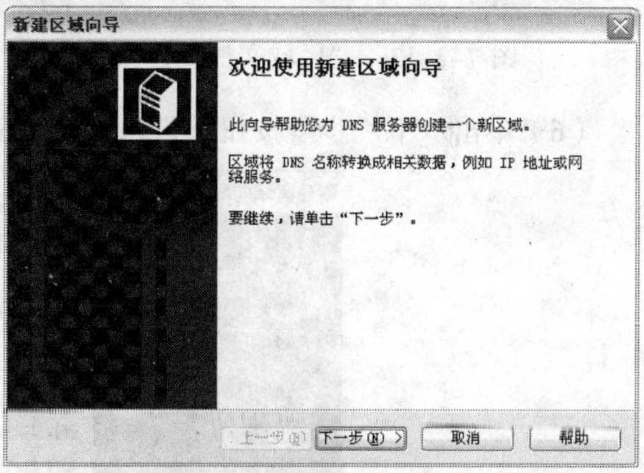

图 7-2-10　“新建区域向导”对话框

（2）单击“下一步”按钮，进入“区域类型”界面，选中“主要区域”单选按钮，如图 7-2-11 所示。

（3）单击“下一步”按钮，进入“反向查找区域名称”界面，在“网络 ID”文本框中输入网络 ID 号，如图 7-2-12 所示。

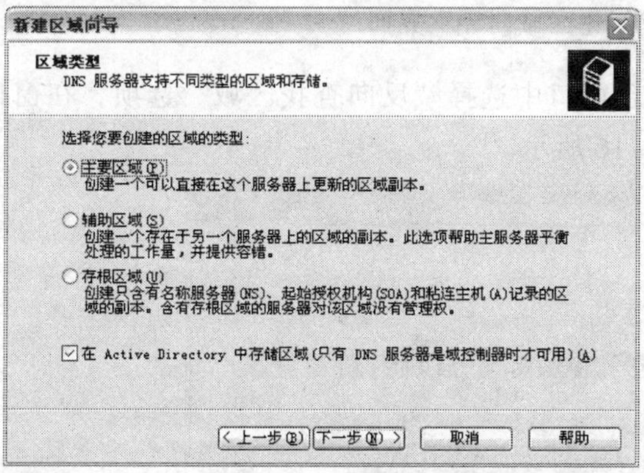

图 7-2-11　“区域类型”界面

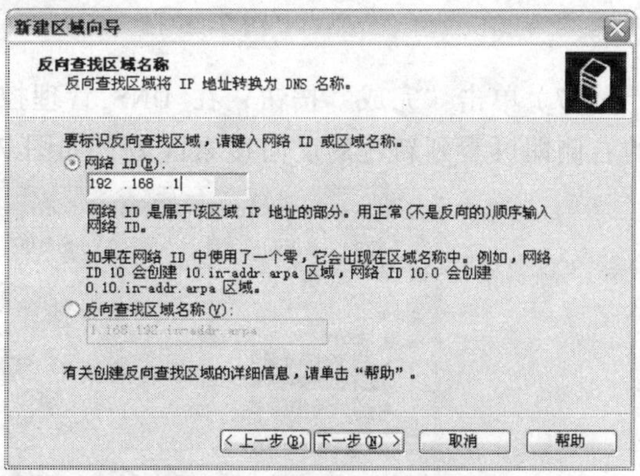

图 7-2-12　“反向查找区域名称”界面

（4）单击“下一步”按钮，进入“区域文件”界面，默认保留区域的文件名为 1.168.192.in-addr.arpa.dns，该文件存放在 %SystemRoot%\system32\dns 目录中，如图 7-2-13 所示。

（5）单击“下一步”按钮，进入“动态更新”界面，选中“不允许动态更新”单选按钮，如图 7-2-14 所示。

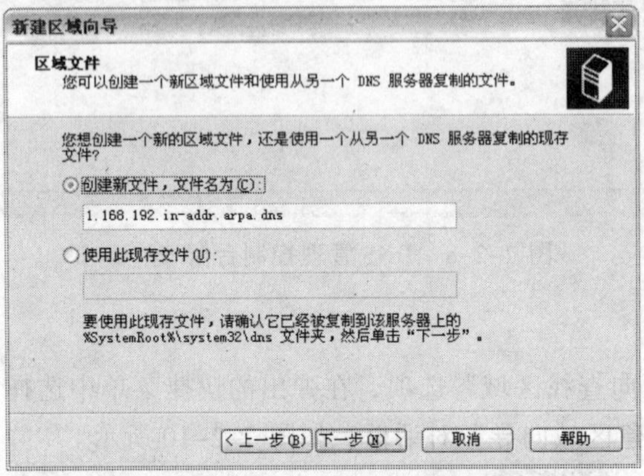

图 7-2-13 “区域文件”界面

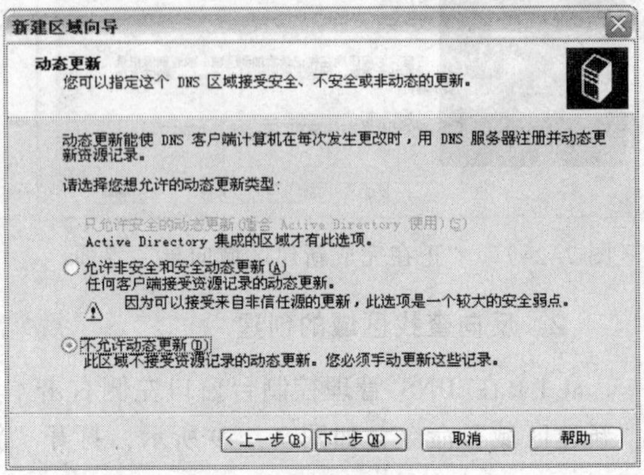

图 7-2-14 “动态更新”界面

（6）单击“下一步”按钮，进入“正在完成新建区域向导”界面，如图 7-2-15 所示。

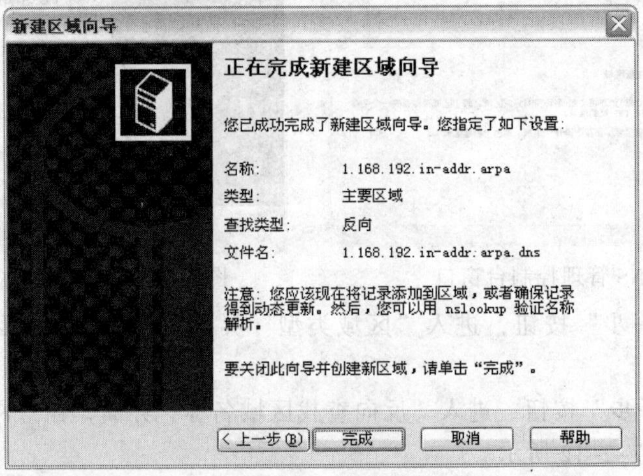

图 7-2-15 “正在完成新建区域向导”界面

（7）单击“完成”按钮，在 DNS 管理控制台窗口中选择“反向查找区域”选项，在窗口的右侧即可看到新建的反向搜索区域，如图 7-2-16 所示。

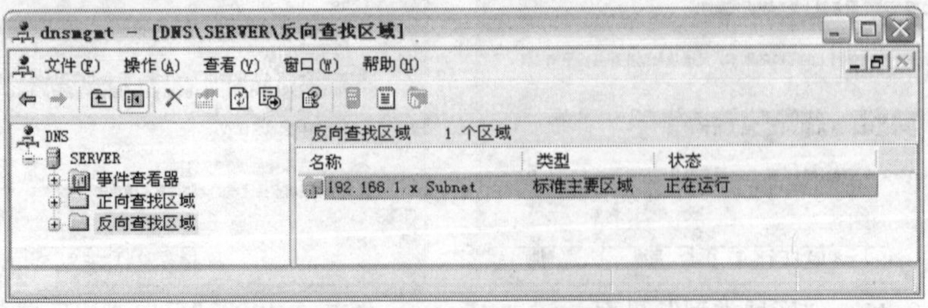

图 7-2-16 DNS 管理控制台窗口

3. 主机记录的创建

如果有一台计算机的 FQDN（完全合格域名）为 www.abc.com.cn，IP 地址为 192.168.1.6，为该主机创建主机记录的步骤如下：

（1）在 DNS 管理控制台窗口的左侧右击 abc.com.cn 选项，在弹出的快捷菜单中选择“新建主机”命令，如图 7-2-17 所示。打开“新建主机”对话框，在“名称”文本框中输入相应的名称，并选中“创建相关的指针（PTR）记录”复选框（这样可以在新建主机记录的同时，在反向查找区域 192.168.1.0 中创建 PTR 记录），如图 7-2-18 所示。

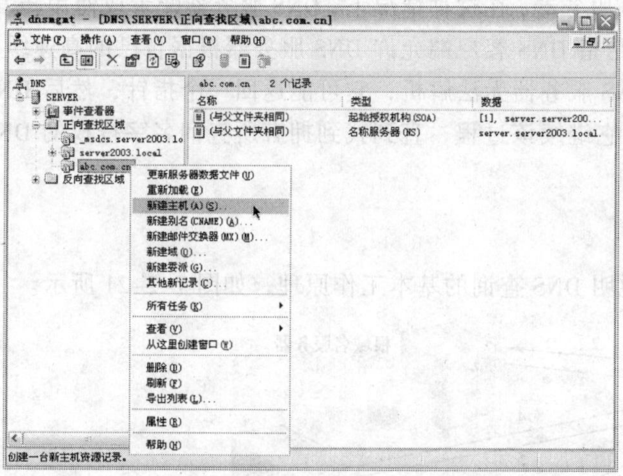

图 7-2-17　DNS 管理控制台窗口

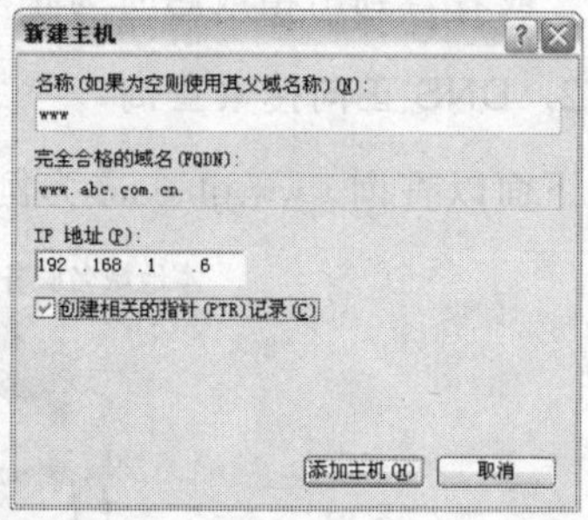

图 7-2-18　“新建主机”对话框

（2）单击“添加主机”按钮，打开 DNS 确认对话框，如图 7-2-19 所示。单击“确定”按钮，此时已经添加了主机记录，如图 7-2-20 所示。

图 7-2-19　DNS 对话框

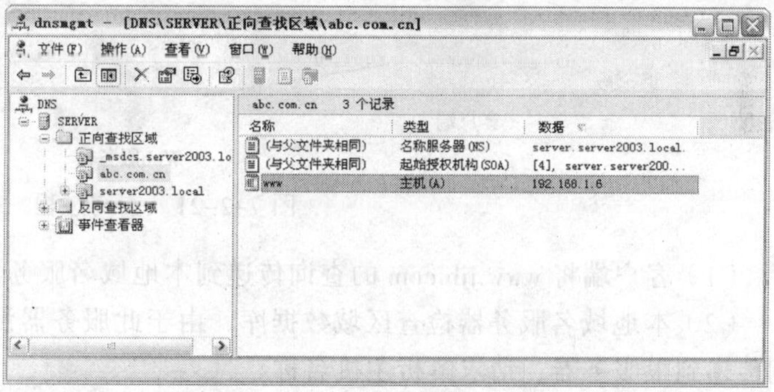

图 7-2-20　DNS 管理控制台窗口

相关知识

1. 域名查询过程

一般情况下，当以域名方式访问某台远程主机时，DNS 服务器首先将域名“翻译”成对应的 IP 地址，通过 IP 地址与该主机联系。DNS 服务器除了负责域名到 IP 地址的解析之外，还具有与其他域名服务器传送消息的能力。一旦本地 DNS 服务器不能进行域名到 IP 地址的解析，它能知道如何去联络其他的 DNS 服务器。在 DNS 服务器中保存着域名空间的区域数据。如果 DNS 服务器负责管辖一个或多个区域，那么这个服务器便是这些区域的授权名称服务器。

DNS 服务器采用层次化的分级结构。每个域名服务器只对域名空间的一部分进行管理，即只包括整个域名数据库的一部分信息。域名查询从查询方式上可以分为两种类型，即递归查询和简单查询。

（1）递归查询：当 DNS 服务器接收到 DNS 客户端请求时，要么用所请求的资源记录应答，要么用错误消息应答。递归查询通常由 DNS 客户端向 DNS 服务器发出，或者由无法解析域名查询的 DNS 服务器传送给另一台 DNS 服务器，在这种情况下，DNS 服务器配置成使用转发器。

（2）简单查询：又称迭代查询，是指 DNS 客户端允许 DNS 服务器根据自己的高速缓存或区域的数据以最佳结果作答。如果 DNS 服务器无法解析，它可能返回一个指针，然后 DNS 客户端就查询指针指向的 DNS 服务器。它继续该过程，直到找到拥有所查询名字授权的 DNS 服务器，或者直到出错或超时为止。

2. DNS 正向搜索查询

下面以查询 www.jjb.com 为例来说明 DNS 查询的基本工作原理，如图 7-2-21 所示。

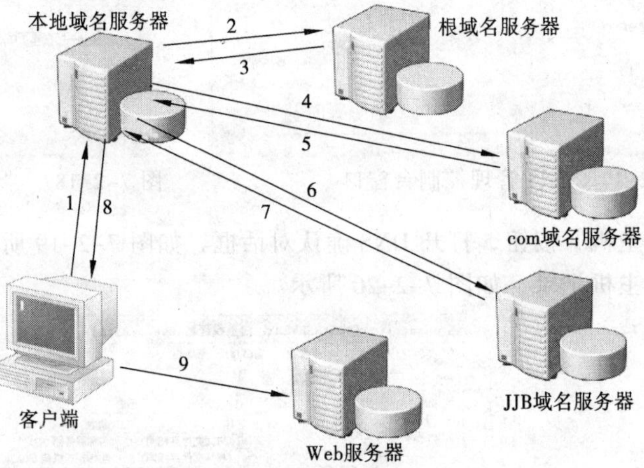

图 7-2-21　查询过程

（1）客户端将 www.jjb.com 的查询传递到本地域名服务器。

（2）本地域名服务器检查区域数据库，由于此服务器没有 jjb.com 域的授权，因此它将查询传递到根服务器，请求解析主机名称。

（3）根域名服务器把.com 域名服务器的 IP 地址返回给本地域名服务器。

（4）本地域名服务器将请求发送给.com 域名服务器进行查询。

（5）com 域名服务器根据请求将 jjb.com 域名服务器的 IP 地址返回给本地域名服务器。

（6）本地域名服务器请求发送给 jjb.com 域名服务器进行查询。

（7）由于 jjb.com 域名服务器具有 www.jjb.com 的记录，于是将 www.jjb.com 的 IP 地址返回给本地域名服务器。

（8）本地域名服务器将 www.jjb.com 的 IP 地址发送给客户端。

（9）域名解析成功后，就完成了名称解析，客户端可以通过 Web 服务器访问 www.jjb.com。

为了提高解析效率，减少查询开销，每个域名服务器都有一个高速缓存，存放最近解析过的域名和对应的 IP 地址。这样，当客户端再次查找该主机时，可以跳过某些查找过程，直接从本地域名服务器中查找到该主机地址，大大缩短了查找时间，加快了查询过程，同时也减轻了根域名服务器的查找负担。

3．DNS 反向搜索查询

反向搜索查询将 IP 地址映射为域名。反向搜索查询要求对每个域名进行详细搜索，这需要花费很长时间。为解决该问题，DNS 标准定义了一个名为 in-addr.arpa 的特殊域。in-addr.arpa 域遵循域名称空间相同的层次命名方案，它基于 IP 地址，而不是域名。

思考与练习

一、选择题

1.（　　）将域名映射为 IP 地址，通过域名来查询 IP 地址。

A．递归查询　　B．简单查询
C．正向搜索查询　　D．反向搜索查询

2. 1.44.16.172.in-addr.arpa 中的记录用于（　　）。

A．正向查找　　B．反向查找
C．递归查询　　D．简单查询

3. 创建（　　）是指在父区域中创建一个新区域，并为新区域指定一个权威服务器。

A．子域　　B．委派
C．正向查找区域　　D．反向查找区域

二、操作题

1. 创建区域文件，设置 bbs.net 和指定 IP 的对应查找区域。
2. 创建主机记录 new.bbs.net。

7.3 【案例 22】DNS 客户端的配置

案例效果

配置完 DNS 服务器后，管理员就可以对 DNS 客户端进行配置。配置 DNS 客户端主要是为客户端指定相应的 DNS 服务器的 IP 地址，以便客户端可以正确请求 DNS 服务并为其解析。

动态获得 DNS 服务器地址就是与 DHCP 服务联合起来，即在 DHCP 服务器上为 DHCP 客户端配置 DNS 信息。

操作步骤

1. 配置静态 DNS 服务器地址

（1）右击“网上邻居”图标，在弹出的快捷菜单中选择“属性”命令，打开“网络连接”窗口，如图 7-3-1 所示。

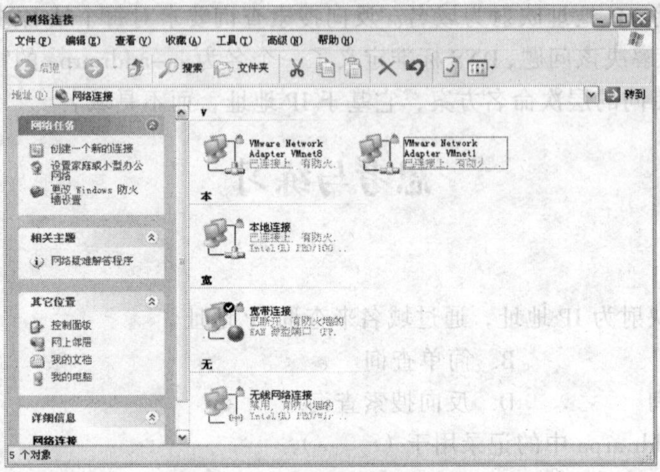

图 7-3-1　“网络连接”窗口

（2）右击“本地连接”图标，在弹出的快捷菜单中选择“属性”命令，打开“本地连接属性”对话框，如图 7-3-2 所示。

（3）在“此连接使用下列项目”列表框中选中“Internet 协议（TCP/IP）”复选框，再单击“属性”按钮，打开“Internet 协议（TCP/IP）属性”对话框。选中“使用下面的 DNS 服务器地址”单选按钮，并在“首选 DNS 服务器”和“备用 DNS 服务器”文本框中输入相应的 DNS 服务器的 IP 地址，如图 7-3-3 所示，此时 DNS 客户端配置完成。

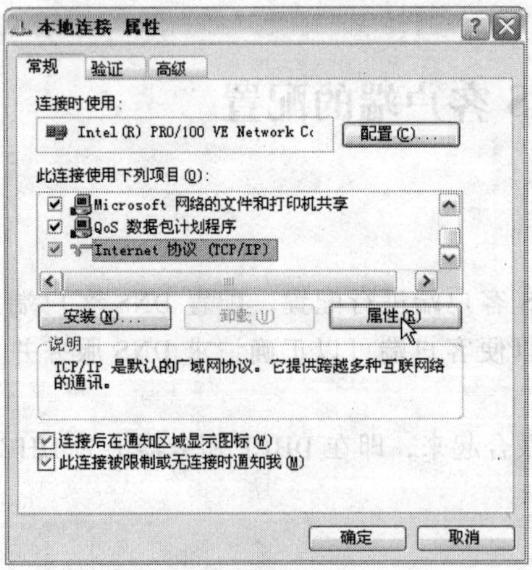

图 7-3-2　“本地连接属性”对话框

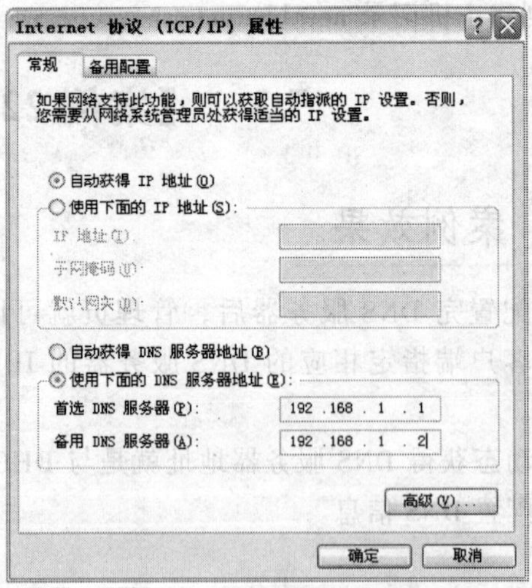

图 7-3-3　“Internet 协议（TCP/IP）属性”对话框

2. 动态获得 DNS 服务器地址

（1）要想动态获得 DNS 服务器地址，必须在 DHCP 服务器上为 DHCP 客户端“作用域选项”配置 DNS 信息，否则客户端不能自动获得 DNS 服务器的地址，参考 DHCP“作用域选项”配置如图 7-3-4 所示。

（2）在客户端打开“Internet 协议（TCP/IP）属性”对话框，选中“自动获得 DNS 服务器地址”单选按钮，客户端即可动态获得 DNS 服务器的 IP 地址，如图 7-3-5 所示。

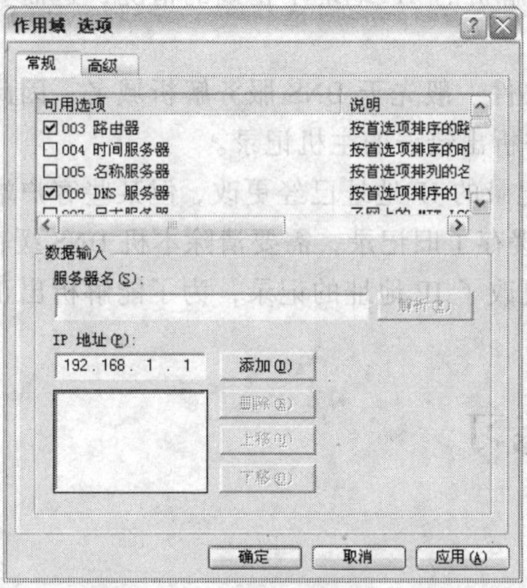

图 7-3-4　“作用域选项”对话框

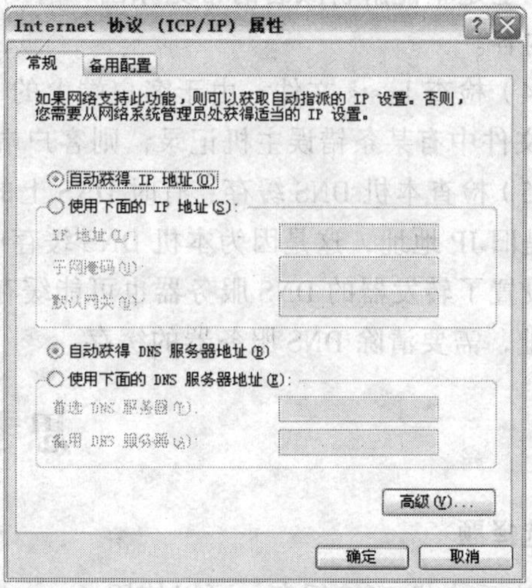

图 7-3-5　“Internet 协议（TCP/IP）属性”对话框

相关知识

1. 域名解析顺序

默认情况下，客户端（操作系统是 Windows 2000/XP/2003）解析域名的顺序如下：

- 主机。
- 主机 DNS 缓存。
- 本机 hosts 文件。
- DNS 服务器。

要查看本机 DNS 缓存，可以在命令提示符下输入 ipconfig /displaydns，缓存中包括了本地客户端的一些信息以及最新获得的关于名称解析的信息。如果要清除本机 DNS 缓存，可以使用命令 ipconfig /flushdns。

本机 hosts 文件在%SystemRoot%\system32\divers\etc 目录下，是文本文件，用记事本就可以编辑。文件中保存的是 IP 地址和对应的主机名。

要使用 DNS 服务，客户端需要在 TCP/IP 属性中配置首选 DNS 服务器。

2. 域名解析排错

如果客户端在网络通信正常的情况下不能成功解析域名，例如不能解析 www.jjb.com 的 IP，则可以通过以下方式进行排错。

（1）检查客户端设置：首先要检查客户端的首选 DNS 服务器是否配置，或者配置的 DNS 服务器的 IP 地址是否正确。

（2）检查 DNS 服务器上的资源记录：检查 DNS 服务器上有没有正确的区域名及要查找的主机记录，可以使用 nslookup 命令。

（3）检查 DNS 服务是否启动：除了检查资源记录是否存在，还要注意 DNS 服务是否启动，如果没有启动，就不会执行相应域名的查询。

以上是不能解析域名的常见原因，有时会碰到解析的 IP 地址不正确的情况，这需要检查以下内容。

（4）检查 hosts 文件：由于客户端上的 hosts 文件一般先于 DNS 服务解析域名，因此如果 hosts 文件中有某条错误主机记录，则客户端优先解析出错误的主机记录。

（5）检查本机 DNS 缓存：有时 DNS 上的主机记录的 IP 地址已经更改，但某些客户端还显示的是旧 IP 地址，这是因为本机 DNS 缓存中暂时缓存了旧记录，需要清除本机 DNS 缓存。

设置了转发器的 DNS 服务器也可能缓存已经更改了 IP 地址的记录，为了能解析出正确的 IP 地址，需要清除 DNS 服务器的缓存。

思考与练习

一、选择题

1. 要查看本机 DNS 缓存，可以使用（　　）命令。

   A. ipconfig /displaydns　　B. ipconfig /all

   C. nslookup　　D. ipconfig /flushdns

2. 如果要清除本机 DNS 缓存，可以使用（　　）命令。

   A. ipconfig /displaydns　　B. ipconfig /all

   C. nslookup　　D. ipconfig /flushdns

3. 客户端（操作系统是 Windows 2000/XP/2003）解析域名的顺序是（　　）。

   A. 主机→主机 DNS 缓存→本机 hosts 文件→DNS 服务器

   B. 主机→本机 hosts 文件→主机 DNS 缓存→DNS 服务器

   C. 主机→DNS 服务器→本机 hosts 文件→主机 DNS 缓存

   D. 主机→本机 hosts 文件→DNS 服务器→主机 DNS 缓存

二、操作题

1. 配置 DNS 服务器地址（例如：DNS 服务器地址为 192.168.1.1）。
2. 配置动态 DNS 服务器地址（例如：路由器地址为 192.168.1.1）。

第 8 章 企业网络中的 Web 服务

8.1 【案例 23】搭建 Web 服务并管理 Web 的默认站点

案例效果

在信息技术高速发展的今天，Internet 之所以如此盛行，WWW 服务功不可没。因为它操作简单，画面魅力十足，可以用来联机购物、看电影、听广播、玩游戏、找工作、查资料等。管理员也可根据业务的需要，创建自己公司的 Web 站点，并通过 Web 站点（网站）提供服务以及信息的发布。本案例主要是为主机安装 Web 服务，管理 Web 的默认站点，可以将要发布的信息文件放置于主目录中，该目录下的所有内容将自动对网站访问者开放。

操作步骤

1．安装 Web 服务

（1）选择“开始”→“控制面板”→“添加或删除程序”命令，打开“添加或删除程序”窗口。

（2）在窗口左侧单击“添加/删除 Windows 组件”图标，如图 8-1-1 所示，打开“Windows 组件向导”对话框。

（3）在“组件”列表框中选中“应用程序服务器”复选框，如图 8-1-2 所示，再单击“详细信息”按钮，打开“应用程序服务器”对话框。

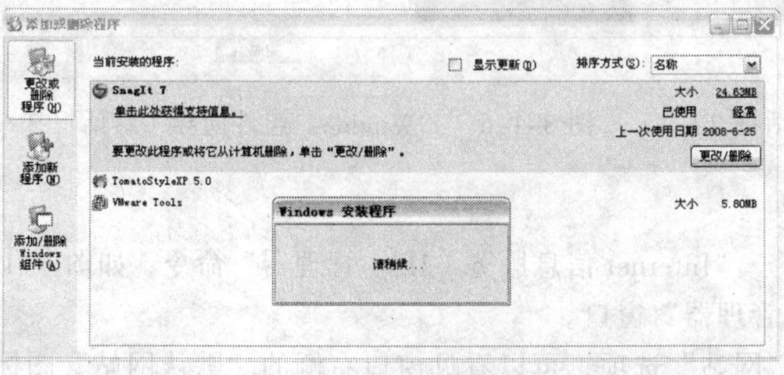

图 8-1-1 “添加或删除程序”窗口

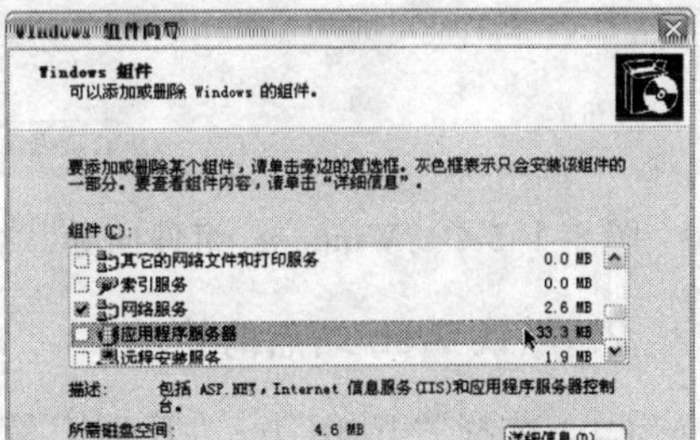

图 8-1-2 “Windows 组件向导”对话框 1

（4）在“应用程序服务器的子组件”列表框中选中“Internet 信息服务（IIS）”复选框，单击“详细信息”按钮，如图 8-1-3 所示。

（5）打开“Internet 信息服务（IIS）”对话框，在“Internet 信息服务（IIS）的子组件”列表框中选中“万维网服务”复选框，如图 8-1-4 所示。

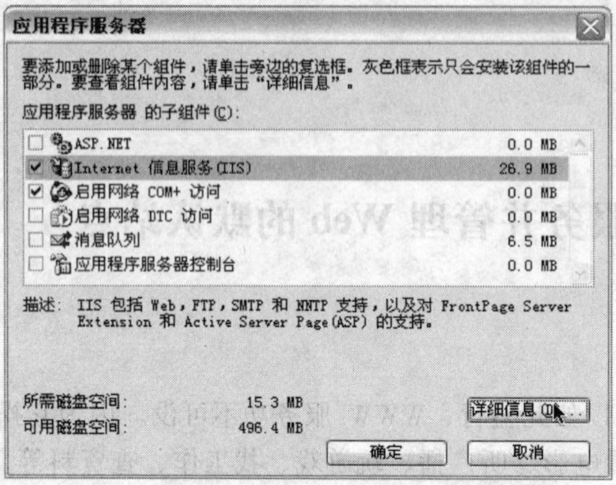

图 8-1-3 “应用程序服务器”对话框

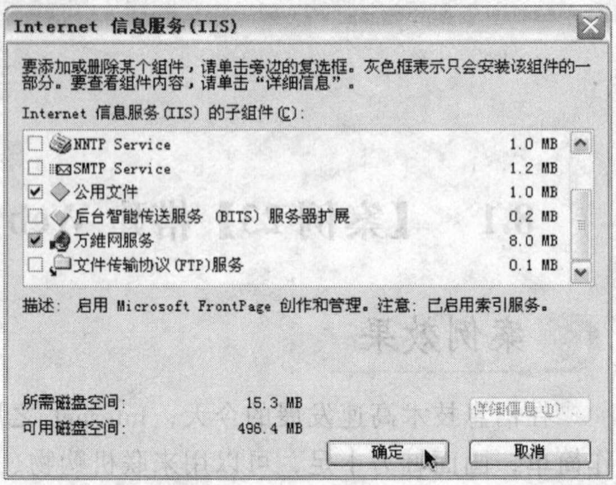

图 8-1-4 “Internet 信息服务（IIS）”对话框

（6）单击“确定”按钮，返回“Windows 组件向导”对话框，开始安装 Web 服务，如图 8-1-5 所示。

（7）服务安装完毕后单击“完成”按钮，完成 Web 服务的安装，如图 8-1-6 所示。

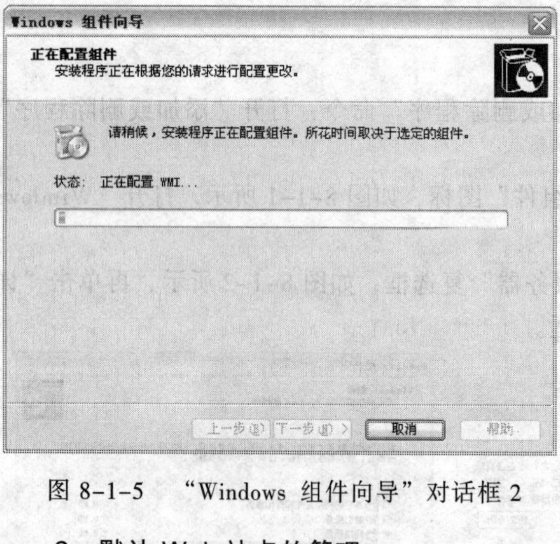

图 8-1-5 “Windows 组件向导”对话框 2

图 8-1-6 “Windows 组件向导”对话框 3

2. 默认 Web 站点的管理

（1）选择“开始”→“管理工具”→“Internet 信息服务（IIS）管理器”命令，如图 8-1-7 所示，打开“Internet 信息服务（IIS）管理器”窗口。

（2）在窗口左侧的目录树中选择“网站”选项，可以看见窗口右侧的“默认网站”图标，这是系统的默认网页，如图 8-1-8 所示。

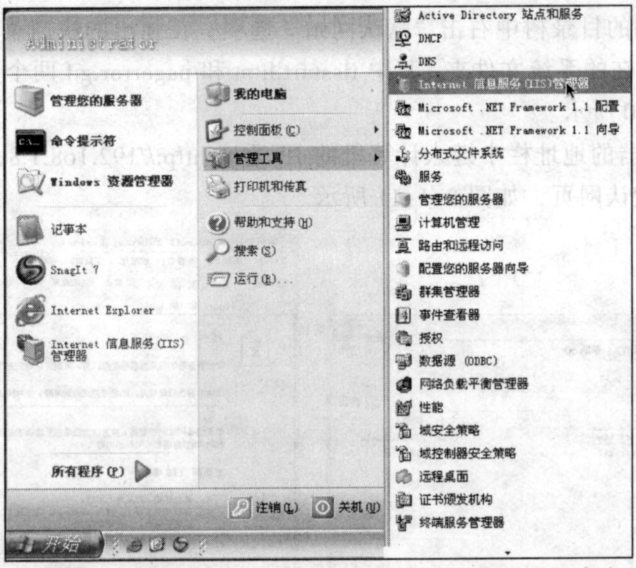

图 8-1-7　选择“Internet 信息服务（IIS）管理器”命令

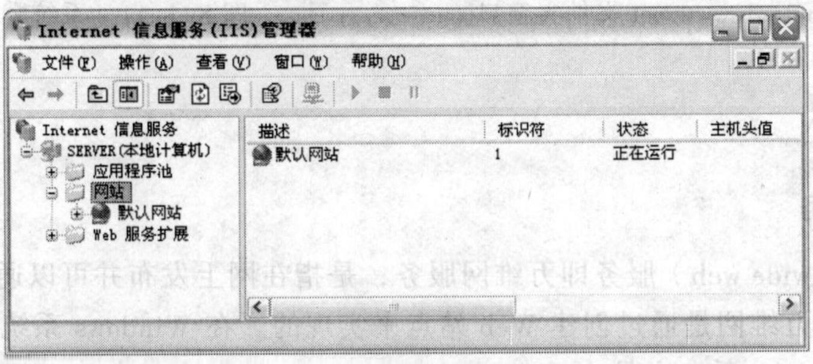

图 8-1-8　“Internet 信息服务（IIS）管理器”窗口

（3）在窗口左侧的目录树中右击“默认网站”选项，在弹出的快捷菜单中选择“浏览”命令，可以在窗口的右侧浏览该系统的默认网页，如图 8-1-9 所示。

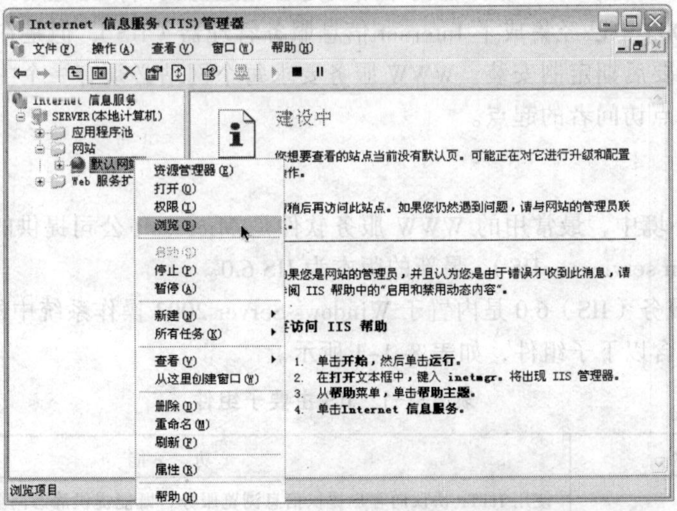

图 8-1-9　“Internet 信息服务（IIS）管理器”窗口

（4）在窗口左侧的目录树中右击“默认网站”选项，在弹出的快捷菜单中选择“打开”命令，打开默认网页所在的系统文件夹。其中 iisstart.htm 和 pagerror.gif 两个文件构成了系统的默认网页，如图 8-1-10 所示。

（5）在 IE 浏览器的地址栏中键入计算机的 IP 地址 http://192.168.1.8，按【Enter】键，可以访问到该系统的默认网页，如图 8-1-11 所示。

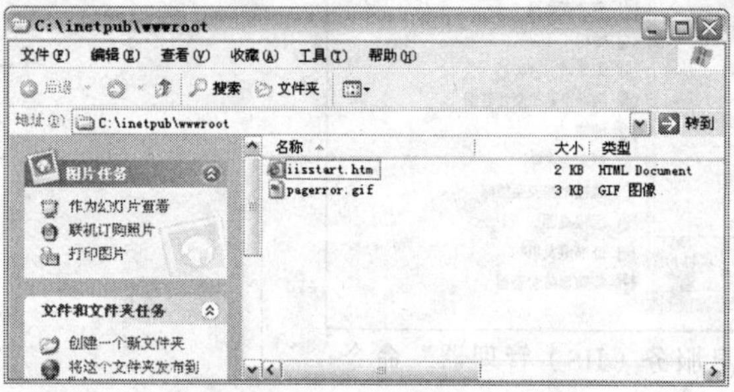

图 8-1-10　c:\inetpub\wwwroot 文件夹窗口

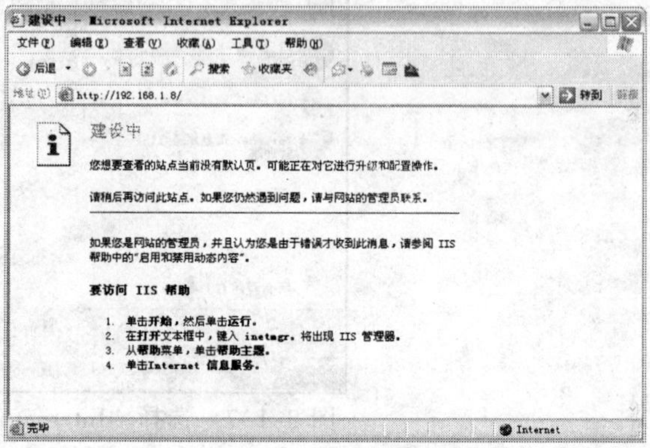

图 8-1-11　系统默认网页窗口

相关知识

1. WWW 服务

WWW（world wide web）服务即万维网服务，是指在网上发布并可以通过浏览器观看的图形化界面的服务。万维网是通过创建 Web 站点来实现的。在 Windows 系统中常用的 WWW 服务软件是 IIS，在 Linux 系统中是 Apache。

Web 采用开放式主从结构，分成服务器和客户端两个部分。Web 服务器与客户端的浏览器之间使用超文本传输协议（hyper text transfer protocol，HTTP）互相通信。WWW 服务将大量信息存放在 Web 服务器上，Web 服务器的作用就是管理这些文档，处理用户发来的各种请求。Windows Server 2003 中已经集成了 Internet 信息服务管理器（IIS），但是在默认安装过程中不安装该服务器，需要后期定制安装。WWW 服务要求每个网站必须有一个主目录，并把主目录作为信息发布和站点访问者的起点。

2. IIS 概述

在 Windows 环境中，最常用的 WWW 服务软件是 Microsoft 公司提供的 Internet 信息服务（Internet information services，IIS），最新的版本为 IIS 6.0。

Internet 信息服务（IIS）6.0 是内置于 Windows Server 2003 操作系统中的组件。

IIS 6.0 主要包含以下子组件，如表 8-1-1 所示。

表 8-1-1　IIS 主要子组件

组 件 名 称	功　能
万维网服务（WWW）	使用 HTTP 协议向客户提供信息浏览服务，既能提供静态网页，也能提供动态网页
文件传输协议（FTP）服务	提供 FTP 服务，使用 FTP 协议向客户提供上传和下载文件的服务

续表

组件名称	功　　能
SMTP 服务	简单邮件传输协议服务，支持电子邮件的传输，主要功能是发送和传输电子邮件
NNTP 服务	网络新闻传输协议服务，在 Internet 上分发、查询、获得以及发表网络新闻文章。一般以邮件形式发布，客户端以邮件形式接收和查看
Internet 信息服务管理器	IIS 管理界面的 Microsoft 管理控制台管理单元
Internet 打印	提供基于 Web 的打印机管理，例如能够通过 HTTP 打印到共享打印机
后台智能传输服务（BITS）服务器扩展	BITS 是一种由 Windows Update 和 Automatic Update 使用的后台文件传输机制，它是一种后台文件传输机制和队列管理器，优化文件传输

3. IIS 的新特性

IIS 6.0 为用户提供了集成、可靠、可扩展、安全及可管理的 Web 服务器解决方案，它通过改善的结构可以完全满足企业及个人用户的需求。IIS 6.0 的新特性如表 8-1-2 所示。

表 8-1-2　IIS 6.0 的新特性

特　　点	描　　述
可靠性与可伸缩性	IIS 6.0 提供了更智能的、更可靠的 Web 服务器环境，新的环境包括应用程序健康监测、应用程序自动循环利用。其可靠的性能提高了网络服务的可用性
更安全、易于管理	IIS 6.0 在安全和管理方面做出了重大的改进。安全性能的增强包括技术与需求处理变化两方面。另外，增强了在安全方面的认证和授权。IIS 6.0 的默认安装是被全面锁定的，这意味着默认系统的安全系数被设为最大
服务器合并	IIS 6.0 是一个具有高伸缩性的 Web 服务器，它为 Web 服务器的合并提供了新的机遇。通过将可靠的体系结构和内核模式驱动程序完美地结合在一起，IIS 6.0 允许在单机服务器上托管更多的应用程序
增强的开发与国际化支持	通过 Windows Server 2003 与 IIS 6.0 支持的先进功能，例如内核模式缓存，应用程序开发人员将从 Windows Server 2003 与 IIS 6.0 单一的、完整的应用平台环境中受益。基于 IIS 6.0，Windows Server 2003 为开发者提供了高标准的附加功能，包括快速应用程序开发以及广泛的语言选择，同时也提供了国际化支持并支持最新的 Web 标准
更高的安全性	IIS 6.0 显著改进了 Web 服务器的安全性。IIS 6.0 在默认情况下处于锁定状态，从而减少了暴露在攻击者面前的攻击。此外，IIS 6.0 的身份验证和授权功能也得到了改进。IIS 6.0 在降低系统管理成本的同时，大大提高了信息系统的安全性

思考与练习

一、选择题

1. 在 Windows NT/2000/2003 环境中，最常用的 WWW 服务软件是（　　）。

   A. IIS　　B. Proxy　　C. Serv-U　　D. A、B、C 都是

2. 本单元中，IIS 的英文全称为（　　）。

A. Internet integrated server　　B. Internet integrated system

C. Internet information system　　D. Internet information services

3. 默认网站的主目录的本地路径一般为（　　）。

A. C:/Inetpub/wwwroot　　B. C:/Inetpub

C. C:/wwwroot　　D. C:/winnt

二、操作题

1. 通过学习本章内容，搭建一台 Web 服务器。

2. 使用 IE 浏览器浏览默认的 Web 站点。

8.2 【案例 24】创建新的 Web 站点

案例效果

管理员为公司创建了新的 Web 站点，并对新站点进行了发布。本任务主要是为主机管理 Web 站点，创建该站点的主页和虚拟目录。无论是在主目录还是虚拟目录中，这些文件逻辑上归属于主目录，成为 Web 站点的内容。

操作步骤

1. 新站点的创建

（1）新建一个文本文件，可以在窗口中进行相应的编辑，如图 8-2-1 所示，保存完成后，将此文件更名为 index.html，并存放在新建的 E:\webfile 文件夹中。

（2）在“Internet 信息服务（IIS）管理器”窗口左侧的目录树中右击“网站”选项，在弹出的快捷菜单中选择“新建”→“网站”命令，如图 8-2-2 所示，打开“网站创建向导”对话框，如图 8-2-3 所示。

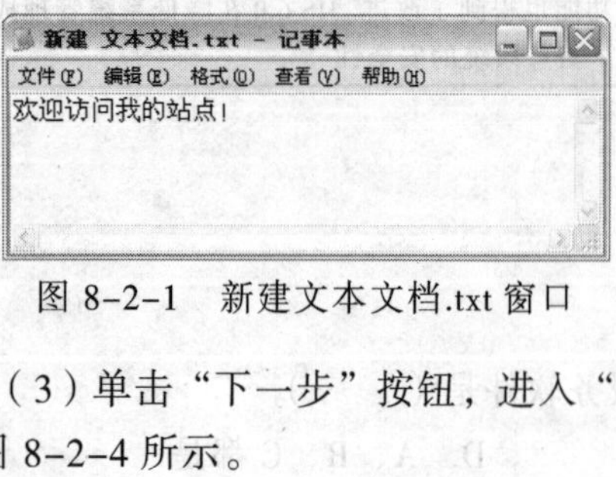

图 8-2-1　新建文本文档.txt 窗口

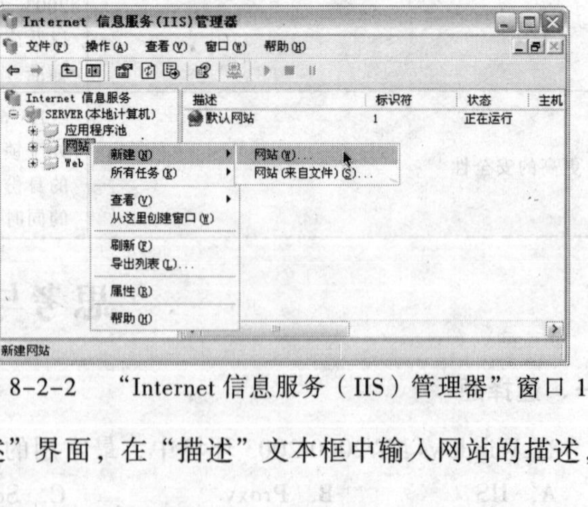

图 8-2-2　“Internet 信息服务（IIS）管理器”窗口 1

（3）单击“下一步”按钮，进入“网站描述”界面，在“描述”文本框中输入网站的描述，如图 8-2-4 所示。

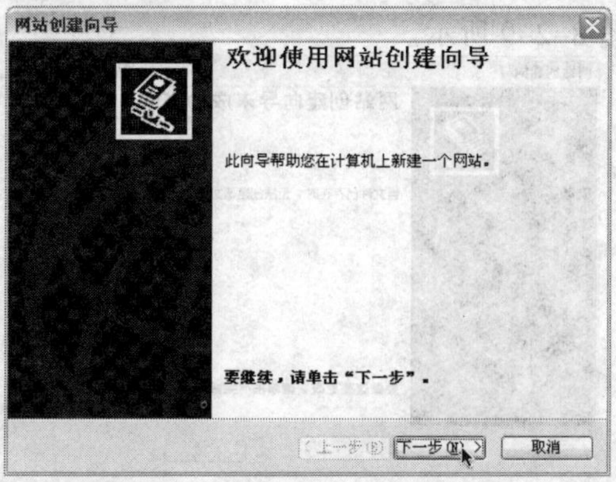

图 8-2-3　“网站创建向导”对话框 1

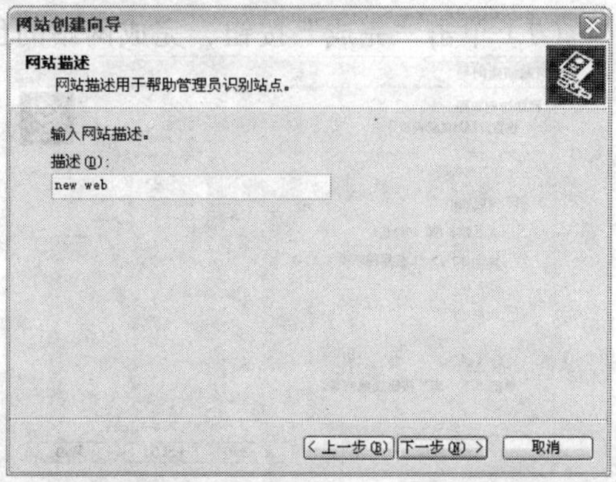

图 8-2-4　“网站创建向导”对话框 2

（4）单击“下一步”按钮，进入“IP 地址和端口设置”界面，可以保持默认设置，如图 8-2-5 所示。

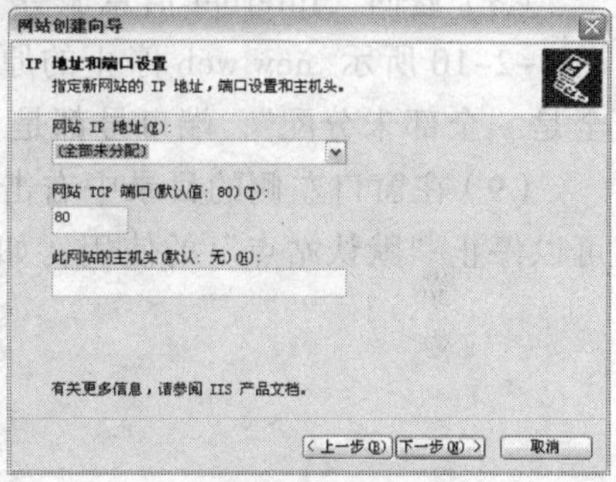

图 8-2-5　“网站创建向导”对话框 3

① 网站 IP 地址：设置为“全部未分配”，表示此站点将响应分配给该计算机但没有分配给其他站点的所有 IP 地址。也可以设置指定为具体 IP 地址，直接输入 IP 地址即可。

② 网站 TCP 端口：设置为“80”，表示 Web 服务的默认 TCP 端口为 80，一般的 Web 站点都保留此值，这样用户使用浏览器输入“http://IP 地址”就可以访问到 Web 站点。如果为了安全保密，可以修改为“81”，则访问 Web 站点时需要输入 http://IP 地址:81。如果不具体指定 TCP 端口，则不能正确访问 Web 站点。

③ 此网站的主机头（默认：无）：如果一台主机上只有一个 IP 地址，可以设置为无。但是如果有多个网站就需要设置主机头，主机头的形式就是 FQDN。

（5）单击“下一步”按钮，打开“网站主目录”对话框，单击“路径”文本框右侧的“浏览”按钮，如图 8-2-6 所示，可以打开“浏览文件夹”对话框，然后选择目标网页所存放的路径，如图 8-2-7 所示。

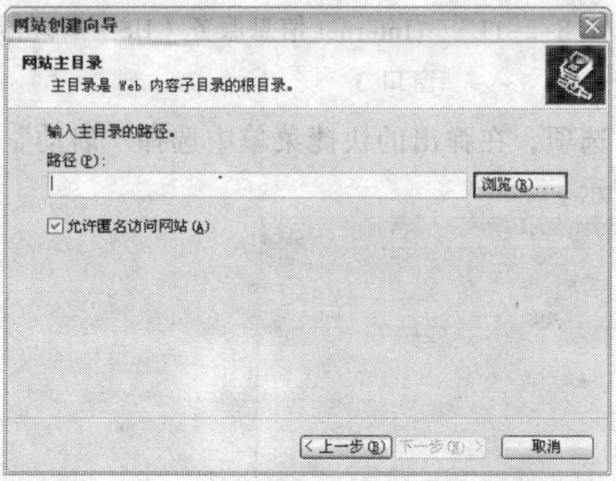

图 8-2-6　“网站创建向导”对话框 4

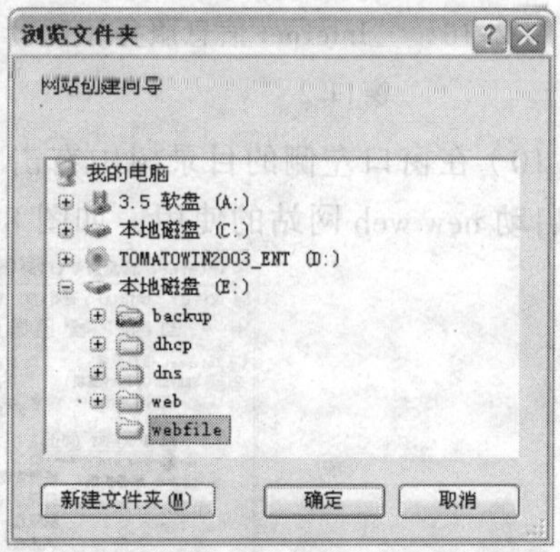

图 8-2-7　“浏览文件夹”对话框

（6）单击“确定”按钮，返回“网站主目录”对话框，单击“下一步”按钮，打开“网站访问权限”对话框，可以保持默认设置，如图 8-2-8 所示。

（7）单击“完成”按钮，完成网站的创建，如图 8-2-9 所示。

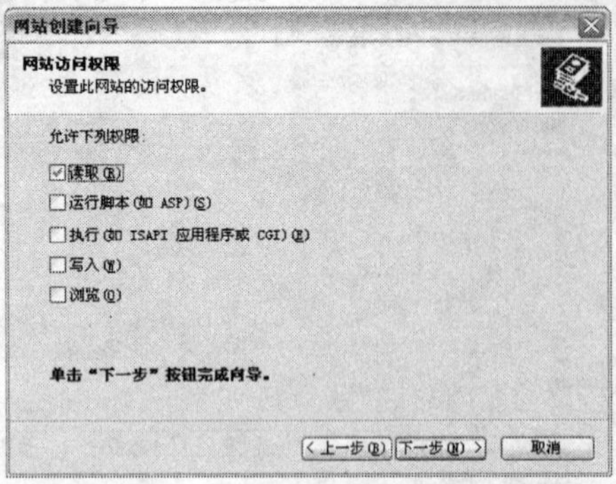

图 8-2-8 “网站创建向导”对话框 5

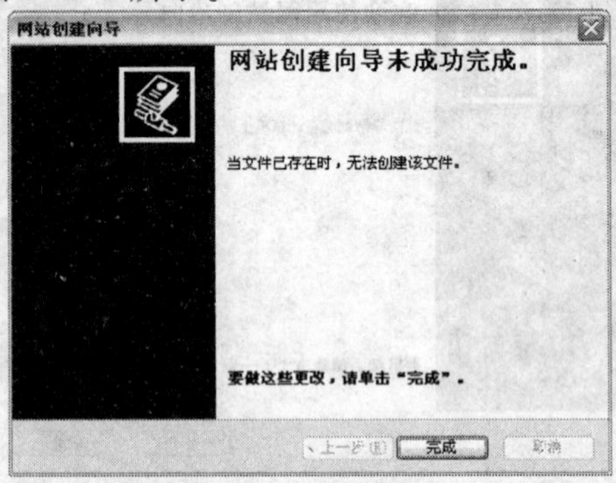

图 8-2-9 “网站创建向导”对话框 6

（8）返回“Internet 信息服务（IIS）管理器”窗口，可以看到 new web（停止）选项，如图 8-2-10 所示。new web 停止的原因主要是新网站使用的 IP 地址和默认站点的 IP 地址相同，全是“全部未分配”，端口号都是 80，所以新建的网站完成后就自动停止了。

（9）在窗口左侧的目录中右击“默认网站”选项，在弹出的快捷菜单中选择“停止”命令，可以停止“默认站点”的使用，如图 8-2-11 所示。

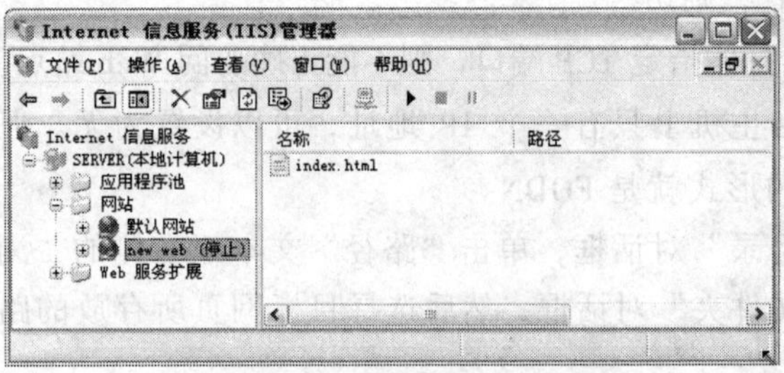

图 8-2-10 “Internet 信息服务（IIS）管理器”窗口 2

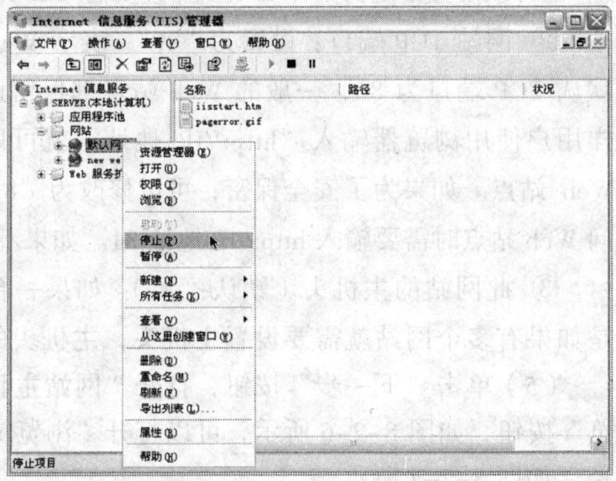

图 8-2-11 “Internet 信息服务（IIS）管理器”窗口 3

（10）在窗口左侧的目录树中右击 new web 选项，在弹出的快捷菜单中选择“启动”命令，可以启动 new web 网站的使用，如图 8-2-12 所示。

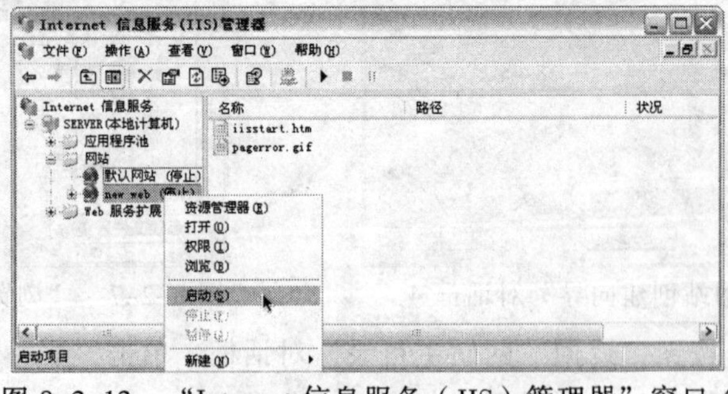

图 8-2-12 “Internet 信息服务（IIS）管理器”窗口 4

（11）在窗口左侧的目录树中右击 new web 选项，在弹出的快捷菜单中选择“属性”命令，如图 8-2-13 所示，打开“new web 属性”对话框，如图 8-2-14 所示。

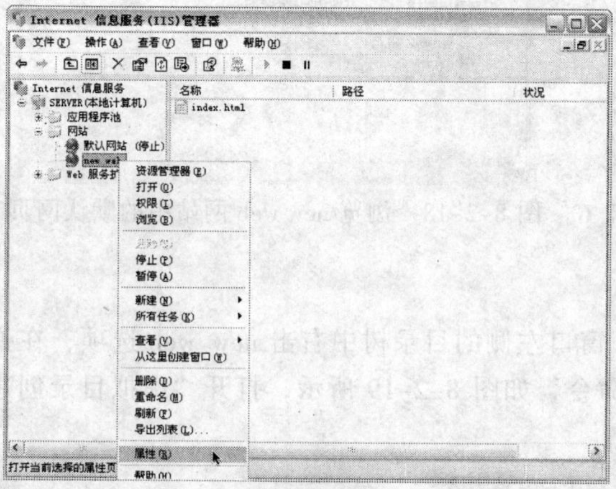

图 8-2-13　“Internet 信息服务（IIS）管理器”窗口 5

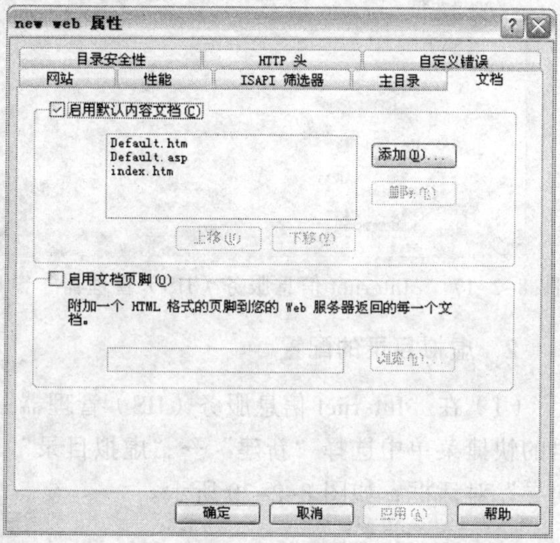

图 8-2-14　“new web 属性”对话框 1

（12）切换到“文档”选项卡，在“启用默认内容文档”选项组的列表框中不存在 index.html 文档文件。单击“添加”按钮，打开“添加内容页”对话框，在“默认内容页”文本框中输入文件名 index.html，如图 8-2-15 所示。

（13）单击“确定”按钮，返回“new web 属性”对话框，在“启用默认内容文档”选项组的列表框中选中新添加的 index.html 文档，单击“上移”按钮，将 index.html 文件移动到最上面，如图 8-2 16 所示。可以设置在浏览 new web 网站时最先打开 index.html 文档。

图 8-2-15　“添加内容页”对话框

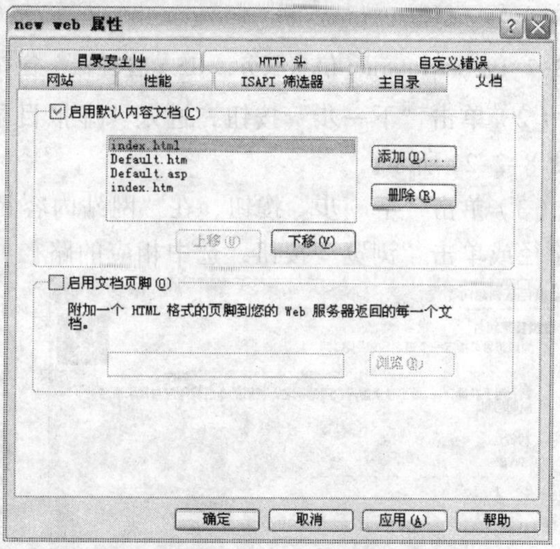

图 8-2-16　“new web 属性”对话框 2

（14）单击“确定”按钮，返回“Internet 信息服务（IIS）管理器”窗口，在窗口左侧的目录树中右击 new web 选项，在弹出的快捷菜单中选择“浏览”命令，如图 8-2-17 所示。在窗口的右侧即可看到 index.html 网页的内容，如图 8-2-18 所示。

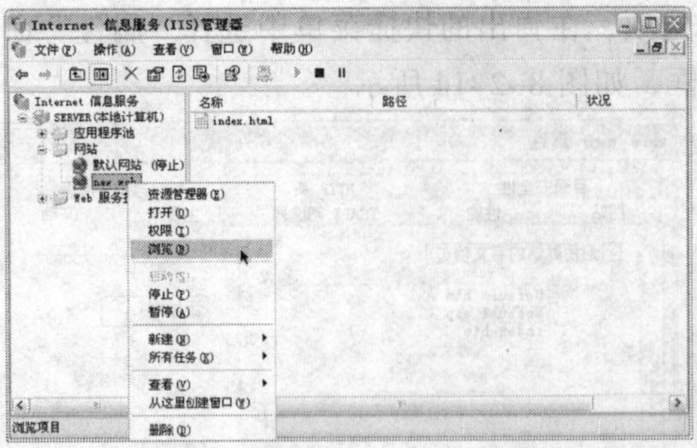

图 8-2-17 “Internet 信息服务（IIS）管理器”窗口 6

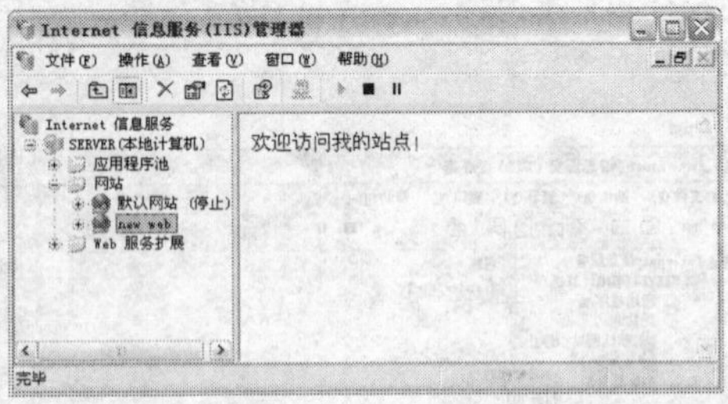

图 8-2-18 浏览 new web 网站中的默认网页

2. 虚拟目录的配置

（1）在“Internet 信息服务（IIS）管理器”窗口左侧的目录树中右击 new web 选项，在弹出的快捷菜单中选择“新建”→“虚拟目录”命令，如图 8-2-19 所示，打开“虚拟目录创建向导”对话框，如图 8-2-20 所示。

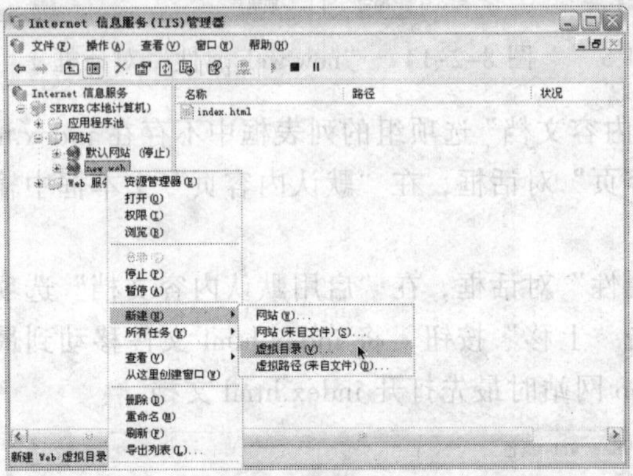

图 8-2-19 “Internet 信息服务（IIS）管理器”窗口 7

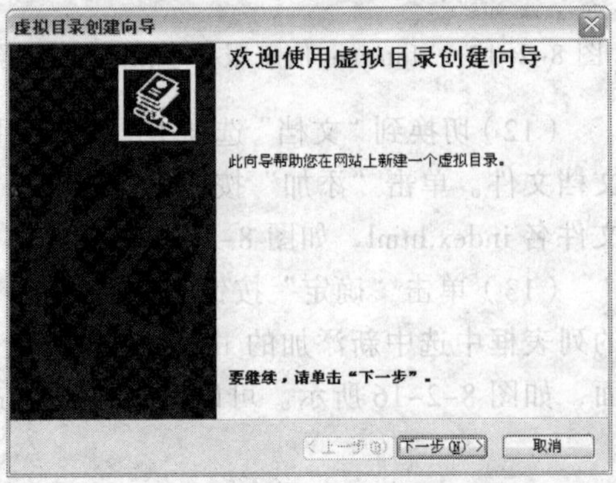

图 8-2-20 “虚拟目录创建向导”对话框 1

（2）单击“下一步”按钮，进入“虚拟目录别名”界面，在“别名”文本框中输入别名，如图 8-2-21 所示。

（3）单击“下一步”按钮，在“网站内容目录”界面中的“路径”文本框中输入网站内容的路径或单击“浏览”按钮，选中相应的路径，如图 8-2-22 所示。

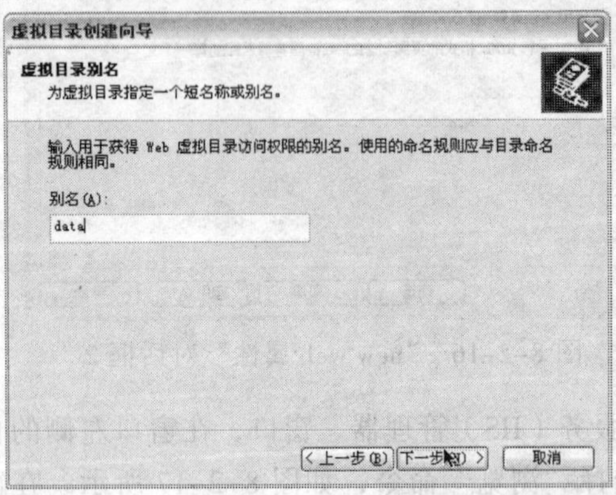

图 8-2-21 “虚拟目录创建向导”对话框 2

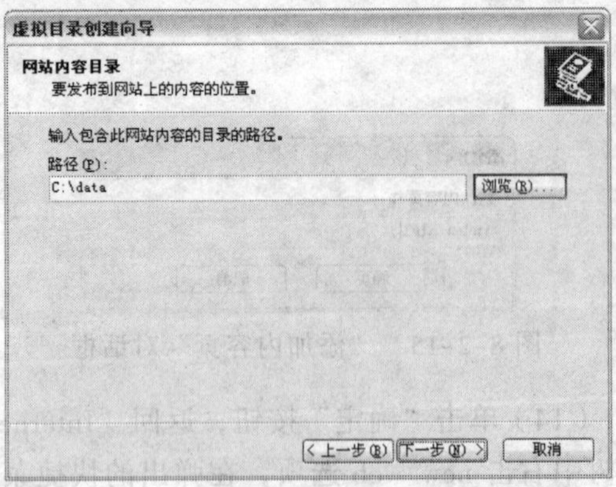

图 8-2-22 “虚拟目录创建向导”对话框 3

（4）单击“下一步”按钮，进入“虚拟目录访问权限”界面，保持默认设置，如图 8-2-23 所示。

（5）单击“完成”按钮，完成虚拟目录的创建，如图 8-2-24 所示。

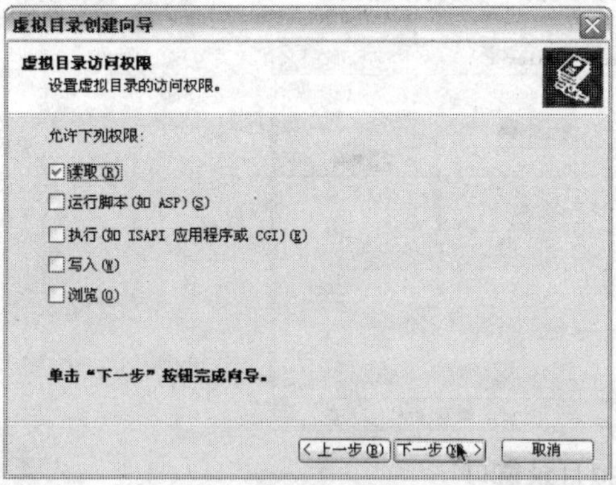

图 8-2-23　“虚拟目录创建向导”对话框 4

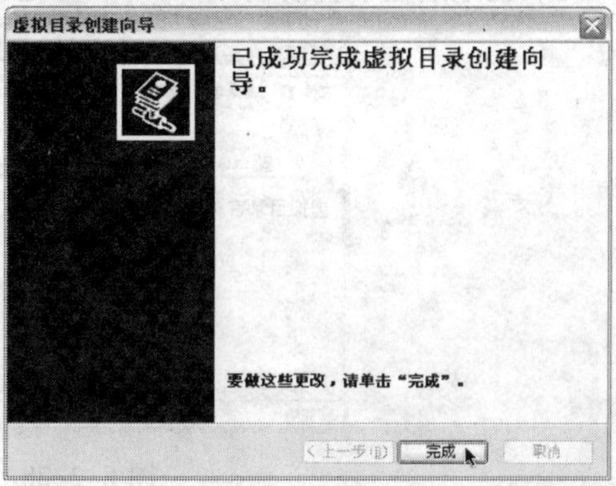

图 8-2-24　“虚拟目录创建向导”对话框 5

（6）此时“Internet 信息服务（IIS）管理器”窗口左侧的目录树中已经显示出虚拟目录的别名 data，如图 8-2-25 所示。

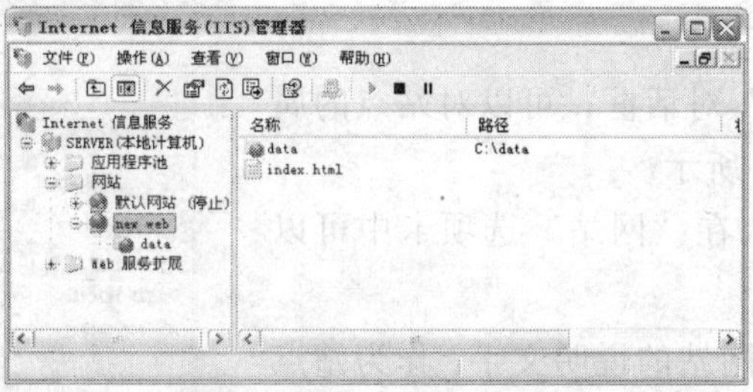

图 8-2-25　“Internet 信息服务（IIS）管理器”窗口 8

（7）在窗口左侧的目录树中右击 data 选项，在弹出的快捷菜单中选择“属性”命令，打开“data 属性”对话框，可以设置相应的功能，如图 8-2-26 所示。

（8）切换到“文档”选项卡，其中的“启用默认内容文档”选项是从网站属性中继承下来的，虚拟目录的首页可以独立进行修改，如图 8-2-27 所示。

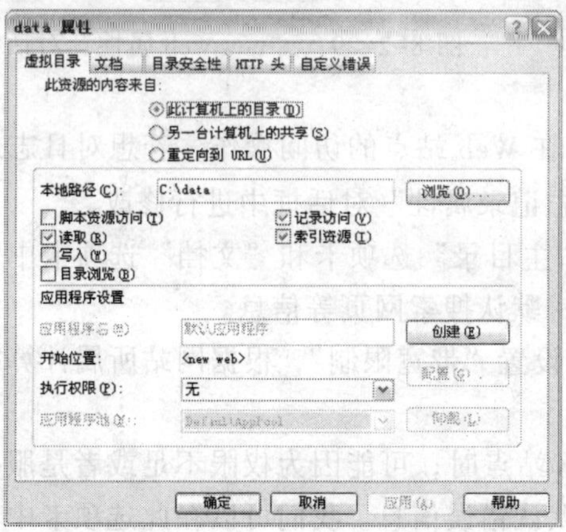

图 8-2-26　“data 属性”对话框 1

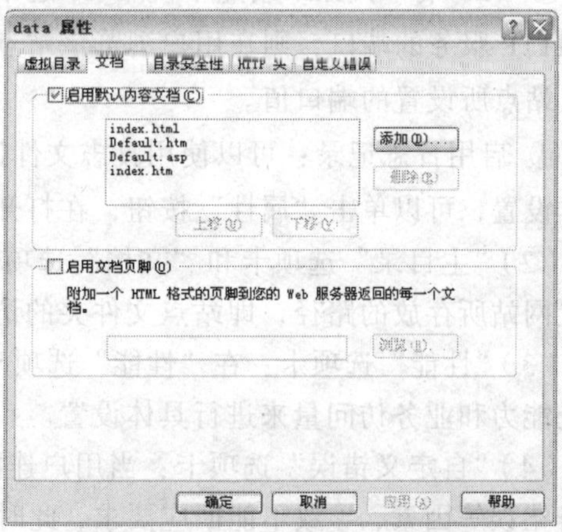

图 8-2-27　“data 属性”对话框 2

3. 虚拟目录的访问

（1）选择“开始”→“所有程序”→Internet Explorer 命令，打开 IE 浏览器。

（2）在地址栏中直接输入“http://IP 地址/虚拟目录名”即可，如图 8-2-28 所示。

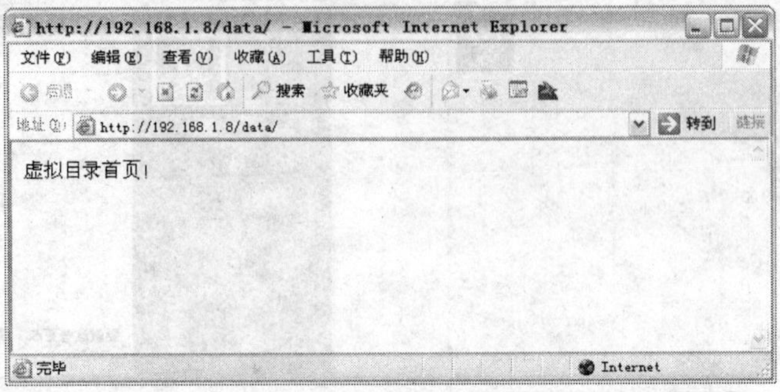

图 8-2-28 访问虚拟目录窗口

相关知识

1. Web 站点的属性

打开“new web 属性”对话框，可以对站点的属性进行设置，如图 8-2-29 所示。

（1）“网站”选项卡：在“网站”选项卡中可以设置网站访问时的属性。

① 描述：可以输入该网站的说明文字，作为站点名称。这个名称会出现在 IIS 管理器窗口左侧的目录树中，以标识该站点。

② IP 地址：设置此站点要使用的 IP 地址。假设此站点的计算机中设置多个 IP 地址，选择一个使用即可。

③ TCP 端口：如果站点不使用 80 这个默认保留给 HTTP 服务的端口，则在用户浏览该站点时，必须输入站点所设置的端口值。

图 8-2-29 “new web 属性”对话框

④ 启用日志记录：可以使用日志文件记录用户在 Web 站点的访问操作，若想对日志进行具体设置，可以单击“属性”按钮，在打开的“日志记录属性”对话框中进行修改。

（2）“主目录”选项卡和“文档”选项卡：在“主目录”选项卡和“文档”选项卡中可以设置网站所存放的路径，即站点文件夹的访问方式，默认搜索网页等信息。

（3）“性能”选项卡：在“性能”选项卡中可以设置“带宽限制”，根据网站所属计算机的承受能力和业务访问量来进行具体设置。

（4）“自定义错误”选项卡：当用户连接到 Web 站点时，可能因为权限不足或者是服务器本身错误等因素，导致不能回应要求，此时会返回默认错误信息。我们可以在此选项卡中自定义错误信息。

（5）“HTTP 头”选项卡：在“HTTP 头”选项卡中可以设置“内容分级”，只要客户端启用浏览器的内容分级功能，用户便不能浏览超过设置级别的内容。

（6）“ISAPI 筛选器”选项卡：ISAPI（Internet server application programming interface）是一种应用程序编程接口，用在 IIS 及支持 ISAPI 的服务器上开发的 Internet 应用程序。而 ISAPI 筛选器是一种在服务器处理 HTTP 要求时执行特定工作的程序。

2. 虚拟目录

（1）虚拟目录的概念：实际存放在主目录中的子文件夹称为物理目录，例如我们自己创建的 new web 网站的主目录文件夹 E:\webfile，里面其实可以创建很多的子文件夹，来存放网站的文件数据。

除物理目录之外，还可以利用虚拟目录来管理 Web 网站的文件数据。在较大的 Web 站点上，通常会将 HTML 内容文件、Web 应用程序以及数据库存储在同一台计算机的不同路径或网络上几台计算机的目录中。

（2）虚拟目录的好处：虚拟目录可以将其他本机路径甚至是其他计算机的文件夹加入主目录，成为 Web 站点的内容。

使用虚拟目录有以下好处：

① 将数据分散保存在不同的磁盘或者计算机上，避免网页数据占用 IIS 服务器太多的硬盘空间，同时也提高了网站的安全性。

② 当数据移动到其他地址时，不会影响到 Web 站点的结构。

在架设服务器的时候，用户的主要精力会花在规划目录内容和虚拟服务器上。可用 Internet 信息服务器创建虚拟服务器。虚拟服务器的概念就是在一台服务器上实现多个 Web 站点，显示为几台服务器。用户表面上看起来访问的是多个服务器，但浏览的都是一台服务器上所管理的内容。

思考与练习

一、选择题

1. Web 站点和虚拟目录的创建与配置是通过（　　）管理器来完成的。

A. Internet 信息服务　　B. Internet 服务

C. 文件系统　　D. WWW 服务器

2. 网站的默认 TCP 端口是（　　）。

A. 21　　B. 80　　C. 256　　D. 1 024

3. 实际存放在主目录的子文件夹称为（　　）。

A. 物理目录　　B. 虚拟目录

C. 物理虚拟目录　　D. 虚拟物理目录

二、操作题

1. 使用“Internet 信息服务（IIS）管理器”窗口创建新的 Web 站点，并浏览创建的新站点。

2. 使用“Internet 信息服务（IIS）管理器”窗口创建新站点的虚拟目录，并设置目录的访问权限。

8.3 【案例 25】Web 站点的安全设置和管理

案例效果

当管理员在自己的服务器上安装 Web 服务时，用户就在自己的内部网络上打开了一个窗口，就会存在潜在的安全漏洞。此时，管理员可以通过 Web 站点的安全设置，减少对该主机的操作系统和网络的威胁。当客户端连接到 Web 站点时，Web 站点会检查是否允许匿名访问，如果不允许就必须输入用户账号和密码。Web 站点可以授权或者拒绝一台或一组客户端的访问。

操作步骤

1. 身份验证和访问控制

（1）在“Internet 信息服务（IIS）管理器”窗口左侧的目录树中右击 new web 选项，在弹出的快捷菜单中选择“属性”命令，打开“new web 属性”对话框，切换到“目录安全性”选项卡，如图 8-3-1 所示。

（2）在“身份验证和访问控制”选项组中单击“编辑”按钮，打开“身份验证方法”对话框，可以看到 IIS 支持的几种 Web 身份验证，如图 8-3-2 所示。

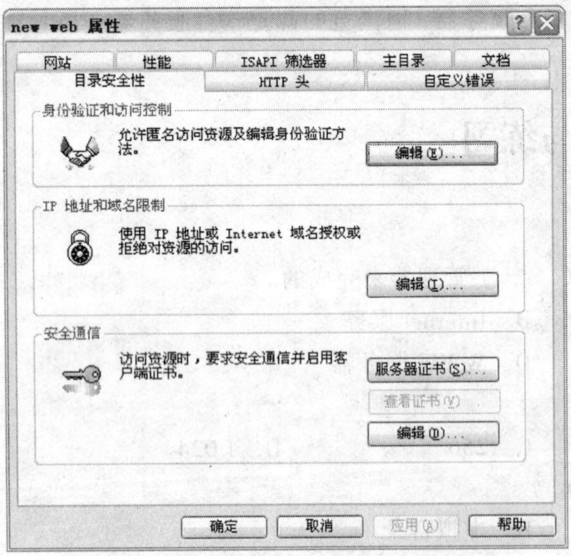

图 8-3-1 “new web 属性”对话框

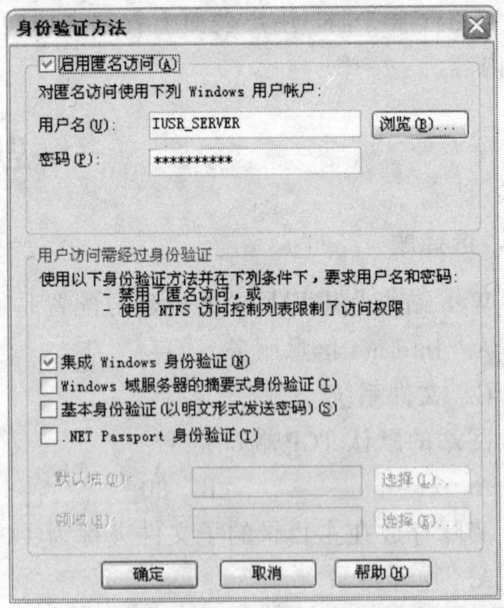

图 8-3-2 “身份验证方法”对话框

（3）使用 IE 浏览器访问网站时，如果没有通过身份验证，将会禁止访问，并提示“401.2 – 未经授权”，如图 8-3-3 所示。

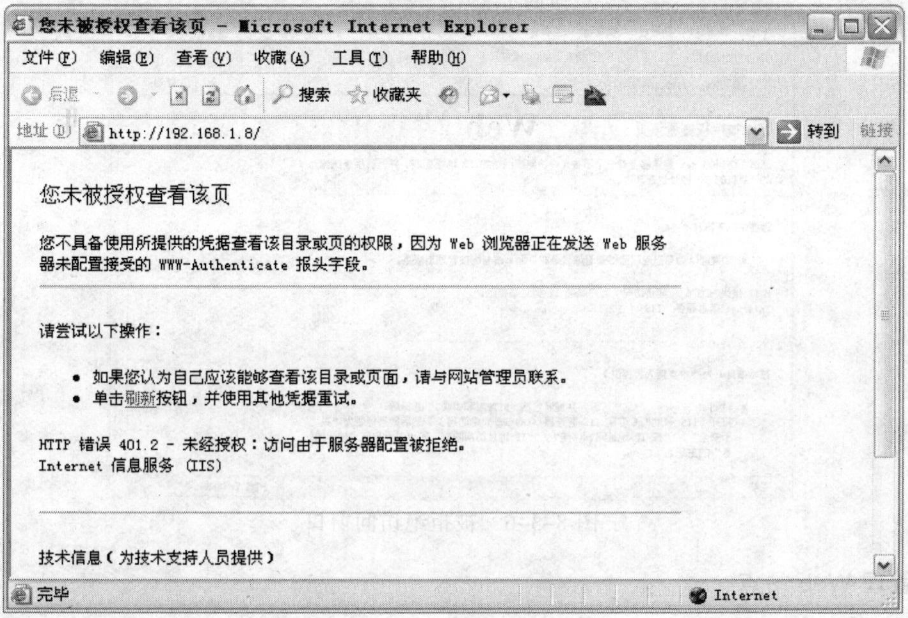

图 8-3-3　未经授权访问的窗口

2. IP 地址和域名限制

（1）在“new web 属性”对话框中切换到“目录安全性”选项卡，在“IP 地址和域名限制”选项组中单击“编辑”按钮，打开“IP 地址和域名限制”对话框，其中可以设置“授权访问”和“拒绝访问”选项，如图 8-3-4 所示。

（2）选中“授权访问”单选按钮，并在“下列除外”列表框右侧单击“添加”按钮，打开“授权访问”对话框，在此对话框中可以设置“一台计算机”、“一组计算机”、“域名”等选项，添加拒绝访问的客户端。选中“一台计算机”单选按钮，并在“IP 地址”文本框中输入拒绝访问的客户端的 IP 地址，如图 8-3-5 所示。

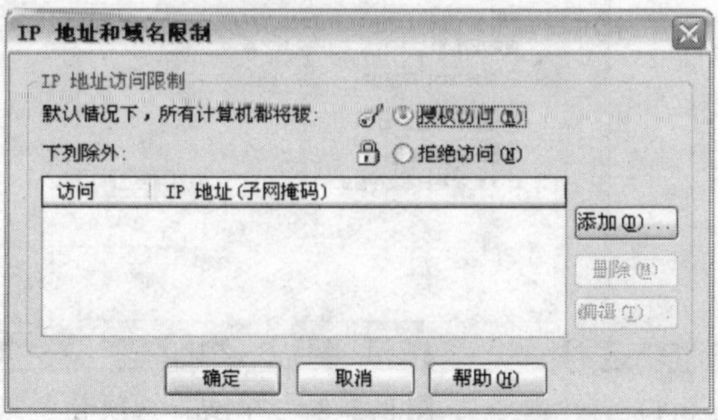

图 8-3-4　“IP 地址和域名限制”对话框

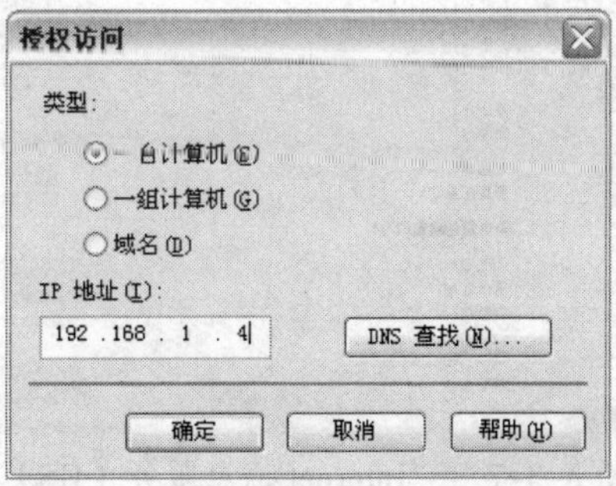

图 8-3-5　“授权访问”对话框

（3）被拒绝访问的客户端在 IE 浏览器中输入 Web 服务器的 IP 地址，此时客户端将被拒绝访问此服务器，如图 8-3-6 所示。

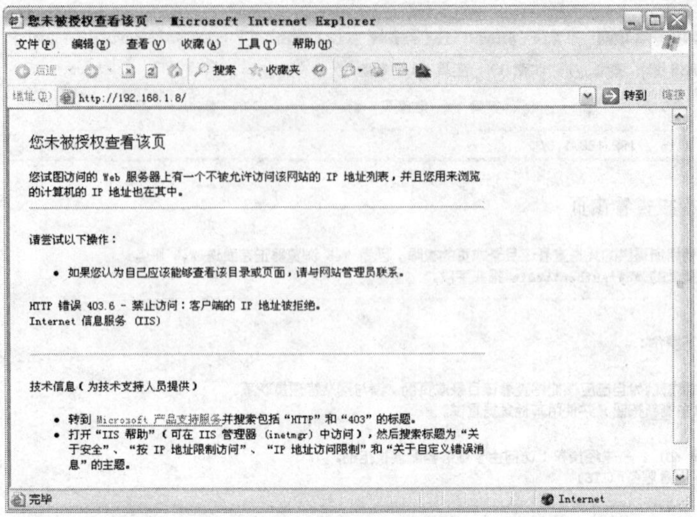

图 8-3-6 被拒绝访问窗口

3. 管理 Web 站点

（1）在“Internet 信息服务（IIS）管理器”窗口左侧的目录树中右击 new web 选项，在弹出的快捷菜单中可以选择“启动”、“停止”、“暂停”、“删除”等选项来对 Web 站点进行管理，如图 8-3-7 所示。

（2）右击 new web 选项，在弹出的快捷菜单中选择“属性”命令，打开“new web 属性”对话框，切换到“网站”选项卡，可以设置“描述”、“IP 地址”、“TCP 端口”等选项，如图 8-3-8 所示。

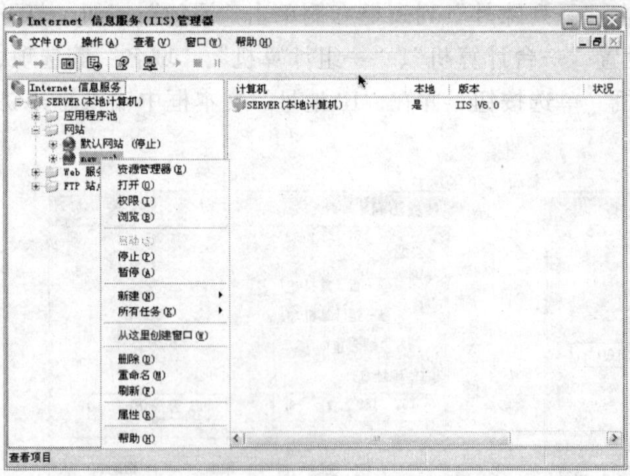

图 8-3-7 “Internet 信息服务（IIS）管理器”窗口

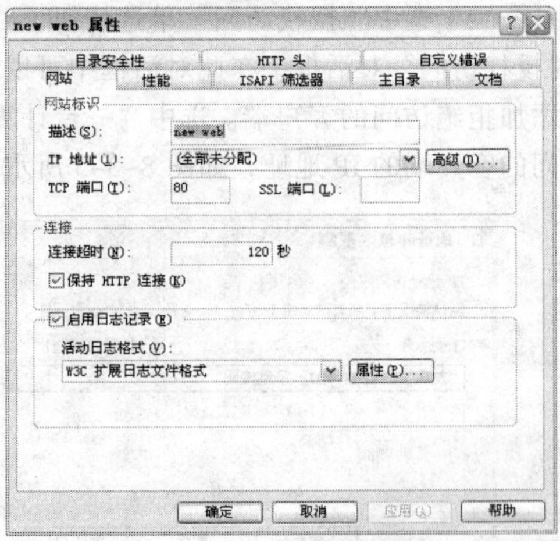

图 8-3-8 “网站”选项卡

（3）单击“主目录”标签，切换到“主目录”选项卡，可以设置“此资源的内容来自”、“本地路径”等选项，如图 8-3-9 所示。

（4）单击“文档”标签，切换到“文档”选项卡，可以设置“启用默认内容文档”及“启用文档页脚”选项，如图 8-3-10 所示。

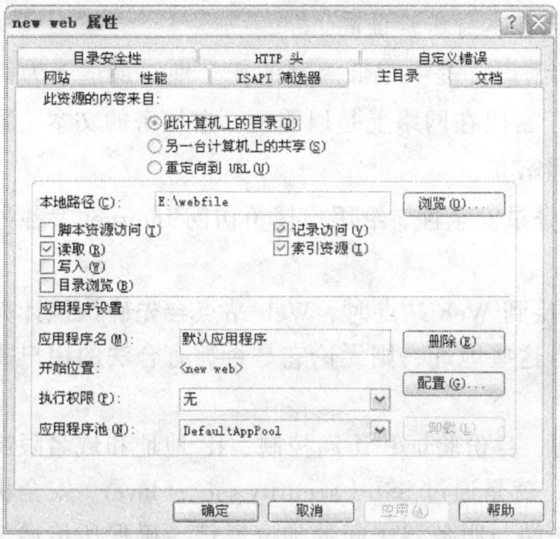

图 8-3-9　“主目录”选项卡

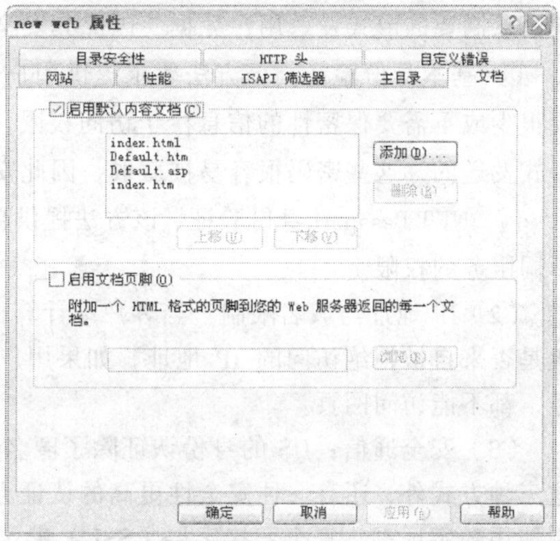

图 8-3-10　“文档”选项卡

相关知识

1. 连接到 Web 站点

要在 IIS 服务器中同时运行多个 Web 站点，一般有以下三种方式。

- 不同的站点使用不同的 IP 地址。
- 不同的站点使用相同的 IP 地址、不同的 TCP 端口。
- 不同的站点使用相同的 IP 地址与 TCP 端口、不同的主机头名称。

2. Web 站点的安全

（1）身份验证和访问控制：当客户端计算机连接到 Web 站点时，会查看是否允许客户端匿名访问（首先要验证用户 IP 地址是否被允许）。许多 IIS 服务器上的 Web 站点都是允许匿名访问的。如果 Web 站点不允许匿名访问，就必须输入用户账号和密码。

启用匿名访问使用户无需输入用户名和密码，便可以访问 Web 站点的公共区域。当用户试图连接到公共网站时，Web 服务器将连接分配给 Windows 的用户账号 IUSR_computername，此处的 computername 是运行 IIS 的计算机的名称。如果激活了匿名访问，则匿名访问会比其他身份验证方法优先使用。

在访问控制中可以设置以下四种身份验证的方法。

① 集成 Windows 身份验证，该方法将用户验证信息作为 Kerberos V5 凭据通过网络发送，集成身份验证方法在开始时并不提示用户输入用户名和密码，系统会采用当前登录到 Windows 的用户身份进行验证，如果无法通过验证，则提示用户输入用户名和密码。在验证的过程中使用了哈希算法，这种验证方法提供了很高级别的安全性，最适于机构的 Internet。这种验证方法不能方便地通过 HTTP 代理发送用户凭据。

② Windows 域服务器的摘要式身份验证，该方法要求提供用户名和密码，提供中等级别的安全性，可用于授予访问权限，以保护公共网络中的信息。这种验证方法以哈希（Hash）计算

的消息摘要的形式发送用户凭据，因此其安全性比基本身份验证高。

③ 基本身份验证，该方法要求提供用户名和密码，提供很低级别的安全性，最适于为需要很少或不需要保密性的信息授予访问权限。由于密码在网络上是以明文（未加密的文本）的形式发送的，这些密码很容易被截取，因此安全性较低。

④ .NET Passport 身份验证，该方法提供单次登录安全性，给用户授予访问 Internet 上各种不同服务的权限。

（2）IP 地址与域名限制：当客户端计算机连接到 Web 站点时，Web 站点会先确认该计算机是否来自被拒绝访问的 IP 地址，如果用户来自这些地址，则无论它是否拥有合法的用户账号，都不能访问网页。

（3）安全通信：IIS 的身份认证除了匿名访问、身份验证和访问控制、IP 地址和域名限制这三种方式外，还有一种安全性更高的认证方式，就是通过 SSL（security socket layer）安全机制使用数字证书。安全套接字层（SSL）建立客户端与服务器之间的加密通信，确保所传递信息的安全性。SSL 工作在公钥和私钥的基础上，任何用户都可以获得公钥来加密数据，但解密数据必须要通过相应的私钥。

（4）其他安全措施：应当将发布在 Internet 或 Intranet 上的数据文件放置到 NTFS 分区，因为 NTFS 比 FAT 文件系统提供了更高的安全机制。

思考与练习

一、选择题

1. Web 站点的启动、暂停和停止是通过（　　）来完成的。
   A. Internet 信息服务　　B. Internet 服务
   C. 文件系统　　D. WWW 服务
2. “一台服务器上可以同时运行多个 Web 站点”，这种说法是（　　）。
   A. 正确的　　B. 错误的　　C. 不确定　　D. 以上都不对
3. 要在 IIS 服务器中同时运行多个 Web 站点，以下（　　）方式是正确的。
   A. 不同的站点使用不同的 IP 地址
   B. 不同的站点使用不同的 TCP 端口
   C. 不同的站点使用不同的子网掩码
   D. 不同的站点使用不同的虚拟目录

二、操作题

1. 通过学习本章内容，设置 Web 站点的安全信息，通过身份验证及 IP 地址和域名限制客户端访问此 Web 站点。
2. 设置 Web 站点的属性信息。

第 9 章　企业网邮件服务器

9.1　【案例 26】安装 IMail 邮件服务器

案例效果

在网络通信发达的今天，我们大部分的信件都由纸上转到了电子文档，电子邮件的产生使人们的通信非常便捷。在企业、校园等局域网络中大都配置了邮件服务器，用于收发通知、传阅文件等。

为了使信息传递得更加准确及时，公司也创建了自己的邮件服务器以满足企业的需求。管理员根据公司要求以及为了使公司的信息化建设达到更高的要求，为公司搭建了一台邮件服务器，使公司内部的员工能够更有效地利用邮件服务器发送信息。本案例主要讲解为主机安装 IMail 邮件服务器，并启动 IMail 的相关服务。

操作步骤

1. IMail 服务的安装

（1）在网上下载 IMail 的安装软件，然后双击其安装文件 imail822.exe，打开加载安装程序的对话框，如图 9-1-1 所示。程序加载完毕，打开欢迎信息的对话框，提示可以进行安装，如图 9-1-2 所示。

图 9-1-1　加载 IMail 的安装程序

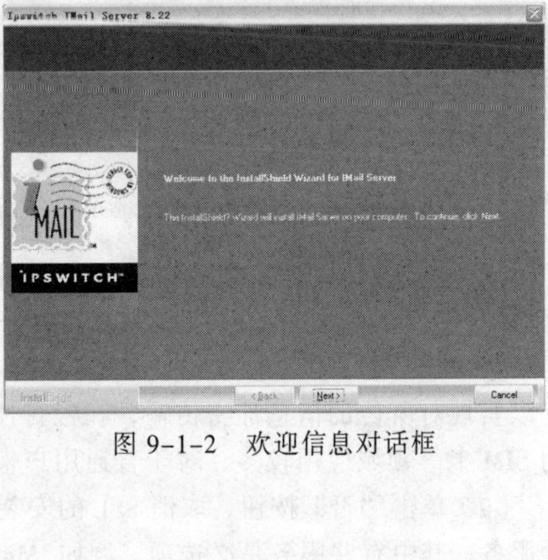

图 9-1-2　欢迎信息对话框

（2）单击 Next 按钮，进入 Official Host Name 界面，在文本框中输入该邮件服务器的域名，如图 9-1-3 所示。

（3）单击 Next 按钮，进入 Database Options 界面，选择 IMail 所使用的用户数据库选项，默认情况下选中 IMail User Database 单选按钮，如图 9-1-4 所示。

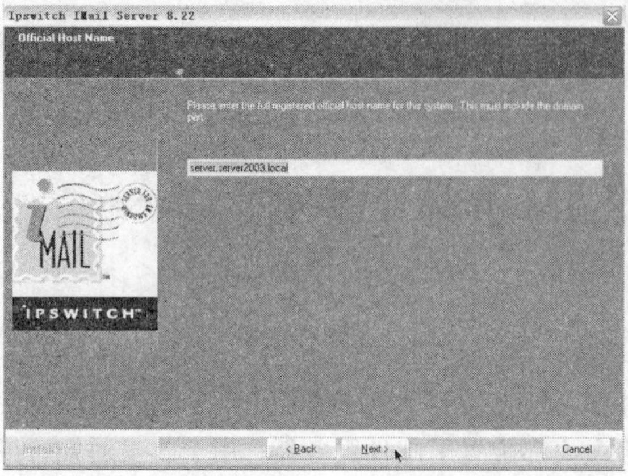

图 9-1-3 Official Host Name 界面

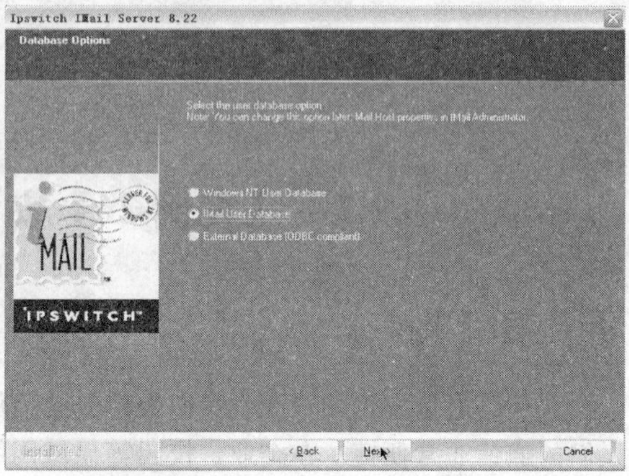

图 9-1-4 Database Options 界面

（4）单击 Next 按钮，进入 Choose Destination Location 界面，选择 IMail 程序的安装路径。单击 Browse 按钮，可以修改 IMail 的安装路径，如图 9-1-5 所示。

（5）单击 Next 按钮，进入 Select Program Folder 界面，选择 IMail 安装程序存放的文件夹名称，如图 9-1-6 所示。

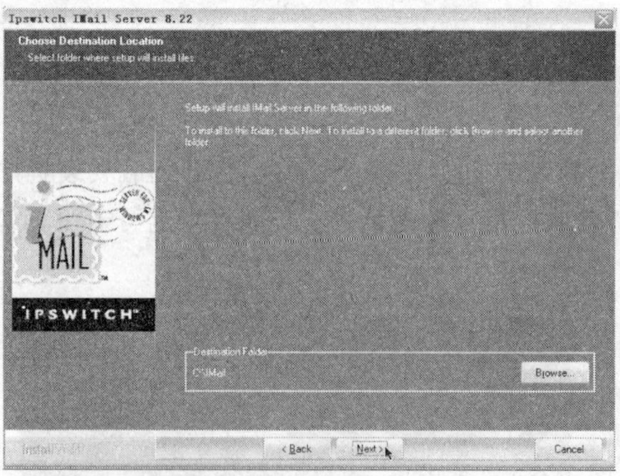

图 9-1-5 Choose Destination Location 界面

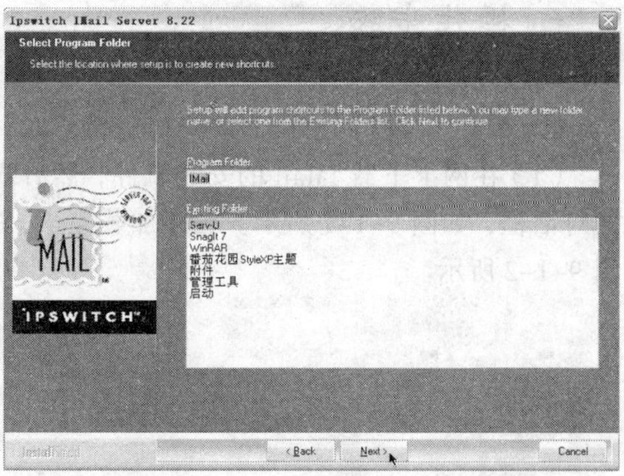

图 9-1-6 Select Program Folder 界面

（6）单击 Next 按钮，打开 SSL Keys 对话框，提示是否安装默认的 SSL Keys，如图 9-1-7 所示。其中 SSL 是“安全套接字”的英文缩写，它工作于标准的 OSI/RM 参考模型的会话层。SSL 可以实现对所传的信息加密传输，在银行使用的信用卡和手机的 SIM 卡等领域应用较多，对于普通用户来说没有必要安装。

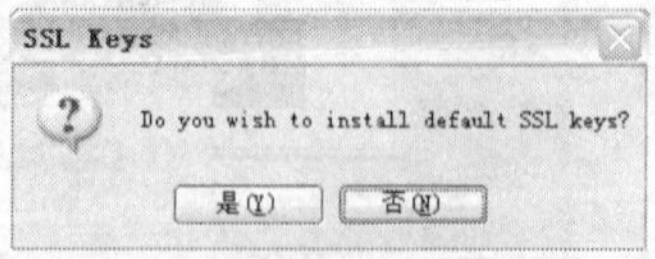

图 9-1-7 SSL Keys 对话框

（7）单击“否”按钮，取消 SSL 的安装，并进入 Service Start Options 界面，选择相关的各种服务。其中有些服务是必选项，例如 IMail Web Service 是基于网页的方式收发电子邮件的服务，IMail Web Calendar Service 是基于网页的个人日程表服务，IMail POP3 Server 和 IMail SMTP Server 是收发邮件必须使用的协议，如图 9-1-8 所示。

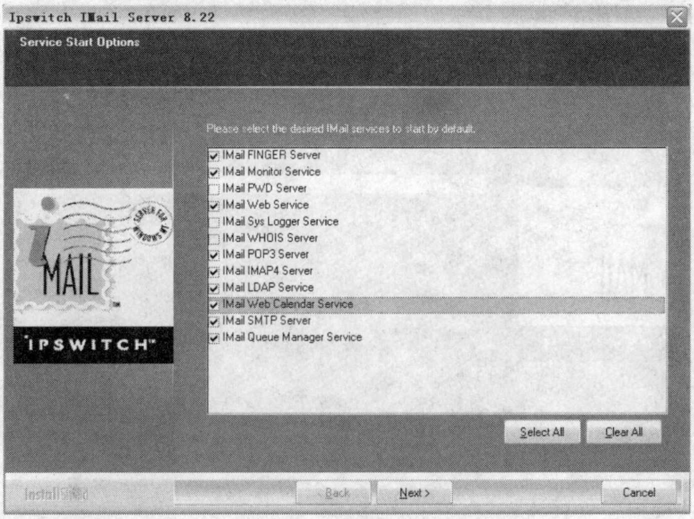

图 9-1-8　Service Start Options 界面

（8）选中各个必安装服务的复选框，选择完毕后单击 Next 按钮，进入 Setup Status 界面，开始安装由前期设置的 IMail 相关服务程序，如图 9-1-9 所示。

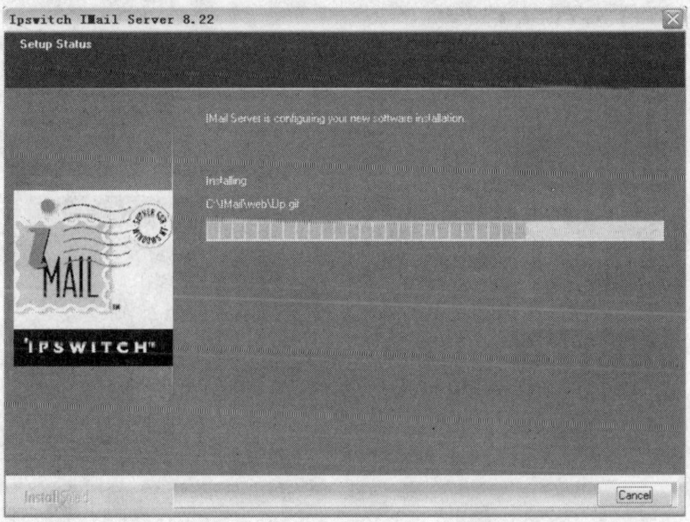

图 9-1-9　Setup Status 界面

（9）安装程序加载完毕后系统启动 IMail 的相关服务，如图 9-1-10 所示。

（10）启动完毕后打开 Add User 对话框，询问用户是否要添加 IMail 的用户，如图 9-1-11 所示。如果不希望现在添加，单击"否"按钮即可。

图 9-1-10　启动 IMail 服务的界面

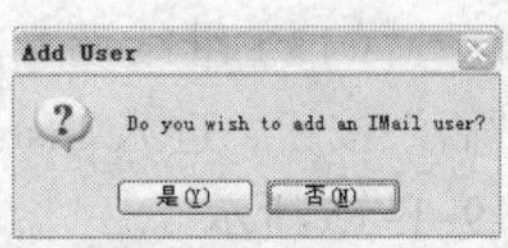

图 9-1-11　Add User 对话框

（11）单击“是”按钮，可以完成添加 IMail 用户的操作，首先进入输入用户名界面，输入要添加的用户名，如图 9-1-12 所示。

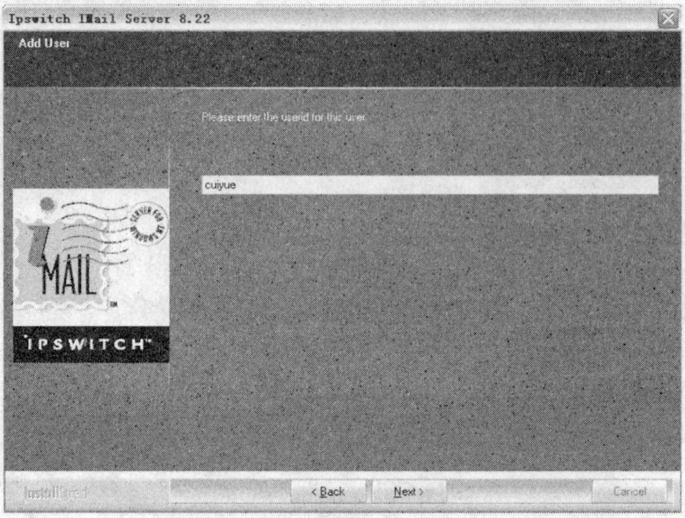

图 9-1-12　添加用户名界面

（12）单击 Next 按钮，进入输入用户全名界面，输入要添加用户的全名，如图 9-1-13 所示。

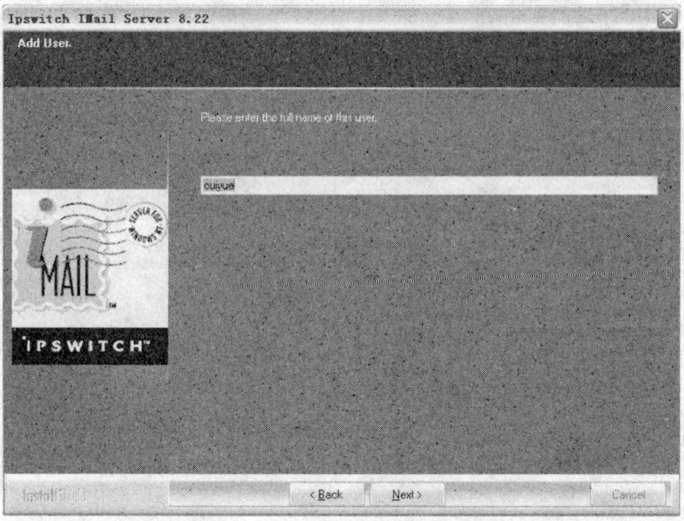

图 9-1-13　添加用户全名界面

（13）单击 Next 按钮，进入输入用户密码界面，输入要添加用户的登录密码，如图 9-1-14 所示。

（14）设置完毕后单击 Next 按钮，又打开了 Add User 对话框，如果需要继续添加用户，可以参考步骤（10）～（13）继续设置。

（15）单击“否”按钮，进入 InstallShield Wizard Complete 界面，提示安装向导已经完成安装的设置，如图 9-1-15 所示。

（16）单击 Finish 按钮，IMail 邮件服务器安装完成。

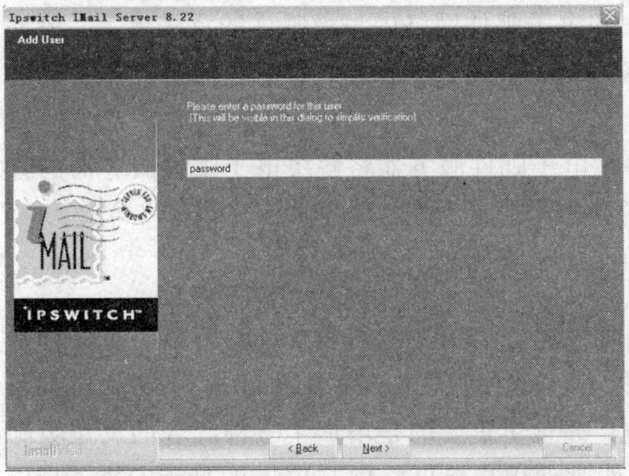

图 9-1-14　输入用户密码界面

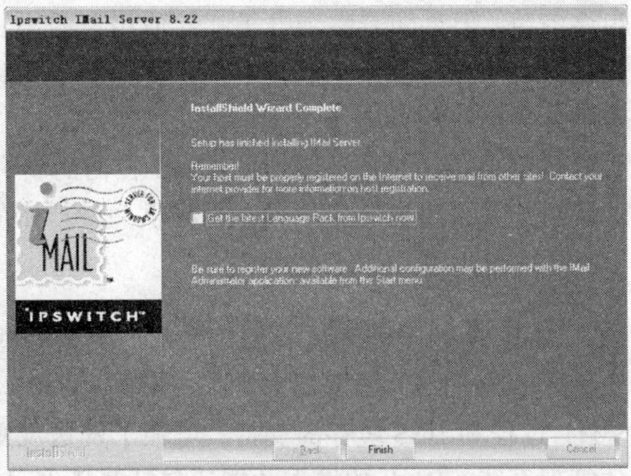

图 9-1-15　InstallShield Wizard Complete 界面

2. 启动 IMail 服务

(1)选择“开始”→“所有程序”→IMail→IMail Administrator 命令，打开 IMail Administrator 管理窗口。

(2)在左侧目录树中依次展开 IMail Administrator→localhost→Services 选项，如图 9-1-16 所示。

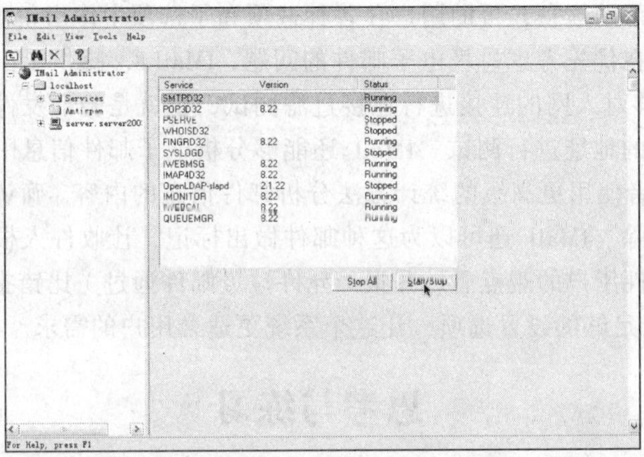

图 9-1-16　IMail Administrator 管理窗口

(3)在管理窗口的右侧选中相关服务，单击 Start/Stop 按钮，将 Stopped 状态的服务变成 Running 状态，即启动 IMail 必须启动的服务，例如 POP3、SMTP、Sys Logger Services 和 IMail Web Service 等相关服务。

相关知识

1. IMail 的概述

IMail 是一种易于安装的 Windows 平台邮件服务器，拥有全面的管理功能。

托管电子邮件服务器是一种重要的责任。电子邮件已经成为许多互联网用户重要的通信工具，对一些互联网用户而言其重要性甚至超过 Web。虽然维护和管理一台电子邮件服务器需要很多资源，但是随着整个电子邮件使用量的增长和电子邮件网络中垃圾邮件的泛滥成灾，最近几年对电子邮件系统的管理和应用需求仍在继续增加。业内人士预测，目前垃圾邮件占全部电子邮件通信量的40%。

包括 Ipswitch 公司制作的 IMail 在内的新一代电子邮件服务器将解决电子邮件服务器的管理问题，并且将为阻止垃圾邮件提供一种严密的防御措施。

2. IMail 8.x 的功能

IMail 的功能列表比我们接触到的其他一些邮件服务器的功能列表要长。其核心是一种基于标准的电子邮件服务器，支持 SMTP、POP3 和 IMAP4 协议。8.x 版本的 IMail 增加了对管理 SMTP 过程和 DNS 缓存的支持，增强了发送规则，并且更重要的是增加了一种综合的反垃圾邮件管理系统。IMail 的增强功能还包括基于 Web 的邮件用户接口、基于 Web 的日程安排（日历功能）和一种灵活的服务器监视器。这种服务器监视器不仅能够报警和重新启动 IMail 邮件服务器，而且能够报警和重新启动其他的网络服务。

管理员或者采用主机登录的人员可以通过基于 Windows 的图形用户接口管理 IMail 软件，也可以通过连接到内置 Web 服务器的网络浏览器管理 IMail 软件。无论采取哪一种方式，都可以远程管理 IMail 服务器，不过这种基于 Windows 的管理工具的界面更熟悉，这个界面以分级的、逻辑的类似于 Windows 资源管理器的树结构提供各个层次的设置。每个设置网页都能够弹出上下文关系密切的帮助信息，帮助用户在各种选项和子选项中作出正确的选择。

鉴于用户最近都在优先考虑垃圾电子邮件的问题，IMail 8.x 提供了广泛的解决垃圾邮件问题的工具。IMail 能够对入网的连接进行连接过滤测试，也就是验证发件人的地址并且根据已知的资源对这个连接的地址进行测试。IMail 还能够分析电子邮件信息中包含的垃圾邮件中常用的词汇和短语，或者使用更高级的统计方法分析邮件信息的内容。确认或者怀疑是垃圾邮件的信息能够被现场删除。IMail 还可以为这种邮件做出标记，让收件人根据自己的愿望进行处理。从大多数电子邮件用户的观点看，漏报（允许垃圾邮件通过）比错报（拒绝合法邮件）要好一些。IMail 提供了足够的设置选项，让这个系统更适合用户的需求。

思考与练习

一、选择题

1. 邮件服务器使用的最基本协议包括（　　）。

   A. POP3　　B. SNMP
   C. MAIL　　D. SMTP

2. IMail 服务器是否可以通过 Web 方式管理？（　　）

   A. 是　　B. 不是
   C. 不确定　　D. 以上都不对

3. IMail 服务器是否可以支持 IMAP 4 协议？（　　）

   A. 是　　B. 不是
   C. 不确定　　D. 以上都不对

二、操作题

1. 安装 IMail 服务。
2. 启动 IMail 服务。

9.2　【案例 27】配置 SMTP 和 POP3 服务

案例效果

安装完邮件服务器后，管理员的首要任务就是配置 SMTP 和 POP3 服务。

SMTP 协议属于 TCP/IP 协议族，它帮助每台计算机在发送或中转信件时，找到下一个目的地。通过 SMTP 协议所指定的服务器，就可以把 E-mail 寄到收信人的服务器上，整个过程只需要几分钟即可。POP3 是因特网电子邮件的第一个离线协议标准，POP3 允许用户从服务器上把邮件存储到本地主机，同时删除保存在服务器上的邮件，而 POP3 服务器则是遵循 POP3 协议的接收邮件服务器。

操作步骤

1. SMTP 服务器的配置

（1）选择“开始”→“所有程序”→IMail→IMail Administrator 命令，打开 IMail Administrator 管理窗口。

（2）在左侧目录树中依次展开 IMail Administrator→localhost→Services→SMTP 选项，进入 SMTP 服务管理界面。切换到 SMTP 选项卡，可以在 Log To 下拉列表中选择 SYSMMDD.txt，把邮件分发次数设置为 20，份数设置为 10，在 Default Mail Host 文本框中输入 local host，DNS 服务器地址保持默认，如图 9-2-1 所示。

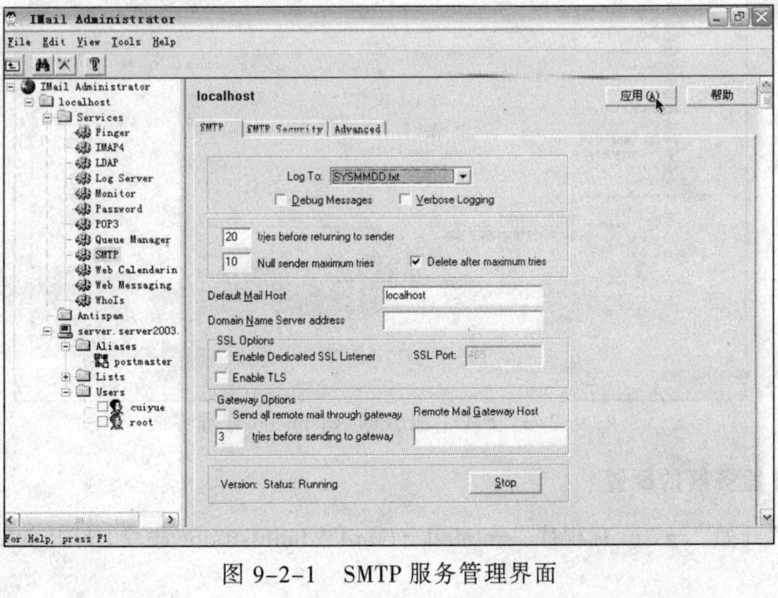

图 9-2-1　SMTP 服务管理界面

（3）切换到 SMTP Security 选项卡，可以设置邮件中继和备份邮件等功能，如图 9-2-2 所示。由于近几年的病毒和垃圾邮件主要都是通过 SMTP 中继本身的一些漏洞来进行传播的，因此不建议用户使用邮件服务器的中继功能，以防止邮件病毒和垃圾邮件占用有限的网络资源。对于邮件是否进行备份，完全取决于服务器硬盘的大小。

（4）切换到 Advanced 选项卡，可以设置用户收到的最大邮件容量为 200MB，收件人之间的延迟为 200s，SMTP 端口号为 25，然后设置邮件地址分隔符、主机分隔符、分发应用程序和 SMTP 的欢迎信息等。设置完毕后单击"应用"按钮，即可实现相应服务的设置，如图 9-2-3 所示。

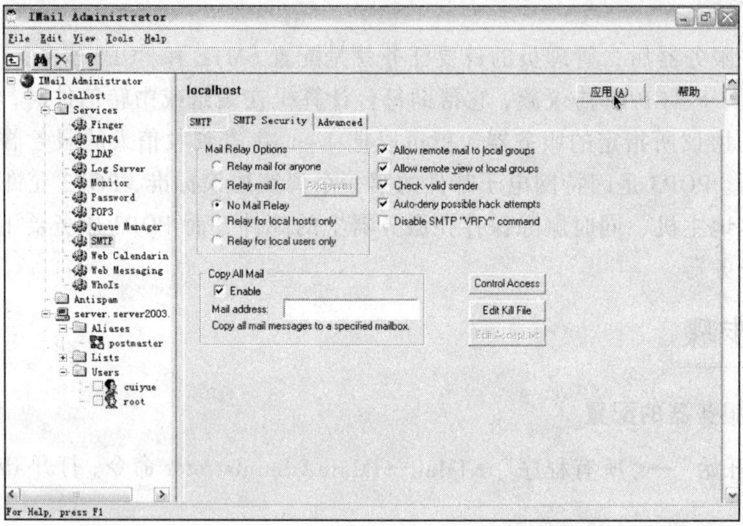

图 9-2-2 SMTP 服务的 SMTP Security 管理界面

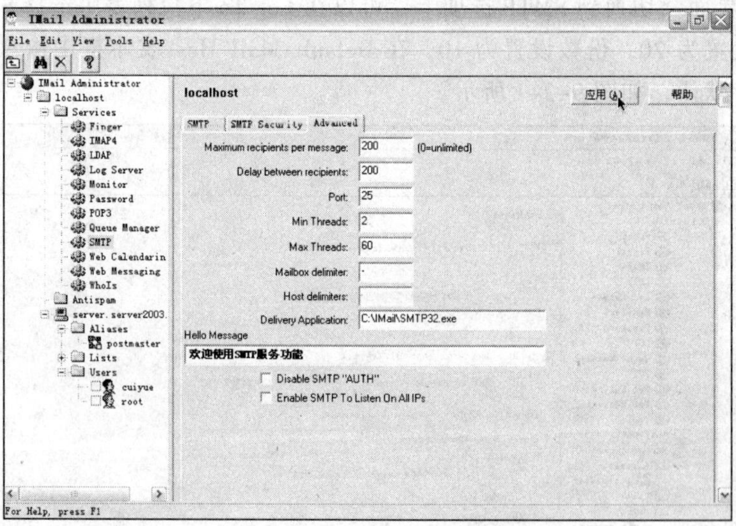

图 9-2-3 SMTP 服务的 Advanced 管理界面

2. POP3 服务器的配置

（1）选择"开始"→"所有程序"→IMail→IMail Administrator 命令，打开 IMail Administrator 管理窗口。

（2）在左侧目录树中依次展开 IMail Administrator→localhost→Services→POP3 选项，进入 POP3 服务管理界面，在 POP3 选项卡中可以设置 POP3 协议的日志。在 Log To 下拉列表中选择 No Log 选项，选中 Allow remote password changes（允许远程更改密码）复选框，其他默认设置如图 9-2-4 所示。

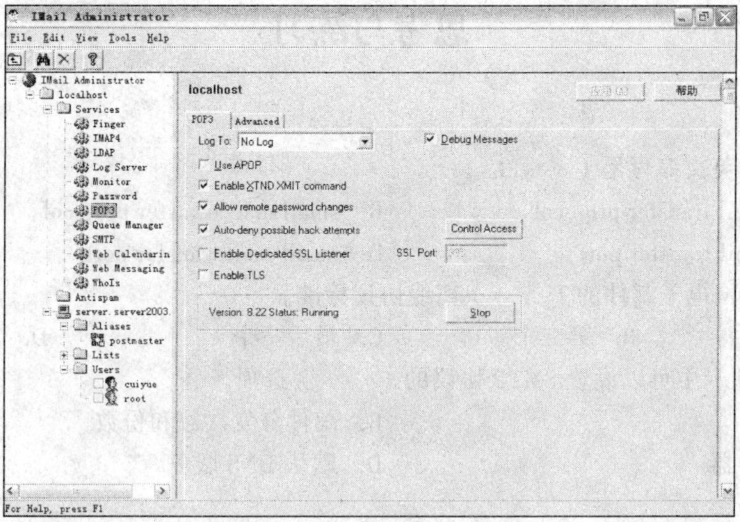

图 9-2-4　POP3 服务管理界面

（3）切换到 Advanced 选项卡，设置 POP3 的 Hello Message 为“欢迎使用 POP3 服务功能”，单击“应用”按钮，即可实现相应服务的设置，如图 9-2-5 所示。

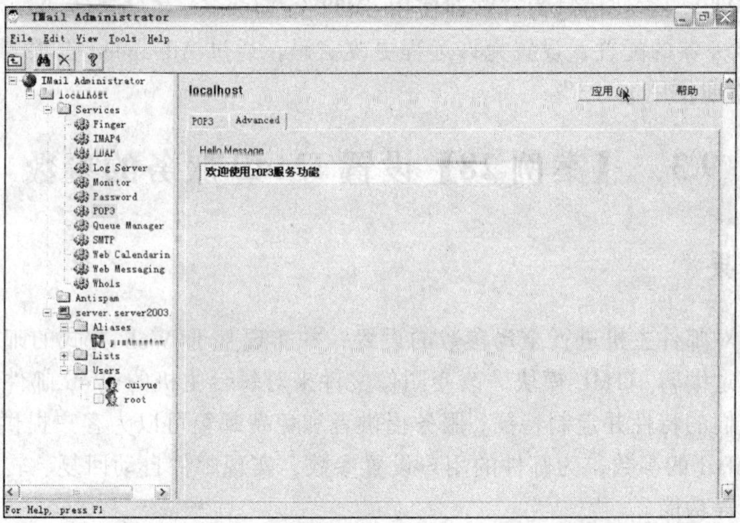

图 9-2-5　POP3 服务的 Advanced 管理界面

相关知识

1. SMTP 服务概述

SMTP（simple mail transfer protocol，简单邮件传输协议）是一组用于源地址到达目的地址传送邮件的规则，由它来控制信件的中转方式。

2. POP3 服务概述

POP3（post office protocol 3，邮局协议的第三个版本）是规定怎样将个人计算机连接到Internet的邮件服务器和下载电子邮件的电子协议。

思考与练习

一、选择题

1. SMTP 协议的英文缩写是（　　）。
   A. simple mail transfer protocol　　B. small mail transfer protocol
   C. simple mail transfer port　　D. small mail transfer port
2. POP3 是因特网电子邮件的（　　）离线协议标准。
   A. 第一个　　B. 第二个　　C. 最后一个　　D. 不确定
3. 在 SMTP 选项卡中可以设置 SMTP 协议的（　　）选项。
   A. 日志　　B. 邮件分发次数和份数
   C. 邮件服务器　　D. 默认 DNS 服务

二、操作题

1. 完成 SMTP 服务器的配置，设置邮件分发次数为 20 次，份数为 15 次，通过 Advanced 选项卡设置用户收到邮件的最大邮件容量为 200MB，收件人之间的延迟为 200s，SMTP 端口号为 25 以及 SMTP 的欢迎信息为“欢迎使用 SMTP”。
2. 完成 POP3 服务器的配置，设置允许远程更改密码，通过 Advanced 选项卡设置 POP3 的欢迎信息为“欢迎使用 POP3”。

9.3　【案例 28】设置 IMail 服务的参数

案例效果

下面管理员对邮件主机进行全局参数的设置，并实现基于 Web 方式的邮件服务以及邮件列表等功能。通过编辑 HTML 模块、改变图像文件来对每台主机的 Web 邮件界面进行定制，同时可以突出它们的特性并定制特征，服务提供者和免费邮箱可以为客户提供精美的界面。通过为主机设置 IMail 的参数，为邮件的用户设置参数，实现邮件自动回复、转发、容量限制、垃圾邮件的过滤等功能。

操作步骤

1. 开启 8181 端口

（1）选择“开始”→“所有程序”→IMail→IMail Administrator 命令，打开 IMail Administrator 管理窗口。

（2）在左侧目录树中依次展开 IMail Administrator→localhost→Services→Monitor 选项，进

入 Monitor 服务管理界面，如图 9-3-1 所示。

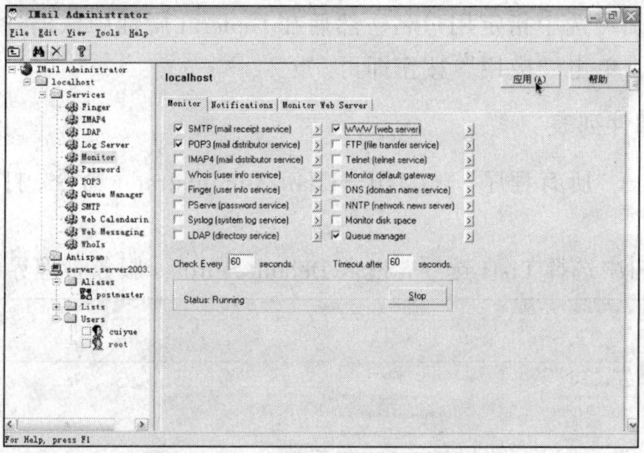

图 9-3-1　Monitor 服务管理界面

（3）在 Monitor 选项卡中可以查看其服务状态是否为 Running，如果显示的是 Not Running，即该服务未被启动，单击 Start 按钮即可启动该服务。

（4）选中"WWW（web server）"复选框，再单击"应用"按钮，就开启了 8181 端口。通过该端口网络管理员可以查看 POP3 和 SMTP 等服务的当前状态，还可以查看邮箱的当前信息和修改包括邮箱密码在内的一些基本资料。

2. 使用 Web 方式发送邮件

如果希望使用 Web 方式发送邮件，那么就需要开启 8383 端口。

（1）选择"开始"→"所有程序"→IMail→IMail Administrator 命令，打开 IMail Administrator 管理窗口。

（2）在左侧目录树中依次展开 IMail Administrator→localhost→Services→Web Messaging 选项，进入 Web Messaging 服务管理界面，如图 9-3-2 所示。

（3）在 Web Messaging Server 选项卡中可以查看其服务状态是否为 Running，如果显示的是 Not Running，即该服务未被启动，单击 Start 按钮即可启动该服务。

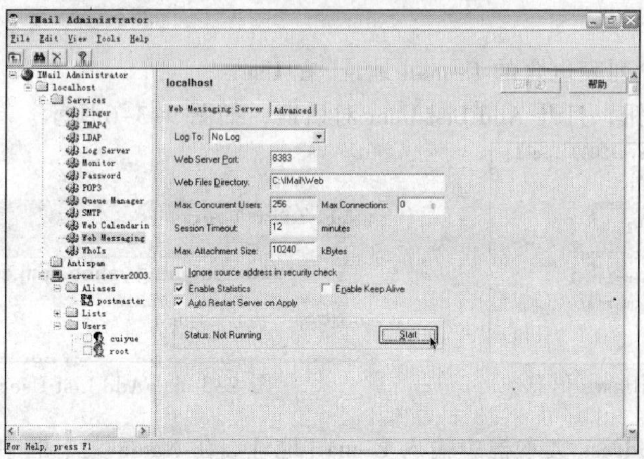

图 9-3-2　Web Messaging Server 管理界面

（4）如果要停止所有用户使用 Web 方式的权利，单击 Stop 按钮即可关闭该服务。若要限制部分用户的权利，则可选中指定用户名，然后在 General 属性中取消选中 Allow Web Access 复选框。设置完成后，单击“应用”按钮即可。

3. 建立和使用邮件列表

（1）选择“开始”→“所有程序”→IMail→IMail Administrator 命令，打开 IMail Administrator 管理窗口。

（2）在左侧目录树中选择 Lists 选项，进入 Default Settings 服务管理界面，如图 9-3-3 所示。

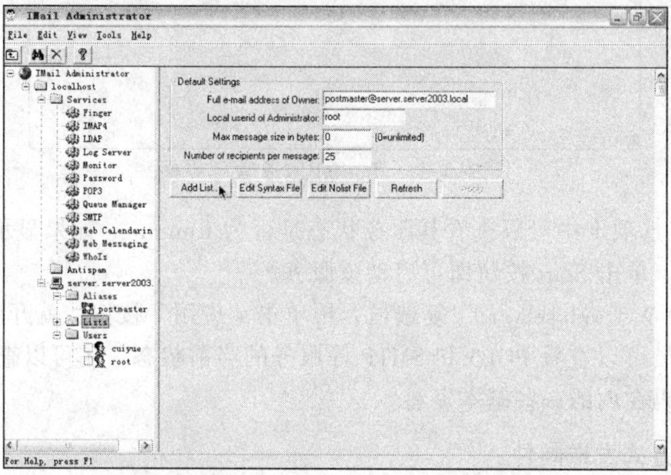

图 9-3-3 Default Settings 服务管理界面

（3）单击 Add List 按钮，打开 New List 对话框，在文本框中输入名称 list1，如图 9-3-4 所示。

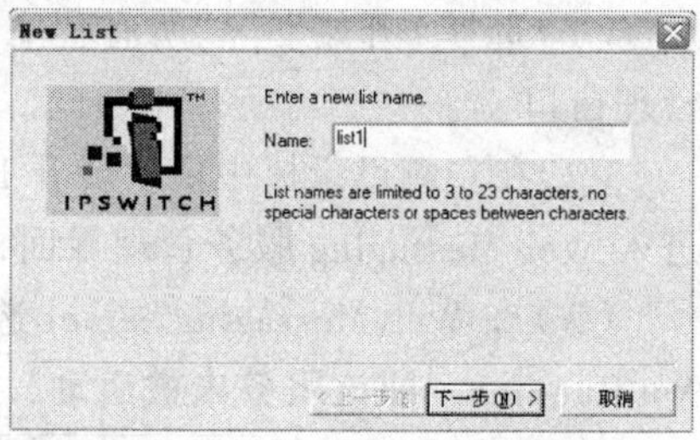

图 9-3-4 New List 对话框

（4）单击下一步按钮完成添加，此时在 IMail Administrator 管理窗口的左侧目录树中可以看到列表名为 list1 的项。同时在 Aliases 中会相应地创建 imailsrv、list1、list1-owner、owner-list14 个别名，如图 9-3-5 所示。

（5）手动添加邮件列表包含的 E-mail 地址，在 Users 选项卡中单击 Add 按钮，打开 Add List User 对话框，如图 9-3-6 所示。

图 9-3-5 Aliases 信息

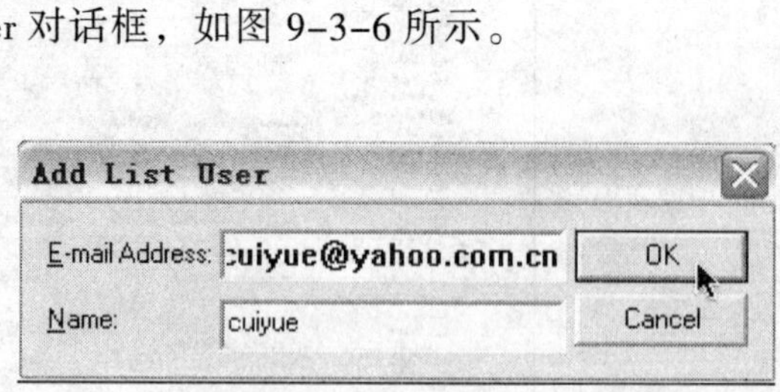

图 9-3-6 Add List User 对话框

（6）在 E-mail Address 文本框中输入 E-mail 地址，在 Name 文本框中输入邮箱所对应的用户名，单击 OK 按钮，即可完成用户的添加。

（7）如果希望设置群来发送邮件，在 IMail Administrator 管理窗口的左侧目录树中展开 list1 项，在窗口的右侧切换到 Users 选项卡，如图 9-3-7 所示。单击 Addresses 按钮，在打开的“users.1st-记事本”窗口中按一行一个邮件地址的格式输入，然后保存文件即可，如图 9-3-8 所示。

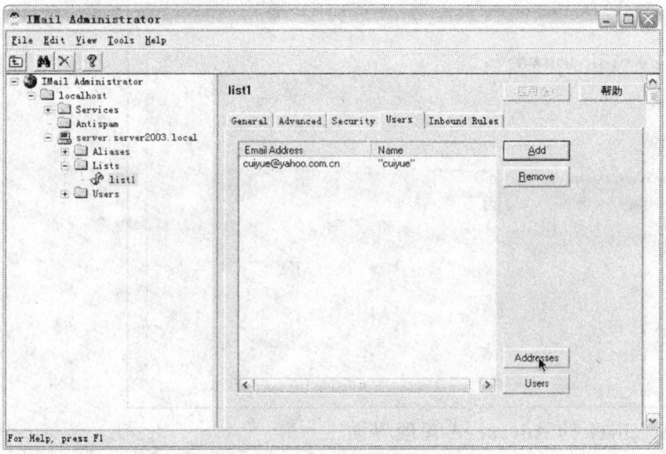

图 9-3-7　Users 选项卡

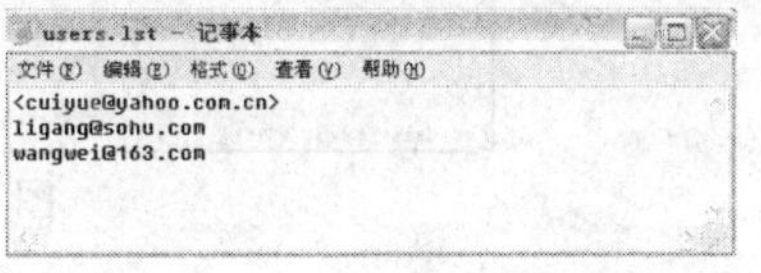

图 9-3-8　users.1st-记事本窗口

① 向邮件列表 list10 发送 E-mail，在“收件人”栏输入的格式是“列表名@服务器地址”，这样就可以把该邮件发送给邮件列表中的所有人了。

② 加入或退出邮件列表或者得到列表的帮助、内容等信息，在“收件人”栏输入的格式是“iMailsrv@服务器地址”，在正文区域写入相应格式的命令（一个邮件地址占一行），如表 9-3-1 所示。

③ 向列表的所有者发送 E-mail，在“收件人”栏输入的格式是“列表名-owner@服务器地址”，将 E-mail 发向此列表主屏幕的 Owner 单元中所包含的邮件地址。

表 9-3-1　获得帮助、内容等信息的命令格式

获得的内容信息	命 令 格 式
得到格式的帮助文件	Help
得到指定列表的帮助文件	Help　列表名
得到指定列表中所有已加入者的列表	List　列表名
增加本人的邮件地址到指定列表	Subscribe　列表名　自己的名字
退出指定的列表	Unsubscribe　列表名　自己的名字

（8）邮件列表可以指定在收到的邮件标题前加上指定内容，再转发给其下所包含的邮件地址。在 Advanced 选项卡中选中 Enable Subject Modification 复选框，在文本框中输入要增加的任意内容。增加了该高级设置后，邮件列表就会指定在收到的邮件标题前加上该内容再转发给其邮箱地址，如图 9-3-9 所示。设置完成之后单击“应用”按钮即可。

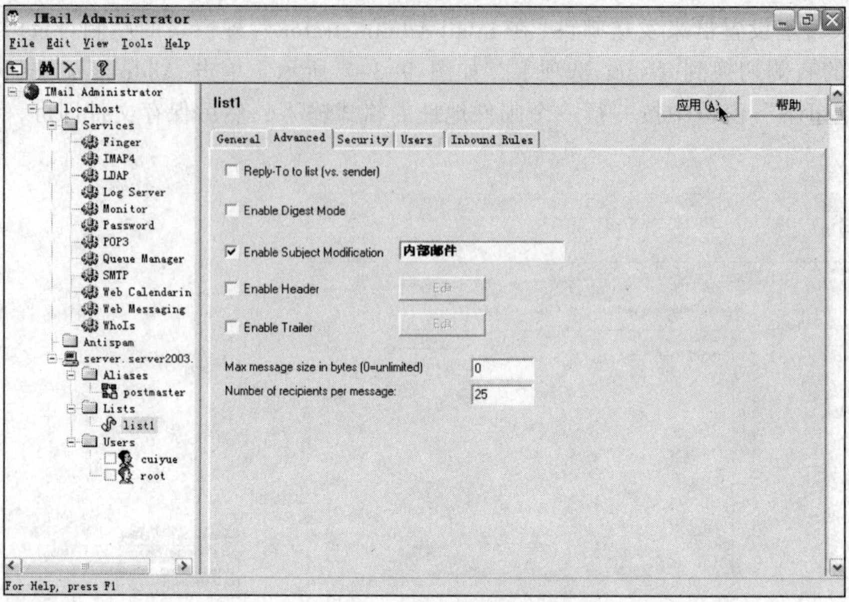

图 9-3-9 list1 的 Advanced 管理界面

4. 建立邮箱别名

（1）选择“开始”→“所有程序”→IMail→IMail Administrator 命令，打开 IMail Administrator 管理窗口。

（2）在左侧目录树中右击 Aliases 选项，在弹出的快捷菜单中选择 Add Alias 命令，如图 9-3-10 所示，打开 New Alias ID 对话框。

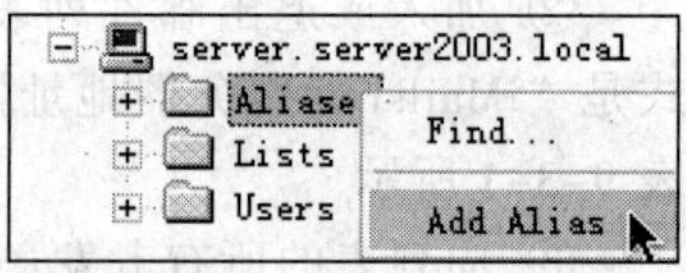

图 9-3-10 Add Alias 命令

（3）在 Alias ID 文本框中输入别名，如图 9-3-11 所示。

（4）单击“下一步”按钮，进入 Type of Alias 界面，默认选择 Standard 单选按钮即可，如图 9-3-12 所示。

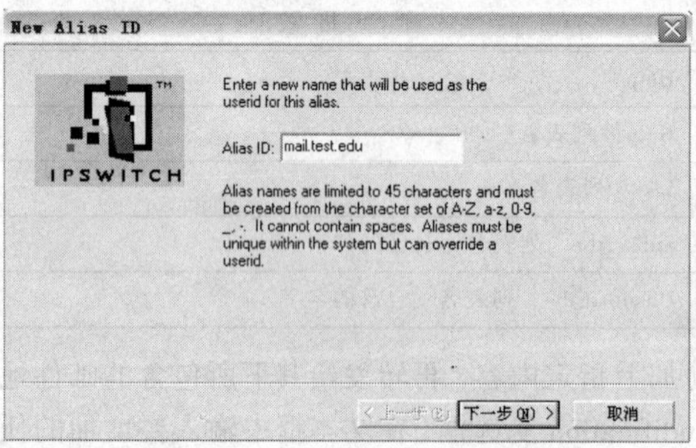

图 9-3-11 New Alias ID 对话框

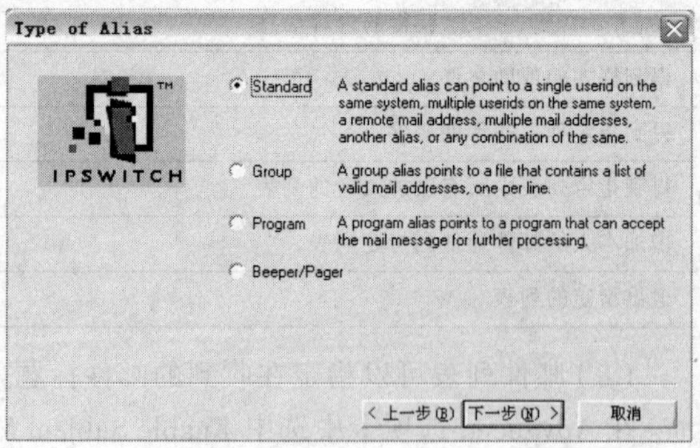

图 9-3-12 Type of Alias 界面

（5）单击“下一步”按钮，进入完成创建别名的界面，单击“完成”按钮即可，如图 9-3-13 所示。

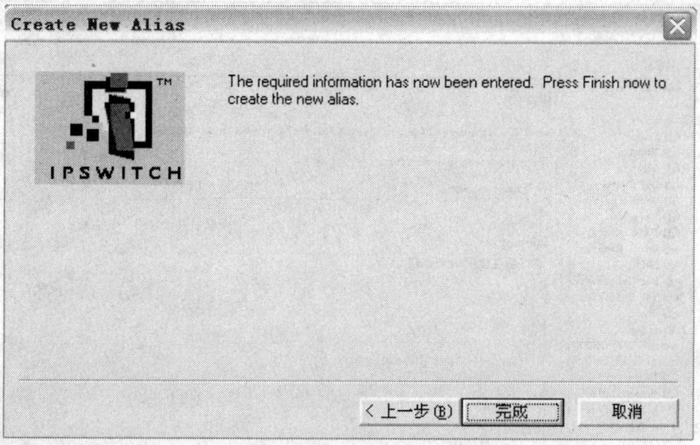

图 9-3-13　Create New Alias 对话框

5. 自动回复和转发

（1）自动回复：IMail 的自动回复功能可以对发向具有自动回复功能的邮箱的邮件发件人进行自动回复。如果需要对所有的邮件进行回复，应该在 IMail 主界面的左侧窗口中选择某个用户账号，切换到 Info.Manager 选项卡，在 Sub-area 下拉列表中选择要回复的区域 main，同时选中 Enable Info Manager for this sub-area 复选框，并且可在 After responding，forward mail to 文本框中输入邮箱地址，系统会将自动回复的邮件转发到该邮箱中。如果该邮箱的服务器与欲转发的邮箱服务器相同，则邮箱服务器部分可以省略。在 Message 文本框中输入自动回复的邮件内容，该内容的第一行同时又是自动回复信件的标题，如图 9-3-14 所示。

如果某个用户出去休假而且不想耽误工作的进程，那么当客户发邮件给该用户时，可以通过自动回复功能将预先设置好的邮件回复给发信人。在 Vacation 选项卡中选中 Enable vacation 复选框，并在 Message 文本框中输入自动回复的邮件内容，如图 9-3-15 所示。

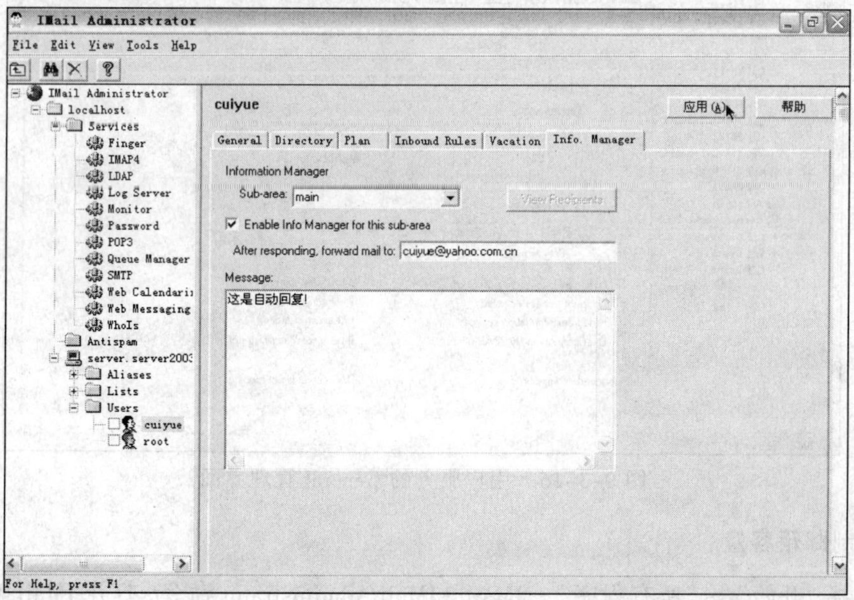

图 9-3-14　用户服务的 Info.Manager 管理界面

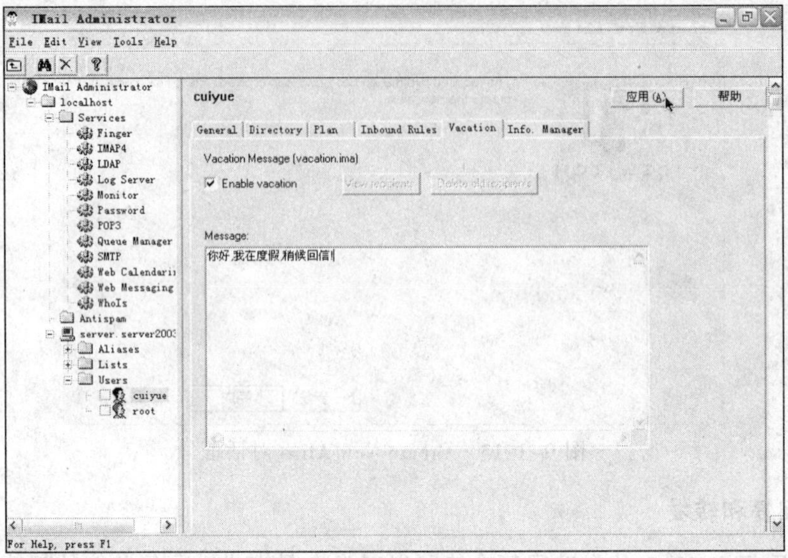

图 9-3-15 用户服务的 Vacation 管理界面

（2）转发：IMail 的邮件转发功能可以将发往指定邮箱的所有信件转发到其他邮箱中，并可以决定是否在原邮箱里保留该信件。切换到 General 选项卡，在 Forward 文本框中输入要转发的邮件地址。如果要转发多个邮件地址，那么在邮件地址之间使用逗号进行分隔。如果希望在转发信件的同时能在原邮箱中保留，那么需要在 Forward 文本框中的最开始处顺序加上一个英文句号和一个逗号，设置完毕后单击“应用”按钮即可实现，如图 9-3-16 所示。

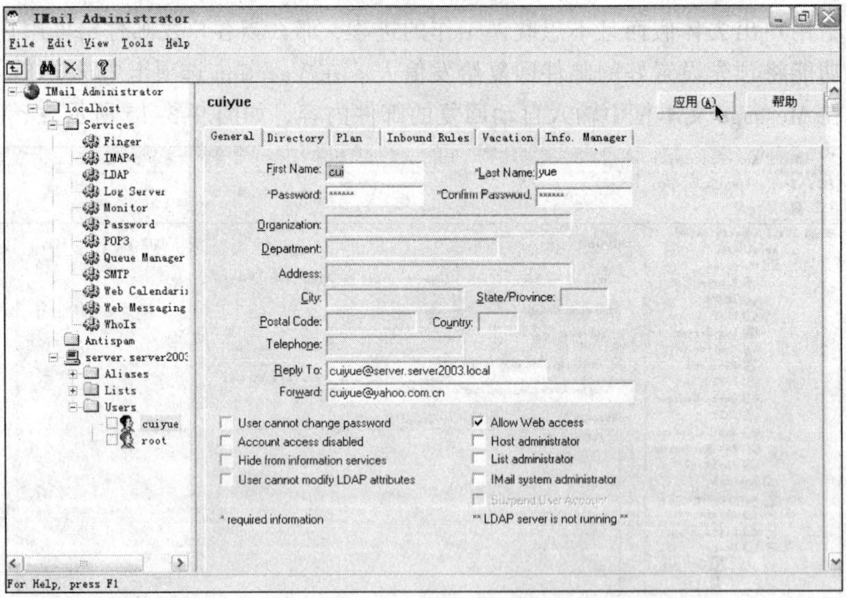

图 9-3-16 用户服务的 General 管理界面

6. 限制邮箱容量

（1）选择“开始”→“所有程序”→IMail→IMail Administrator 命令，打开 IMail Administrator 管理窗口。

（2）在左侧目录树中右击 Users 选项，在右侧窗口中的 Max.MailBox Size 和 Max.Mailbox Msgs 文本框中输入要设置的邮箱空间大小，设置完毕后单击 Apply 按钮，如图 9-3-17 所示。

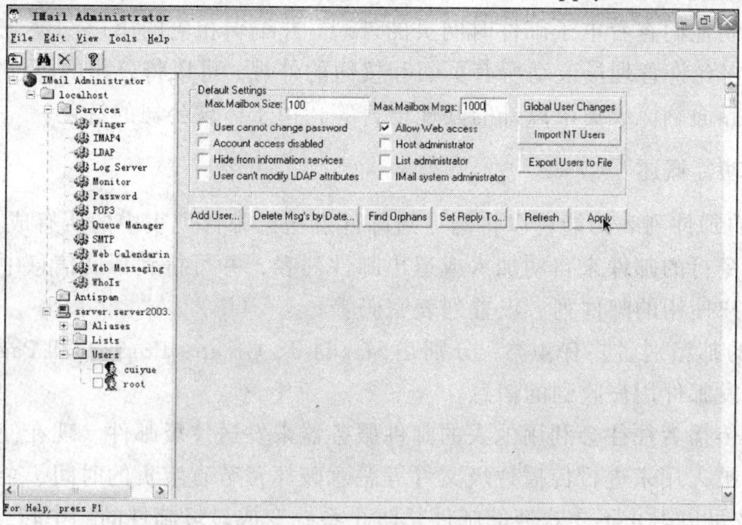

图 9-3-17　用户服务的设置界面

需要说明的是，邮箱容量的单位为字节，“0”代表无数目限制。当邮箱超过了限制，其他邮件将无法传入。

（3）对某个用户限制容量大小。选定该用户，在 Directory 选项卡中的 Max.MailBox Size 和 Max.Mailbox Msgs 文本框中输入要设置的邮箱空间大小，设置完毕后单击“应用”按钮，如图 9-3-18 所示。

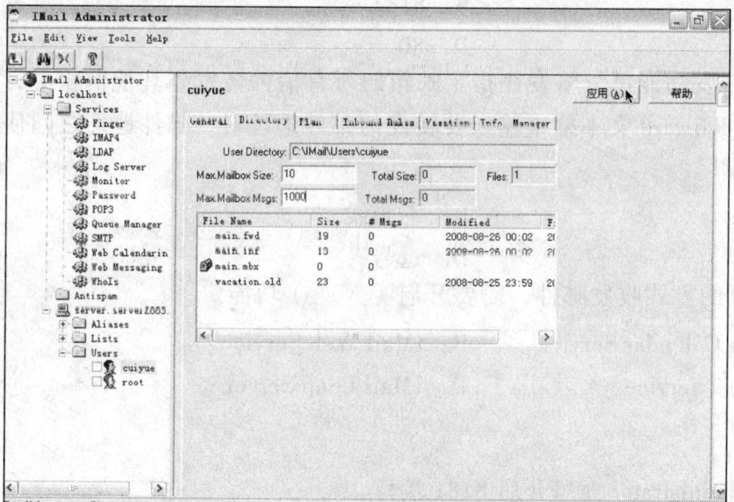

图 9-3-18　用户服务的 Directory 管理界面

相关知识

1. IMail 的简介

IMail Server 的“Web 信息传递”特征允许用户使用任何网络浏览器来观看及发送邮件。

Web Messaging 对于那些远离办公室、刚刚离开办公室以及其他需要快速、容易地收到他们邮件信息的人来说尤其具有吸引力。

用户可以定制他们查看电子邮件时网页的外观，并编辑相应的用户设置，这是本产品一个非常好的特点。它允许管理员改动所有页面和按钮的外观，可以将公司的图标加上去，变换屏幕的背景色，把界面翻译成英语以外的其他语言等，用于体现公司的特色。

2. IMail 的功能概述

IMail 提供的邮件列表功能可以将同一封邮件发送给邮件列表中的所有成员，还可以通过发送包含相应命令行的邮件来自动加入或退出邮件列表，并可得到帮助信息中列表的内容等，可以设置指定用户使用的邮件列、设置列表密码等。

在 IMail 中的邮箱别名共有 4 类，分别是 Standard、Group、Program 和 Pager or Beeper，用于向指定地点转发邮件用户收到的信息。

垃圾邮件的传播者往往会利用他人的邮件服务器来发送垃圾邮件。现在使用 IMail 可以控制邮件服务器不被人用来进行传播垃圾文件等恶意破坏，节省宝贵的时间、金钱和网络资源。IMail 使用新科技可以阻止不受欢迎的邮件，防止系统变成垃圾邮件的“中转站”。

思考与练习

一、选择题

1. 使用 Web 方式发送邮件，需要开启（　　）端口。

   A. 8181　　B. 8183

   C. 8383　　D. 80

2. IMail 的邮件转发功能可以将发往指定邮箱的所有信件转发到其他信箱中，如果要转发多个邮件地址，在 Forward 文本框中输入要转发的邮件地址时，邮件地址之间使用（　　）符号分隔。

   A. 顿号　　B. 下画线

   C. 分号　　D. 逗号

3. 使用基于网页的方式收发邮件，需要开启（　　）功能。

   A. IMail Web Calendar Service　　B. IMail Web Service

   C. IMail Whois Service　　D. IMail Ldap Server

二、操作题

1. 使用 IMail Administrator 窗口开启 8181 端口。
2. 使用 IMail Administrator 窗口设置用户容量，通过 Directory 选项卡将 Max.MailBox Size 和 Max. MailBox Msgs 文本框中的数值大小分别设置为 100 和 1 000。